U0186282

权威·前沿·原创

皮书系列为
"十二五""十三五"国家重点图书出版规划项目

BLUE BOOK

智 库 成 果 出 版 与 传 播 平 台

科普蓝皮书
BLUE BOOK OF SCIENCE POPULARIZATION

国家科普能力发展报告（2021）

REPORT ON DEVELOPMENT OF THE NATIONAL SCIENCE
POPULARIZATION CAPACITY IN CHINA(2021)

主　编/王　挺
常务副主编/郑　念
副　主　编/齐培潇　王丽慧

社会科学文献出版社
SOCIAL SCIENCES ACADEMIC PRESS (CHINA)

图书在版编目（CIP）数据

国家科普能力发展报告 . 2021/王挺主编 . -- 北京：
社会科学文献出版社，2021.11
（科普蓝皮书）
ISBN 978 - 7 - 5201 - 8923 - 1

Ⅰ . ①国… Ⅱ . ①王… Ⅲ . ①科普工作 - 研究报告 -
中国 - 2021 Ⅳ . ①N4

中国版本图书馆 CIP 数据核字（2021）第 169915 号

科普蓝皮书
国家科普能力发展报告（2021）

主　　编／王　挺
常务副主编／郑　念
副 主 编／齐培潇　王丽慧

出 版 人／王利民
责任编辑／薛铭洁
责任印制／王京美

出　　版／社会科学文献出版社·皮书出版分社 （010）59367127
　　　　　地址：北京市北三环中路甲 29 号院华龙大厦　邮编：100029
　　　　　网址：www.ssap.com.cn
发　　行／市场营销中心（010）59367081　59367083
印　　装／天津千鹤文化传播有限公司

规　　格／开 本：787mm × 1092mm　1/16
　　　　　印 张：21.25　字 数：316 千字
版　　次／2021 年 11 月第 1 版　2021 年 11 月第 1 次印刷
书　　号／ISBN 978 - 7 - 5201 - 8923 - 1
定　　价／158.00 元

科普蓝皮书编委会

主要编撰者简介

王　挺　中国科普研究所所长，研究员。《科普研究》编委会常务副主任、主编。中国科普作家协会党委书记、副理事长。中国科协科技传播与影视融合办公室常务副主任。《国家科普能力发展报告（2019）》《国家科普能力发展报告（2020）》主编。曾任安徽省科协副秘书长，中国驻日本大使馆二等秘书、一等秘书，中国科协国际联络部双边合作处调研员、处长，中国国际科技会议中心副主任，中国国际科技交流中心副主任，中共鄂尔多斯市委常委、市政府副市长，中国科协调研宣传部副部长等职。先后从事对外科技交流合作、科学传播、科学文化建设等研究。

郑　念　中国科普研究所副所长，研究员（三级）。《科普研究》副主编。首都师范大学、中国科学技术大学人文学院兼职教授，中国科协－清华大学科技传播中心兼职研究员。中国无神论协会理事，中国技术经济学会理事，国际探索中心中国分部执行主任。开拓性地创建了科普监测和效果评估理论，负责搭建了弘扬科学理性和科学精神的国际合作平台。主持并完成国家级、省部级研究课题30余项，出版论著（专、合）20余部，发表论文100余篇。目前主要研究领域为科技教育、科普评估理论、科普人才、科学理论、科学素养、防伪破迷等。

王丽慧 中国科普研究所科普政策研究室副主任，副研究员。北京师范大学哲学博士。科学学与科技政策研究会科学文化专委会副秘书长，中国科普作家协会科普教育专业委员会副秘书长。主持并完成多项省部级研究课题，出版专（编）、译著十余部，发表论文30余篇。目前主要研究方向为科普理论、科学文化、科学教育研究等。

序

当今世界，百年未有之大变局加速演进，科技创新成为国际战略博弈的主要战场。面对日趋复杂的国际科技竞争，关键在于提升自主创新能力，提高科技文化软实力。"科学技术从来没有像今天这样深刻影响着国家前途命运，从来没有像今天这样深刻影响着人民生活福祉。"科学普及对一个国家和地区的发展具有不言而喻的重要作用。建设世界科技强国，实现高水平科技自立自强，需要彰显科普的价值，提升公众科学素质，更好地服务人的全面发展、服务国家治理体系和治理能力现代化、服务构建人类命运共同体。面向新时期的新使命新任务，科普需要创新思维，实现新作为，开创新格局。

新冠肺炎疫情的突发是对我国科普工作一次深刻而广泛的检验。面对突如其来的疫情，应急科普实践深刻彰显了科普为民的价值取向、应对重大事件的战略要求和维护人类命运共同体的使命担当，为新时期科普服务高质量发展提供了实践范本。我国在抗疫中始终坚持"向科学要答案、要方法"，建立协同联动机制，做好"两防"（防疫病、防恐慌）、"三导"（防疫辅导、心理疏导、舆论引导），以普惠有效的应急科普行动提升了公众对于疫情的科学认知，缓解了焦虑恐慌的情绪，促进了日常防疫行为规范。应急科普为我国迅速控制疫情蔓延，稳定社会大局，形成全社会相信科学、尊重科学、运用科学的合力和氛围做出了重要贡献。

应急科普既是应急管理工作的组成部分，也是推进国家治理体系和治理能力现代化的重要举措。复杂多变的国际社会环境、日益增多的各类灾害和

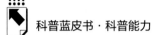

我国日新月异的发展态势，对全社会应对处理突发事件的能力提出了更高要求。提高应急科普能力，建立应急科普宣教协同机制，提升基层科普服务能力，是新时代科普能力建设的重要基础工程，也是强化科普供给侧改革的着力点。

为了全面系统反映我国应急科普能力的建设和发展情况，中国科普研究所"国家科普能力研究课题组"结合一年来各条战线应对新冠肺炎疫情开展科普工作的实践，对应急科普能力建设及发展情况进行了系统的分析、研究，展现新冠肺炎疫情中应急科普发挥的作用，反映国内外应急科普的先进经验和问题，并提出加强应急科普能力建设的相关政策建议。

2021年6月，国务院印发《全民科学素质行动规划纲要（2021－2035年）》，对我国未来15年公众科学素质建设作出新部署，也对新时期科普工作发展提出新要求。科普理论研究要进一步聚焦实践，发现问题，总结规律，服务发展。希望广大科普工作者结合社会实际需要开展研究，紧跟科技社会发展步伐，突出科普为民的本质属性，为科普高质量发展提供理论支撑，以科普理论研究服务全民科学素质事业，促进科普在理念、内涵、手段和机制各方面变革升级，全面推动全民科学素质事业迈入面向2035高质量发展的新台阶。

中国科协专职副主席、书记处书记　孟庆海

摘　要

　　党和国家历来高度重视应急管理和安全发展。党的十八大以来，以习近平同志为核心的党中央进一步提高对应急管理和安全发展的重视。习近平总书记多次指出，重视安全发展，做好应急管理，就是弘扬生命至上、安全第一的思想。新冠肺炎疫情突如其来，体现了应急科普在弘扬科学精神、传播科学知识、稳定社会情绪、支持科研攻关等方面发挥的重要作用，为我国迅速遏制疫情扩散、稳定防控大局奠定了重要的社会基础。新冠肺炎疫情的科学防控实践凸显了加强应急科普能力建设的重要意义。

　　《国家科普能力发展报告（2021）》以应急科普为切入点，分析我国应急科普的政策理论指导以及应急科普对推动我国科普工作高质量发展的战略意义，并通过对国家科普能力发展指数的评估和要素分析，总结经验、发现短板，从完善机制等方面提出相关对策建议。在分报告中，分别就"十三五"以来我国科普工作能力发展现状、我国应急科普建设情况、国内外新冠肺炎疫情应急科普现状、国内外消防应急科普机制与能力、北京市科普基地的科普能力以及宁夏回族自治区的科普能力建设等重点问题进行深入剖析。

　　2021年是我国"十四五"开局之年，立足新发展阶段，面对世界局势的深刻调整和变化，面对国内发展的格局转变和使命更新，统筹安全和发展两个方面显得尤为重要。在科普工作领域，要实现更高质量、更可持续的发展目标，构建协调发展、优质完善的科普生态圈，加强应急科普成为推动科普高质量发展的重要议题。

　　关键词： 科普能力　应急科普　国际比较　区域分析

目 录

Ⅰ 总报告

B.1 完善应急科普机制　促进科普高质量发展

…………… 王　挺　郑　念　齐培潇　尚　甲　王丽慧 / 001

一　引言 ………………………………………………… / 002

二　我国应急科普的理论指导与典型实践 ……………… / 003

三　加强我国应急科普的战略意义及国外典型经验借鉴 …… / 007

四　我国国家科普能力发展分析：应急视角 …………… / 012

五　完善应急科普机制　全方位推动科普能力再上新台阶

………………………………………………………… / 026

Ⅱ 应急科普篇

B.2 2019年度我国应急管理领域科普工作建设与发展

………………………………… 赵　璇　刘　娅　汪新华 / 029

B.3 社交媒体应急科普能力评估与分析

………………………… 张增一　贾萍萍　刘灿威　严　晗 / 061

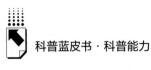
B.4 国内外新冠肺炎疫情应急科普比较研究

…………… 申世飞　疏学明　吴家浩　胡　俊　王　佳 / 116

B.5 国内外消防应急科普机制与能力比较

…………… 申世飞　疏学明　胡　俊　王　佳　吴家浩 / 158

Ⅲ　科普能力篇

B.6 "十三五"时期我国科普工作能力建设与发展

…………… 刘　娅　汪新华　赵　璇　赵　帆 / 199

B.7 北京市科普基地的科普能力研究

…………………………… 丁若愚　詹　琰　张增一 / 243

B.8 西部地区科普能力建设研究

——以宁夏回族自治区为例

…………… 莫　扬　邵鲁闽　池碧清　王晓琪　蔡金铭 / 282

Abstract ………………………………………… / 312

Contents ………………………………………… / 314

皮书数据库阅读**使用指南**

总 报 告

General Report

B.1
完善应急科普机制
促进科普高质量发展

王 挺 郑 念 齐培潇 尚 甲 王丽慧*

摘 要： 应急科普既是应急管理工作的关键组成部分，也是科普高质
量发展的重要议题。本报告论述了我国应急科普发展的理论
指导以及加强应急科普对高质量提升我国国家科普能力的重
要意义。同时，测算2019年我国科普能力综合发展指数，从
完善我国应急科普机制的视角分析我国应急科普及国家科普
能力的发展状况，提出以完善机制协同发展为导向，全方位
提升国家科普能力的对策建议。

---

* 王挺，中国科普研究所所长，研究员，研究方向为科技战略与政策、国际科技合作、科学传
播等；郑念，中国科普研究所副所长，研究员，研究方向为科技教育、科普评估理论等；齐
培潇，中国科普研究所副研究员，研究方向为科普能力评估、科学文化等；尚甲，中国科普
研究所研究实习员，研究方向为科普政策、科学传播等；王丽慧，中国科普研究所科普政策
研究室副主任，副研究员，研究方向为科普理论、科学文化等。总报告执笔人：齐培潇、
尚甲。

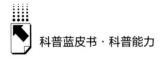

关键词: 应急科普 能力评估 发展指数

一 引言

应急管理与安全发展，事关经济社会稳定发展和人民群众生命财产安全，在当前国际国内发展不稳定性、不确定性明显增加的背景下受到高度关注和重视。应急科普既是应急管理工作的关键组成部分，也是科普高质量发展的重要议题。应急科普是以提升公众应对突发事件的能力和素养为目的，针对（易发常发）突发事件所开展的相关领域知识、技术、技能的教育、宣传、传播和普及工作。① 开展应急科普工作的主体主要包括应急管理部门、突发事件相关管理部门、科学共同体、各类媒体。提升公众处理、应对突发事件的意识和能力是应急科普的根本目的，主要内容包括常态化的应急理念培育、应急技能培训，事件发生时的科学知识普及、安全健康措施、社会舆论引导，以及事件平息过程中的心理恢复、重建处理等技能培训和教育。

从科普能力建设角度看，应急科普既作为影响因素推动科普能力提升，又作为重要指标体现科普能力建设的成效和水平。

第一，应急科普是科普工作中不可忽视、举足轻重的组成部分。应急管理和安全发展需求最迫切的领域包括气象、自然灾害、卫生健康等，这些领域也是日常科普中关注度较高的议题。与此相关的政府部门包括应急管理、卫生健康和气象等部门，这些具备应急属性的部门在科普人员培育、科普场馆建设、科普经费投入、科普作品传播以及科普活动举办等科普能力建设工作中参与程度较深，开展了大量关乎人民切身利益的科普工作，科普甚至已经被纳入其常态化的职责范畴，成为其部门的日常工作。因此，应急科普是科普事业整体格局中的关键部分，应急科普相关工作的完善发展是科普能力全面提升的重要因素之一。

---

① 中国科普研究所:《中国科协应急科普工作体系建设和能力评估结题报告》（内部资料）。

第二，应急科普的现实表现是科普能力建设水平的综合体现。健全的应急科普机制中，合理充分的日常积累、迅速精准的战时响应和及时适度的事后跟进三者缺一不可。只有对突发事件预警树立起高度重视观念，做好常态化的理念和技能培训，建立起高质量应急科普队伍、完善好高质量应急科普响应机制，才能为突发时刻的应急科普遭遇战打下坚实的组织基础、人才基础和群众基础，可以说，战时的应急科普表现是平时应急科普工作水平的集中反映和考验。突发事件后的跟进善后工作体现出在解决、平息突发事件中科普发挥能效的程度，在应急科普工作过程中起到总结和反馈的作用。从日常的动员教育、机制建设，到战时的协调配合、精准应变、优质供给，再到事后的跟进优化，应急科普全过程其实是科普能力建设水平的重要体现，应急科普表现反映了一个国家或地区在资源汲取、生产服务、政策机制等诸多方面的科普能力发展程度。

二　我国应急科普的理论指导与典型实践

（一）应急科普的政策理论指导

党和国家一直以来高度重视应急管理和安全发展，多次在重大场合发表与应急管理相关的指导意见，为应急管理工作的开展提供基本的理论指导。

在我国，系统性应急能力建设工作起始于 2003 年"非典"之后，"非典"疫情暴露我国公共卫生体系和应急管理机制不健全的短板。2003 年 7 月，全国防治"非典"工作会议曾指出，我国"突发事件应急机制不健全，处理和管理危机能力不强；一些地方和部门缺乏应对突发事件的准备和能力"，时任国家卫生部副部长朱庆生在第三届中国环境与发展国际合作委员会第二次会议发言时指出："中国争取用三年左右的时间，建立健全突发公共卫生事件应急机制、疾病预防控制体系和卫生执法监督体系。"[①] 以重大

---

① 中国新闻网，2003 年 10 月 30 日，http：//www.chinanews.com/n/2003-10-30/26/362969.html。

公共卫生事件的应急实践为契机和经验，开启了我国系统加强应急管理体系建设的步伐。2005 年是国家应急管理体制发展取得突破性进展的时期；同年 7 月，国务院召开第一次全国应急管理工作会议。2006 年 1 月，国务院颁布《国家突发公共事件总体应急预案》；4 月，国务院办公厅发布《国务院办公厅关于设置国务院应急管理办公室（国务院总值班室）的通知》（国办函〔2006〕32 号），"国务院应急管理办公室"①（其职责现已划入应急管理部）成立，作为全国应急管理工作的专业组织协调机关；6 月，国务院出台《关于全面加强应急管理工作的意见》（国发〔2006〕24 号），这是第一部全国性关于应急管理的专门政策，其中提出要落实"一案三制"建设，即落实"应急预案，应急管理体制、机制和法制"建设，成为我国应急管理体系的核心框架。2007 年 8 月，十届全国人大常委会第二十九次会议审议通过《中华人民共和国突发事件应对法》，成为新中国第一部应对突发事件的综合性法律，为各类突发事件的有效应对处理提供更完备的法律依据。2019 年 10 月 31 日，中国共产党第十九届中央委员会第四次全体会议审议通过《中共中央关于坚持和完善中国特色社会主义制度 推进国家治理体系和治理能力现代化若干重大问题的决定》，进一步"构建统一指挥、专常兼备、反应灵敏、上下联动的应急管理体制，优化国家应急管理能力体系建设，提高防灾减灾救灾能力"②。

许多关于应急管理的重磅政策法规均指出应急科普宣教的重要性，如《中华人民共和国突发事件应对法》提出，各级政府及有关部门、企事业单位应组织开展突发事件应急知识的宣传普及活动和应急演练，新闻媒体应无偿开展突发事件应急知识的公益宣传；《中华人民共和国防震减灾法》也对政府部门、企事业单位、学校和新闻媒体等主体的防震减灾科普宣教相关职责做出了规定和指导。一直以来的安全生产、综合防灾减灾等五年规划也均

---

① 中国政府网，2006 年 4 月 10 日，http：//www.gov.cn/gongbao/content/2006/content_320626.htm。
② 中国政府网，2019 年 11 月 5 日，http：//www.gov.cn/zhengce/2019 - 11/05/content_5449023.htm。

将应急科普宣教作为相关领域应急管理的基本工作之一。

党的十八大以来，以习近平同志为核心的党中央更加重视应急管理和安全发展，并将其视作我国长远发展的重要保障。应急管理和安全发展关乎经济社会发展大局，关乎发展战略顺利推进，更关乎人民群众生命财产安全。关于应急管理和安全发展的本质，习近平总书记多次指出，重视安全发展，做好应急管理，就是弘扬生命至上、安全第一的思想，就是在管理和服务实践中践行以人为本、以民为本的发展理念，要坚决明确"始终把人民群众生命安全放在第一位""坚持人民利益至上""公共安全是最基本的民生"等基本理念。

关于现实情况的紧迫性和必要性，习近平总书记指出，我国是世界上自然灾害最为严重的国家之一，灾害种类多，分布地域广，发生频率高，造成损失重，这是一个基本国情。同时，我国各类事故隐患和安全风险交织叠加、易发多发，影响公共安全的因素日益增多。加强应急管理体系和能力建设，既是一项紧迫任务，又是一项长期任务。我国自然环境复杂，自然灾害频发，加之近年来国际力量对比深刻调整，国际社会发展不确定和风险显著增加，自然与社会双重因素导致影响社会公共安全的各类突发事件日益增多。类似新冠肺炎疫情的"黑天鹅"事件往往来势汹汹，令人猝不及防，且对经济社会发展的负面影响极为广泛和持久。为确保未来我国社会和谐稳定、经济行稳致远、人民安居乐业，第二个百年目标新征程一帆风顺，必须加强应急管理能力建设，推动应急管理治理能力和治理体系现代化，统筹发展和安全两个大局，建设更高水平的平安中国。

关于加强应急管理、推动安全发展的路径和方式，习近平总书记指出，要坚持群众观点和群众路线，坚持社会共治，完善公民安全教育体系，推动安全宣传进企业、进农村、进社区、进学校、进家庭，加强公益宣传，普及安全知识，培育安全文化，健全公共安全社会心理干预体系，开展常态化应急疏散演练，明确了应急管理和安全发展中科普宣传、教育的重要性，并指出要开展常态化科普行动，扩大安全科普覆盖范围，不仅要普及安全知识，还要在全社会培育安全文化，强调了应急管理体系中科普工作的重要性。

总体来看，习近平总书记的应急安全观强调，要坚持以防为主、防抗救结合的方针，在日常生活生产中要做好机制建设、队伍建设，在突发事件发生时要做好科学应对，有效减轻风险伤害，在突发事件发生后要做好以人为本、可持续重建，整体上要全面落实责任、完善体系、整合资源、统筹力量，为今后应急科普的高质量发展指明了重点和抓手，为提升全社会应急安全相关理念和意识、全面推动应急科普能力建设提供了理论指南和实践遵循。

（二）应急科普的典型实践

新冠肺炎疫情突发并持续在全球蔓延，目前全球累计确诊病例超过1.8亿例。世界范围内病例累积，交通阻断，社交隔离，给各国的公民生命安全、社会稳定、经济增长、文化交流等多方面带来重重阻碍和巨大损失。放眼世界，中国作为最早发现病例、最快做出反应并遏制疫情的国家，其有效防控经验表明，科学是应对疫情最有力的武器，只有将科研人员对诊疗方案、防控措施、疫苗研制的科研攻关与全社会的理性观念、科学行为结合起来，才能早日击退疫情，恢复正常社会秩序。其中，新冠肺炎疫情突发初期的应急科普在传播科学知识、弘扬理性精神、稳定社会情绪、支持科研攻关等方面发挥了重要作用，为中国短期内迅速遏制疫情扩散、稳定防控大局奠定了重要的社会基础。可以说，新冠肺炎疫情防控实践凸显了强化应急科普能力建设的重要意义。

第一，应急科普加强了全社会对新冠肺炎疫情相关科学知识的认识。新冠肺炎疫情早期具有明显的突发性和不可预见性，作为人类社会见所未见的新型冠状病毒，其生理结构、致病机理、传播特性均属未知，与此相关的公众日常防疫行为和政府公共防控措施缺乏明确的指导和遵循，这是早期疫情快速蔓延的重要原因。因此，在迅速对病毒相关特性开展研究并得出有效的科学成果后，以此为基础的疫情应急科普承担起向全社会传播科学信息、传递科学理念的重任，从政府人员到广泛群众，社会整体逐渐能够以科学的态度理性看待疫情，"早发现早隔离"等适度合理的防控政策得到严格执行，"戴口罩勤洗手"等科学有效的日常行为规范日渐普及，构筑起疫情防控最广泛、最基础的社会防线。

第二，应急科普以科学舆论有效应对谣言，安抚社会情绪，稳定防控大局。疫情发生早期，面对这一突发性、未知性和重大性极强的公共卫生事件，社会整体都处于迷茫恐慌的状态，尤其是广大公众，他们专业知识较为匮乏，手中掌握的有效信息极少，对权威信息高度渴求。此类社会心理环境为谣言等负面信息滋生泛滥提供了极佳的成长环境，彼时有关疫情发展、防治措施、科研进展等议题的谣言层出不穷，加上公众恐慌焦虑的心理痛点和专业性缺乏的客观弱点，谣言广泛传播，引发社会情绪波动不安，影响防控措施有效性，严重干扰防控大局。在这种局面中，应急科普能够向全社会传递权威的正确信息，做出理性思考、科学应对的倡导，以及时性、专业性、权威性、全面性满足公众的信息需求，同时对谣言等负面信息做出回应，以正视听，为科学防控营造稳定和谐的社会环境。

第三，应急科普促进公民科学素质提高，提升社会整体理性水平。习近平总书记一再强调科学在疫情防控战中的核心作用，要向科学要方法、要答案，将科学防控一以贯之。通过种种实践，应急科普提升了科学文化在社会价值体系中的地位；应急科普向公众传播准确权威的科学知识，通过专业知识累积直接提升公众的生命健康素质；应急科普加强了以科学家为代表的科技共同体与社会的联系，促进了科技共同体与社会的交流，增进了公众对科学家的信任和对科学的理解；应急科普对谣言进行针对性批驳，树立权威信源，引导公众逐步养成科学的信息获取、思考决策和日常行为习惯，树立科学精神。

三 加强我国应急科普的战略意义及国外典型经验借鉴

（一）加强我国应急科普的战略意义

1. 加强应急科普是贯彻落实新发展理念，推动国家科普能力高质量提升的必然要求

"十四五"时期，我国进入新发展阶段，面对国际局势的深刻调整和复

杂变化，面对国内发展的格局转变和使命更新，加之新冠肺炎疫情等重大灾难、事故、突变性事件频频发生，统筹安全和发展是面向未来发展大局中的重要关系，加强应急科普是面向未来科普发展的重要课题。在科普领域，要实现更高质量、更有效率、更公平、更可持续、更安全的发展目标，构建完善、协调、优质的科普生态，必须坚持创新、协调、绿色、开放和共享的新发展理念，而加强应急科普的要求和特征正是对新发展理念的现实体现。

第一，应急科普必须坚持创新发展。树立新理念，创作新内容，采取新手段，才能收获新效果。在理念上，加强应急科普要坚决摒弃形式主义观念，进一步强化以人民为中心的科普发展初心。应急科普要服务于安全生产，服务于经济进步，服务于社会安定，最终都应落脚至服务于群众的切身利益，如此才能找准方向，收获实效。在产品和服务上，应急科普要上跟世界和国家发展大势，下应民众所需所盼。在科技前沿、安全生产、防灾减灾、卫生健康、生态环保等重要领域，提供真正为群众喜闻乐见的优质产品和服务。在手段上，应急科普要充分认识并紧跟媒介变迁和科普受众信息接收习惯的演变趋势，合理运用5G、虚拟现实、人工智能、超高清视频等新的媒介技术，深刻理解短视频等新兴媒介形态的生产传播逻辑，获取最大化的应急科普传播效果。

第二，应急科普必须坚持协调发展。以更广阔的覆盖、更坚实的下沉和更常态的服务解决科普能力建设不平衡不充分的问题，尤其要正视东西部、城乡间的科普发展水平差距过大的现状。我国西部地区占地广阔，且地形崎岖，山河众多，本就属于自然灾害的多发地区，加上经济社会发展水平不高，广大群众受教育水平和科学素质均有待提升，西部地区应成为安全防灾等应急科普的重点发力区域。此外，我国广大农村地区也存在类似问题，由于农村人口众多，科学素质普遍偏低，安全风险大，如新冠肺炎疫情在2020年底复发就多集中于农村，可见加强农村地区应急科普是加强科普能力建设的重要方面。

第三，应急科普必须坚持绿色发展。许多突发事件的发生，本身就源于人与自然相处中的矛盾。近年来，我国大力推行低碳生产，治理雾霾、河流、土壤污染，倡导绿色出行、绿色消费，逐步推广垃圾分类，绿色发展的知识和理念应该是应急科普的重要课题和内容，只有将绿色发展理念内化于日常的科普实践中，才能在公众中树立起相关的科学观念和精神，才能提升全社会应对处理相关突发事件的能力，增强发展的安全性。

第四，应急科普必须坚持开放发展。近年来，发展不确定性明显增长是全球现象，新冠肺炎疫情至今仍肆虐全球，正常的国际商贸和社会往来遭受严重打击。中国向来秉持合作共赢、协同发展的国际交往理念，在科普领域也一直致力于推动国际科学素质合作组织和共同体的建立。自2018年至今，由中国科协发起的世界公众科学素质促进大会已举办三届，2020年大会聚焦应急科普，邀请各国相关专家就公众科学素质与科学抗疫等主题展开对话，探索全球公众科学素质与危机应对能力提升的机制与路径。

第五，应急科普必须坚持共享发展。面向未来的科普致力于构建多元协同的社会化格局，政府在其中的角色逐渐由主导转向引导和服务，各类主体通过平等对话、透明协商、有机合作、高效参与，最终共同享有科普发展的各方面成果，推动形成具备可持续发展的科普格局。作为与当前发展形势和大政方针结合最紧密的科普议题，应急科普实践要加强共享探索。

2. 加强应急科普能促进推动社会治理体系与治理能力现代化

科普事业关系生活生产的众多领域，涉及政府管理服务的各个部门和环节。新冠肺炎疫情期间开展的广泛应急科普实践，既是当前我们社会治理体系与治理能力现代化水平的试金石，也是发现实际问题、暴露短板不足，从而进一步完善社会治理体系、提升社会治理能力的实践契机。

首先，提升社会治理中政府行为的协调性、有效性。日常的应急科普教育需要在卫生、农业、防灾、安全生产、气象等多个领域展开，需要相关行政主管部门的重视和配合；突发事件发酵期间，应急管理指挥调度、相关领域专家动员、救援救助行动实施、各渠道宣传工作开展等各方面重要工作，均要求政府各部门间的顺畅沟通、有力组织、高效协作和实效行动。

其次，强化政府服务职能。转变政府职能，以管理促服务是社会治理体系和治理能力现代化的关键，应急科普的开展，归根结底是为广大群众提供预防预警、救助减灾和科学重建等方面的宣传、教育、培训服务，根本目的是提升公众应对处理突发事件能力、维护群众生命财产安全及各类相关利益。作为社会治理的重要议题之一，政府各部门要在应急科普开展的过程中强化树立为民服务、需求导向的政务理念，把握最现实、最紧迫的应急科普需求，在平战结合的应急科普实践中逐步推动科普服务的均等化、普惠化，以科普领域的高质量服务推动社会治理的整体实效和水平。

最后，促进公众参与社会公共事务。共商共建共享是社会治理体系和治理能力现代化的重要原则、目标和制度。"社会"是社会治理的主客统一体，其中广大公众则是社会最重要、最基础的组成部分，应急科普作为科普能力建设的重要课题，其目标和效能最终表现为提升公民科学素质，提升全社会理性水平，提升公民运用科学知识和科学方法参与社会公共事务、做出行为决策的能力。因此，应急科普的重要作用之一，就是为现代化的社会治理体系培育愿参与、能参与、会参与的高素质公民，让共商共建由愿景走向常态，由此提升政府决策的科学性、服务的惠民性，最终实现社会发展造福于民。

（二）国外应急科普经验借鉴

在国外，如日本、澳大利亚、美国等国家因其特殊的地理位置、气候环境等，各类自然灾害频发，严重危害公众的基本生存需求和社会正常发展。因此，随着经济发展和社会文明提升，这些国家积累了丰富的应急管理经验，形成了有效的制度机制，建立了完善的应急管理体系，开展了广泛深入的应急管理实践，并培育出大量具备应对处理突发事件意识和能力的高素质公民。在这些发达国家的应急管理实践中，无一例外，应急科普都作为其中的基础内容受到重视，其经验对我国建立完善的应急科普机制具有借鉴意义。发达国家应急科普的管理和运行机制具备以下特征。

一是均出台了专门的应急管理法律文件，设立了自上而下的应急管理行政部门。日本出台了《灾害对策基本法》，作为应急管理的基本法律遵循，据此构建了各负其责的"中央—都道府县—市町村"三级应急防灾体制。

除了这一基本法律外，各级政府还制定了诸如《防灾对策基本条例》等地方性法规，同时出台具有针对性的防灾计划，规定各级地方应对突发事件的重点事项、参与责任等。中央防灾会议是日本针对《灾害对策基本法》而设置的防灾减灾决策机构，隶属内阁，首相兼任会议议长，日常工作由内阁府事务局负责；在地方政府方面，都道府县层级和市町村层级也都设有防灾会议，日常事务审理和灾难事件发生时的决策调度均由该级政府首长统领负责。澳大利亚应急管理中心是负责应急管理的主要机构，由澳大利亚联邦司法部管辖，各州也均设有专门的应急管理委员会。美国政府应急管理体制由联邦政府层（国土安全部及派出机构）—州政府应急管理办公室—地方政府应急管理机构三个层级构成，国土安全部是美国最高的应急管理协调决策机构。

二是均注重日常的应急防灾宣传和教育。日本的防灾教育从幼儿时期抓起，比如幼儿园教育要领规定，为了在灾害等紧急时刻能采取确切的行动，要进行经常性训练等。日本每年在全国范围内施行"灾害教育挑战计划"，面向幼儿园到高校各个教育阶段的学生，以小组形式开展灾害教育创新实践活动，针对性、实践性、时代性极强，对学生群体的灾害教育效果极佳。澳大利亚建有南半球最大的应急管理图书馆，该馆在1956年首次开放，面向全国地方政府、各类机构和个人，提供灾难预防、紧急救援等方面的海量信息服务。美国的学生在各个阶段也要接受全面的安全教育课程，中小学教师会定期参加防灾技能和减灾常识的集中培训，以推动应急安全教育的常态化。

三是应急科普社会化程度高。应急志愿队伍是澳大利亚应急管理实践的重要力量，其数量规模远远超过警察、消防等政府系统的应急参与人员。这些志愿者平时会接受成熟、专业、完备的应急救援培训，掌握丰富的应急知识，并且具备深入社区、覆盖广泛的优势，在灾害预防、紧急响应、应急宣传等方面发挥着重要作用。在美国社区，应急反应队是重要的市民组织队伍，1993年由联邦应急管理署主导在全国范围内推广应急反应队的培训工作，培训内容包括灾害准备、灭火、急救医疗基础知识等重要应急科普常识，应急反应队的成员也会向社区居民宣传防灾减灾知识。

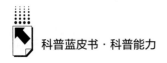

四 我国国家科普能力发展分析：应急视角

本部分重点分析国家科普能力综合发展指数，以及各相关组成要素的长期变化趋势。同时，结合当前我国应急科普的发展现状，探讨提升国家科普能力，尤其是完善应急科普机制对加快国家治理现代化和提升治理水平的影响。

（一）国家科普能力发展指数的变化趋势

根据《国家科普能力发展报告（2006~2016）》中国家科普能力发展指数评价指标体系[1]，采用基于标准比值法的综合评价指数编制方法测算 2019 年国家科普能力综合发展指数，计算公式为：

$$DINSPC_{at} = \frac{\sum\limits_{i}^{n} \frac{P_{at}^i}{P_0^i} W^i}{\sum\limits_{i}^{n} W^i}$$

原始数据均来自科技部发布的《中国科普统计（2020 年版）》中国家层面的数据、《中国统计年鉴（2020）》以及《第 45 次中国互联网络发展状况统计报告》等官方公开数据。特殊说明除外。

2019 年，从同比趋势看，39 项分指标中，有 30 项分指标同比都呈现增长态势，而且有 14 项分指标同比增长率超过 10.00%，有 8 项分指标同比增长率超过 20.00%。其中，电台和电视台播出科普（技）节目时间增幅最为明显，分别增长 116.74% 和 86.01%；科普图书总册数、参观科普（技）展览人数和参加科普（技）讲座人数也增势明显，同比增幅分别为 57.17%、40.91% 和 35.09%。在科普人员和科普经费方面，科普创作人员同比增长 11.99%，每万人拥有注册科普志愿者同比增长 23.98%，年度科

---

① 王康友主编《国家科普能力发展报告（2006~2016）》，社会科学文献出版社，2017。

普经费筹集总额同比增长 15.13%，人均科普经费筹集总额同比增长
14.75%。在科普基础设施和科学教育环境方面，科技馆和科学技术类博物
馆参观人数之和同比增长 10.93%，青少年参加科普（技）竞赛人数同比增
长 25.17%。此外，从长期走势看，每万人拥有注册科普志愿者、年度科普
经费筹集总额、人均科普专项经费、人均科普经费筹集总额、科技馆和科学
技术类博物馆展厅面积之和、科技馆和科学技术类博物馆参观人数之和、青
少年参加科普（技）竞赛人数、互联网普及率、参观对社会开放科研机构
（含大学）人数等指标的年复合增长率都在 10% 以上，表明其未来发展潜力
相对较大。而科普（技）音像制品光盘发行总量以及科普（技）音像制品
录音、录像带发行总量的年复合增长率均超过 -10%，表明其受互联网快速
发展冲击影响较大，长期发展潜力弱。

　　从国家科普能力综合发展指数看（见图 1），2019 年我国国家科普能力发
展指数为 2.45，与 2018 年相比，增长了 11.36%；2006～2019 年平均增速为
8.00%。从各指标对国家科普能力综合发展指数的贡献率看，在科普人员方
面，每万人拥有注册科普志愿者和科普创作人员对综合发展指数的贡献率分
别为 7.88% 和 3.41%，且二者的贡献率同比分别增长 11.44% 和 0.66%；在科
普经费方面，年度科普经费筹集总额和人均科普经费筹集总额对综合发展指
数的贡献率分别为 7.36% 和 5.21%，且二者的贡献率同比分别增长 3.49% 和
3.14%；在科普基础设施方面，科技馆和科学技术类博物馆展厅面积之和与科
技馆和科学技术类博物馆参观人数之和以及每百万人拥有科技馆和科学技术
类博物馆数量对综合发展指数的贡献率分别为 4.25%、7.51% 和 3.48%；在
科学教育环境方面，参加科普（技）竞赛人数对综合发展指数的贡献率为
5.23%，贡献率同比增长 12.51%；在科普作品传播方面，科普图书总册数、
科技类报纸发行量、电视台播出科普（技）节目时间和电台播出科普（技）
节目时间对综合发展指数的贡献率分别为 1.88%、0.07%、2.04% 和 0.12%，
其贡献率同比分别增长 41.28%、5.89%、67.20% 和 94.81%；在科普活动方
面，参加科普讲座人数和参观科普展览人数对综合发展指数的贡献率分别为
2.24% 和 3.02%，其贡献率同比分别提升了 21.43% 和 26.66%。

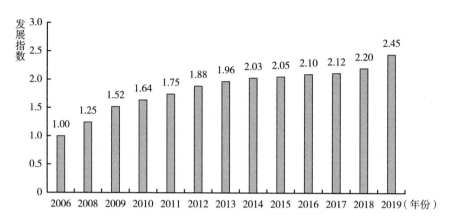

图1　2006～2019 年国家科普能力综合发展指数走势

注：测算国家科普能力发展指数的原始数据不包括中国香港、澳门和台湾地区。2007 年数据缺失。下同。

对于 6 个一级指标，从同比数据看，在 2019 年，科普人员发展指数、科普经费发展指数、科普作品传播发展指数和科普活动发展指数同比增长都超过 10.00%。其中，科普作品传播发展指数同比增长幅度最大，为 31.53%，这是其发展指数经历连续三年下降之后的首次大幅增长，这和目前科普科幻事业的快速发展有关，特别是中国科幻大会的连续成功举办以及我国科幻电影电视发展取得巨大成功；科普人员发展指数也经历连续下降和停滞趋势后，2019 年再次增长 13.16%，这得益于我国近年来不断优化科普人才结构，特别是科普职称序列评定试点成功，壮大了我国科普人员队伍；科普经费发展指数在 2015 年出现首次下降后在 2019 年再次出现大幅增长，同比增长 10.30%，2006～2019 年平均增速为 8.53%；科普基础设施发展指数仍然呈上涨趋势，同比增长 4.55%，2006～2019 年平均增速为 9.89%；随着教育改革的不断深入和持续优化，科学教育环境发展指数也在 2014～2019 年连续六年上涨，2006～2019 年平均增速为 11.81%。

综上分析，科学教育环境、科普基础设施和科普经费是推动当前国家科普能力大幅提升的重要因素。"十三五"期间，中国科协认真贯彻落实习近平总书记关于科普工作的重要指示精神，"科创中国""科普中国""智慧中国"与科技工作者之家平台的不断完善和高质量发展，科普职称序列评定试行办法的出台，以及世界科学素质促进大会、世界青年科学家峰会、中国科幻大会等具有国际影响力的会议的成功举办等，均从不同层面直接或间接地推动了国家科普能力各维度要素的大力发展，进而促进国家科普能力综合发展指数大幅提升。

（二）国家科普能力综合发展指数的维度分析

1. 科普人员

如图 2 所示，2019 年我国科普人员发展指数为 2.15，同比增长 13.16%，2006～2019 年平均增速 7.14%，这是科普人员发展指数自 2014 年出现下降后首次呈现高增长态势。除中级职称或大学本科以上学历科普专职人员比例这一指标同比下降外，其他 5 个分指标均呈现涨势，其中，每万人拥有注册科普志愿者增势最大，为 23.98%，其次为科普创作人员，同比增长 11.99%。从年复合增长率看，每万人拥有注册科普志愿者的年复合增长率最高，为 18.15%；科普创作人员、中级职称或大学本科以上学历科普专职人员比例以及中级职称或大学本科以上学历科普兼职人员比例的复合增长率分别为 5.97%、2.44% 和 2.46%。且科普人员各要素的年增长率都呈现正向增长，说明科普人员的长期发展潜力较好，人员构成、人员规模都有很大的提升空间。

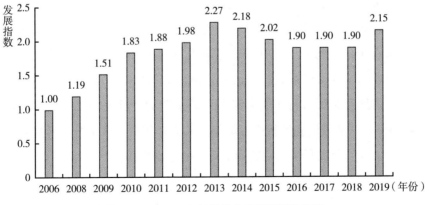

图 2　2006～2019 年科普人员发展指数变化

2019年，我国共有科普人员187.06万人，同比增长4.80%。其中，科普专职人员为25.02万人，同比增长11.70%，中级职称或大学本科以上学历人员为15.16万人，同比增长10.98%，占科普专职人员比重为60.59%，科普创作人员为1.74万人，同比增长12.26%，高素质人员比例结构得到持续优化。另外，科普兼职人员为162.04万人，同比增长3.81%，中级职称或大学本科以上学历人员为87.98万人，同比增长6.90%，占科普兼职人员比重为54.30%。我国科普人才队伍的专业化越来越高。从应急科普人员①看，2019年，我国卫健委、应急管理、气象三个部门共有科普专职、兼职人员33.95万人，占科普人员总数的18.15%。

另外，在科普专职人员中，2019年有科普管理人员4.66万人，同比增长3.10%；农村科普人员7.14万人，同比增长10.36%。2019年共有注册科普志愿者281.71万人，同比增长31.83%。在科普兼职人员中，2019年有农村科普人员40.97万人；兼职人员年度实际投入工作量为185.56万人月，同比增长2.79%。

从相对数量上看，2019年，全国每万人拥有科普专职人员1.79人，同比增长11.88%；每万人拥有科普兼职人员11.57人，同比增长3.40%；每万人拥有注册科普志愿者20.12人，同比增长23.97%。从对国家科普能力综合发展指数的贡献率来看，专职和兼职人员中，中级职称或大学本科以上学历的人员比例对国家科普能力综合发展指数的贡献率分别为2.36%和1.88%；科普创作人员对国家科普能力综合发展指数的贡献率为3.41%，同比增长0.66%；每万人拥有科普专职人员和每万人拥有科普兼职人员对国家科普能力综合发展指数的贡献率分别为1.73%和1.35%；每万人拥有注册科普志愿者对国家科普能力综合发展指数的贡献率为7.88%，同比增长11.44%。这都表明我国科普人员作为人力资本的重要部分，对加强国家科普能力、提升公民科学素质起到了重要的推动作用。

---

① 目前，我国涉及应急领域的部门主要集中在卫健委、应急管理和气象三个部门，故在数据描述上主要以这三个部门为主。

从数据来看，科普志愿者、科普兼职人员在指数值和对国家科普能力贡献率等方面均呈增长趋势，带动科普人员指数自2014年后首次出现高增长，表明科普人员建设在队伍扩张和结构优化上取得新成效，应继续大力坚持科普社会化动员。在国内外先进应急科普模式中，应急科普的高度社会化是一个重要思路。应急科普要深入社区，广泛招募各行各业的志愿、兼职人员，开展常态化培训，使其成长为基层应急科普的主力队伍，这应成为应急科普人员队伍建设和社会化动员的关键举措，也是从基层做起提升国家科普能力的重要抓手。在新冠肺炎疫情防控的应急科普实践中，科普中国信息员队伍成为群众中疫情科普、科学辟谣的意见领袖，成为科学信息畅通输送至基层的关键节点和枢纽。2019年，我国卫健委、应急管理、气象三个部门共拥有注册科普志愿者15.34万人，占当年注册科普志愿者总数的5.45%，比例相对偏小。

2. 科普经费

如图3所示，2019年科普经费的发展指数为2.57，同比增长10.30%。2006～2019年，我国科普经费发展指数的趋势线基本呈逐年上升态势，年均增速为8.53%。科普经费下设6个二级指标中有5个呈现同比上升，如年度科普经费筹集总额大涨15.13%，科普经费筹集总额占GDP比例和政府拨款占财政总支出比例也都分别增长4.61%和8.41%，所以2019年科普经费发展指数出现较大涨幅。

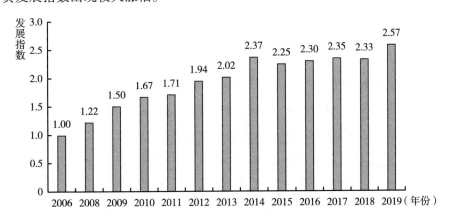

图3　2006～2019年科普经费发展指数变化

2019 年，年度科普经费筹集总额为 185.52 亿元，同比增长 15.13%，其中卫健委、应急管理、气象三个部门共筹集科普经费 14.05 亿元，占全国总筹集额的 7.57%。人均科普经费筹集总额为 13.25 元，同比增长 14.72%，年复合增长率为 11.57%。政府拨款仍然是科普经费的主要来源，政府拨款为 147.71 亿元，占年度科普经费筹集总额的 79.62%，同比增长 17.21%，其中科普专项经费为 65.87 亿元，占政府拨款的 44.59%，同比增长 6.09%。人均科普专项经费为 4.70 元，同比增长 5.73%，2006～2019 年我国人均科普专项经费年复合增长率为 12.17%，长期来看，人均科普专项经费将稳步提高。科技活动周经费筹集额为 4.19 亿元，其中，政府拨款为 3.15 亿元，占比 75.18%，企业赞助为 0.25 亿元。此外，2019 年，社会筹集科普经费为 37.81 亿元，同比增长 7.66%，社会筹集科普经费占年度科普经费筹集总额的比例为 20.38%，同比下降 6.51%，占比依然偏低，其年复合增长率为 -3.33%。

虽然国家对科普经费的支持力度再次提升，但是科普经费筹集总额占 GDP 的比重依然低下，2019 年为 1.87‰，同比增长 4.61%，但是 2006～2019 年其年复合增长率为 -1.08%，这表明，从长期看，这一比例还会不断降低。2019 年，财政支出科普经费（政府拨款）占国家财政总支出的比重为 6.18‰，同样偏低，虽然同比增长 8.41%，但其年复合增长率为 -2.16%，这一比例的长期走势也不理想。

在年度科普经费使用上，2019 年全国共计 186.53 亿元，同比增长 17.10%，从卫健委、应急管理、气象三个部门看，共使用科普经费 13.66 亿元，占总使用额的 7.32%。科普经费的行政支出 30.58 亿元，同比增长 4.65%；科普活动支出 88.42 亿元，同比增长 4.28%，科普活动支出占年度科普经费使用额的 47.40%；科普场馆基建支出 51.64 亿元，同比涨幅达 60.77%，其中政府拨款支出 26.09 亿元，同比增长高达 81.18%。在科普场馆基建支出中，场馆建设支出 32.37 亿元，同比涨幅更是达到 146.72%，展品、设施支出 12.16 亿元，两项共占科普场馆基建支出的 86.23%。可见，2019 年我国在科普基础设施扩建，特别是在科普场馆建设方面投入力度创下新高。

3. 科普基础设施

科普基础设施这一要素一直以来都是国家科普能力建设中不可或缺的重要组成部分，从上文中科普经费对科普基础设施扩建的大力支持中也能看出，科普基础设施是国家科普能力综合发展指数稳步提升的重要支撑要素。科普基础设施的发展指数一直呈现逐年上升趋势。如图4所示，2019年科普基础设施的发展指数为2.99，同比增长4.55%，2006~2019年平均增速为9.89%。

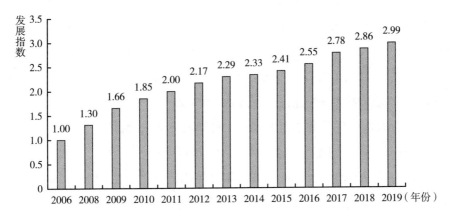

图4　2006~2019年科普基础设施发展指数变化

从基础数据看，2019年，全国拥有科技馆533个，较上年增加15个，同比增长2.90%，科技馆建筑面积为420.06万平方米，同比增长5.09%。拥有科学技术类博物馆944个，较上年增加1个，其建筑面积为719.29万平方米，同比增长1.42%。拥有青少年科技馆站572个，比上年增加13个，同比增长2.33%，年均复合增长率为4.43%，其对国家科普能力综合发展指数的贡献率为1.44%。另外，2019年，卫健委、应急管理、气象三个部门所属科技馆和科学技术类博物馆共有81个，占全国总数的比例为5.48%，而且，全国31个省、自治区、直辖市中，有15个地区的卫健委、应急管理、气象部门都没有所属科技馆和科学技术类博物馆。应急科普场馆的总体规模依然偏小，但已经发挥了非常重要的宣传普及作用。如从应急管理部各地区科普场馆建设数量看，广东有 3 个所属科技馆，北京和上海各有两个所属科技馆，且这三个地区此类科技馆的年参观人数均超过 1.8 万人次。

在公共场所科普宣传场地方面，2019 年，全国拥有城市社区科普（技）专用活动室 54696 个，拥有农村科普（技）活动场地 247338 个。全国拥有科普宣传专用车 1135 辆，科普画廊 14.48 万个，2006～2019 年其年均复合增长率为 0.62%。2019 年，科普宣传专用车和科普画廊对国家科普能力综合发展指数的贡献率分别为 0.45% 和 0.73%。

在科技馆和科学技术类博物馆的利用方面，2019 年，科技馆展厅面积为 214.42 万平方米，同比增长 6.18%，科学技术类博物馆展厅面积为 322.97 万平方米，同比小幅下降 0.24%。两者展厅面积之和达到 537.39 万平方米，同比增长 2.22%，2006～2019 年其年均复合增长率为 12.71%，其对国家科普能力综合发展指数的贡献率为 4.25%。科技馆当年参观人数为 8456.52 万人次，同比增长 10.74%；科学技术类博物馆当年参观人数为 15802.46 万人次，同比增长 11.04%。两者共计参观人数达 24258.98 万人次，同比增长 10.93%，2006～2019 年其年均复合增长率为 18.06%，其对国家科普能力综合发展指数的贡献率为 7.51%。每百万人拥有科技馆和科学技术类博物馆超过 1.05 座，同比增长 0.76%，2006～2019 年其年均复合增长率为 8.53%，其对国家科普能力综合发展指数的贡献率为 3.48%。科技馆和科学技术类博物馆单位展厅面积年接待观众为 45.14 人次/平方米，同比增长 8.52%，2006～2019 年其年均复合增长率为 4.75%，其对国家科普能力综合发展指数的贡献率为 1.92%。从科普场馆建筑面积、展厅面积以及年参观人数的增长量上都可以看出，科技馆和科学技术类博物馆的科普功能发挥更加明显、更加稳定，在助力提升公众科学素质方面发挥了重要作用。

各类科普基础设施规模扩展和利用效率提升对国家科普能力提升意义重大。在科普能力建设进入高质量发展阶段后，应更加注重科普能力建设的不平衡不充分问题，新冠肺炎疫情的应急科普实践表明，要尤其重视基层科普阵地的挖掘和巩固。譬如，在农村地区，继续扩大流动科技馆、农村中学科技馆的覆盖范围，向偏远困难地区倾斜；在城市社区，利用好科普画廊等接地气、低成本的科普设施，提升最广泛群众的应急安全理念和素养。同时，继续大力拓展各类应急场馆设施的建设工作，做好数字化转型改革，促进科普场馆设施创造力、吸引力、影响力提升。

4. 科学教育环境

2019 年，随着互联网普及程度的稳步提升以及在线教育环境的进一步改善，我国科学教育环境明显改善，已成为我国科普能力提升的另一重要推动要素。如图 5 所示，2019 年我国科学教育环境发展指数达到 3.57，同比增长9.85%，其年均增速为 11.81%，是六大要素中年均增速最高的一个，是推动我国科普能力发展指数提升的重要外部环境因子。习近平总书记发出建设世界科技强国的号召以来，各项科普政策和教育政策助力改善我国科学教育环境，大力发展科学文化的落地效果非常突出。

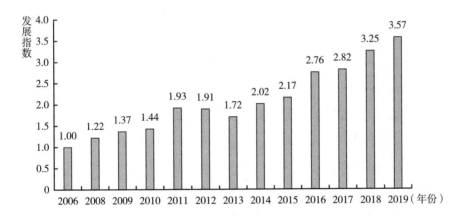

图 5　2006～2019 年科学教育环境发展指数变化

2019 年，在青少年科普方面，全国共成立青少年科技兴趣小组 18.25 万个，青少年科技兴趣小组参加人数为 1382.14 万人次，对国家科普能力综合发展指数的贡献率为 0.76%；举办科技夏（冬）令营 1.36 万次，科技夏（冬）令营参加人数为 238.90 万人次，同比增长 3.07%，对国家科普能力综合发展指数的贡献率为0.39%。在科普（技）竞赛方面，举办科普（技）竞赛3.99万次，参加人数为22956.50万人次，同比增加4616.60万人次，增长了25.17%，2006～2019年其复合增长率为15.15%，其对国家科普能力综合发展指数的贡献率达5.23%，贡献率同比增长12.51%。在科普国际交流方面，举办国际交流2637次，同比增长2.25%，参加人数为110.40万人次，同比增长17.87%。另外，2019年发放科普读物和资料6.82亿份。

对青少年的应急科普校园教育是发达国家应急科普的典型经验之一，推动应急科普进校园，让公民从儿童时期就系统建立应急安全相关的知识体系，有利于从根本上提升下一代的应急安全科学素质。推动应急安全科普课程设立，鼓励举办更多高质量的青少年应急安全兴趣小组、夏令营、竞赛等各类科普教育活动，并在内容和形式上不断创新。优化青少年应急科普教育环境，是提升应急科普能力进而提升综合科普能力的重要途径。

2019年，我国广播综合人口覆盖率和电视综合人口覆盖率分别为99.13%和99.39%，同比分别增长0.19%和0.14%，2006～2019年其复合增长率分为0.36%和0.27%，二者对国家科普能力综合发展指数的贡献率分别为0.59%和0.90%。全国互联网普及率①达到64.5%，同比增长8.22%，2006～2019年其复合增长率为16.33%，对国家科普能力综合发展指数的贡献率为12.00%，是所有指标中贡献率最大的一个，这也是科普信息化迅速发展的表现，互联网普及率的大幅提升为中国科协三大数字化平台——"科普中国"、"科创中国"以及"智慧中国"的优化建设提供了良好的外部发展环境，极大地促进了科普信息化的普惠发展。

据统计，疫情期间，中国科协"科普中国"上线微博话题"疫情速报"，普及防控知识，相关产品浏览量超过82.8亿人次；"科学辟谣"平台在知乎、抖音、快手等新媒体平台开展众多抗疫相关科普活动，总传播量超过20亿次。随着新兴媒介形式的不断涌现更迭和公众媒介使用习惯的演变，

---

① 受新冠肺炎疫情影响，《第45次中国互联网络发展状况统计报告》全国互联网普及率的统计时间截至2020年3月。

互联网正在成为最主流的信息传播场域，新冠肺炎疫情中的新媒体应急科普传播成效凸显出互联网传播的广度、深度和可持续性，应急科普一定要把握好、利用好互联网这块传播主阵地。

5. 科普作品传播

科普作品传播发展指数一直处于波动增长的态势，2006～2019 年，其出现过三次下降的拐点，下降之后，分别在 2012 年、2015 年和 2019 年出现三次大涨，同比增长率分别为 19.67%、26.19% 和 31.53%。如图 6 所示，2019 年我国科普作品传播发展指数为 1.46，同比增长 31.53%，这是自 2006 年以来的最大涨幅，2006～2019 年其年均增速为 4.38%。2019 年，科普图书总册数、科技类报纸发行量、电视台和电台科普节目播出时长等指标的快速增长是导致当年科普作品传播发展指数大涨的主要原因。此外，我国科幻影视、图书等不断利好发展、政策的不断鼓励和支持以及校外科普教育越来越受重视，这些都成为推动我国科普作品发展指数大幅增长的助推器。

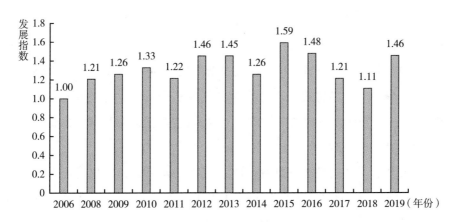

图 6 2006～2019 年科普作品传播发展指数变化

从科普作品传播包括的 9 项分指标看，2019 年，科普图书总册数，科普期刊种类，科普（技）音像制品出版种数，科普（技）音像制品录音、录像带发行总量，科技类报纸发行量，电视台播出科普（技）节目时间，电台播出科普（技）节目时间以及科普网站数量等 8 项指标同比均出现增长，例如，科普图书总册数、电视台播出科普（技）节目时间和电台播出科普（技）节目时间同比涨幅分别达到 57.17%、86.01% 和 116.74%。科普图书总册数、科技类报纸发行量、电视台播出科普（技）节目时间、电台播出科普（技）节目时间以及科普网站数量对国家科普能力综合发展指数的贡献率分别为 1.88%、0.07%、2.04%、0.12% 和 3.54%。

2019 年，全国共出版科普图书 12468 种，同比增长 12.12%，出版总册数为 13527.21 万册，同比增长 57.17%，平均每万人拥有科普图书 966617册，同比增长 56.56%，科普图书出版种数和发行册数占全国出版新版图书种数和总册数①的比例分别为 5.55% 和 5.42%，较上年分别提升 1.05 个和2.00 个百分点。2019 年，全国出版科普期刊 1468 种，同比增长 9.63%，共计 9918.49 万册，同比增长 46.12%，平均每万人拥有科普期刊 708 册，同比增长 45.68%，科普期刊出版种数和发行册数占全国出版期刊种数和总册数②的比例分别为 14.43% 和 4.53%，较上年分别提升 1.22 个和 1.56 个百分点。从科普传媒的应急性宣传方面看，传统媒体层面，2019 年，卫健委、应急管理和气象三个部门发行科普图书 1130.55 万册、科普期刊 833.75 万册，分别占全国科普图书和科普期刊总册数的 8.36% 和 8.41%；网络新媒体层面，2019 年，卫健委、应急管理和气象三个部门共建有科普网站 674个，占全国科普网站总数的 23.92%，创办科普类微博和科普类微信公众号分别为 2275 个和 4221 个。

2019 年，全国科技类报纸发行量为 17136.44 万份，同比增长 17.81%，占全国报纸发行总印数③的 0.54%，比上年提升 0.11 个百分点；平均每万人拥有科技类报纸 1224 份，同比增长 17.47%。2019 年，全国科普（技）

---

① 根据《2019 年全国新闻出版业基本情况》，2019 年全国共出版新版图书 224762 种，总印数24.97 亿册。

② 根据《2019 年全国新闻出版业基本情况》，2019 年全国共出版期刊 10171 种，总印数 21.89亿册。

③ 根据《2019 年全国新闻出版业基本情况》，2019 年全国报纸总印数 317.59 亿份。

音像制品出版种数 3725 种，同比增长 1.53%；科普（技）音像制品光盘发行总量 393.90 万张，同比下降 11.69%，这是科普作品传播指标中唯一同比出现下降的一个要素；科普（技）音像制品录音、录像带发行总量 22.76 万盒，同比增长 29.71%。另外，2019 年，全国电视台播出科普（技）节目 145048.13 小时，电台播出科普（技）节目 116493.02 小时，同比分别增长 86.01% 和 116.74%；国家财政投资建设的科普网站为 2818 个，同比增长 4.84%，其对国家科普能力综合发展指数的贡献率为 3.54%。

6. 科普活动

如图 7 所示，2019 年我国科普活动发展指数为 1.96，自 2017 年以来出现三连涨，增长幅度逐年递增，同比涨幅达 10.73%。2006～2019 年其年均增速为 6.65%。在科普活动指标中，参加科普（技）讲座人数和参观科普（技）人数同比增长较大，涨幅分别为 35.09% 和 40.91%，带动作用明显。

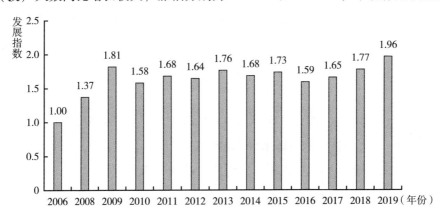

图 7　2006～2019 年科普活动发展指数变化

2019 年，全国举办科普（技）讲座 106.03 万次，同比增长 16.50%，卫健委、应急管理和气象三个部门共举办科普（技）讲座 52.49 万次，占全国总数的比例接近一半；参加人数 27762.53 万人次，同比增长 35.09%，其中参加三部门举办的科普（技）讲座人数为 6207.36 万人次，占总人数的 22.36%。2006～2019 年全国参加科普（技）讲座人数年复合增长率为 5.39%，其对国家科普能力综合发展指数的贡献率为 2.24%，贡献率同比增长 21.43%。全国举办专题科普（技）展览 13.60 万次，同比增长 16.84%，卫健委、应急管理和气象三个部门共举办专题科普（技）展览 2.13 万次，占全国总数的比例为 15.66%；参观人数达到 36064.82 万人次，同比增长 40.91%，其中参加三个部门举办的专题科普（技）展览人数为 2456.26 万人次，占总人数的 6.81%。2006～2019 年全国参加专题科普（技）展览人数年复合增长率为 7.87%，其对国家科普能力综合发展指数的贡献率为 3.02%，贡献率同比增长 26.66%。

在创新主体科普服务试点评估、科普社会责任评估、科技志愿服务等政策的推动下，科研机构、大学、相关社会主体等对社会公众开放的长效机制逐步完善，越来越多的科研机构、大学以及社会化主体积极投身于科普事业。2019 年，全国共有 11597 个科研机构、大学向社会开放，比上年增加 1034 个，同比增长 9.79%，参观人数为 947.97 万人次，平均每个开放单位年接待参观人数为 817.42 人次。参观对社会开放的科研机构、大学人数在 2006～2019 年其年复合增长率为 12.25%，对国家科普能力综合发展指数的贡献率为 4.16%。从长期来看，对社会开放的科研机构、大学等社会化主体会越来越多。

在实用技术培训方面，2019 年共举办实用技术培训 481965 次，参加人数为 5240.66 万人次，其对国家科普能力综合发展指数的贡献率为 0.60%。在科普（技）活动方面，2019 年，科技活动周共举办科普专题活动 11.89 万次，同比增长 1.80%，参加人数 20157.80 万人次，同比增长 25.18%；全国开展的有 1000 人次以上参加的重大科普活动共有 23515 次，2006～2019 年其年复合增长率为 0.96%，其对国家科普能力综合发展指数的贡献率为 1.29%。

五 完善应急科普机制 全方位推动科普能力再上新台阶

以完善应急科普机制为发力点与突破点，推动科普能力建设克服短板，与时俱进，面向新目标，秉持新理念，全方位提升国家科普能力水平。

提升应急科普组织管理的统一性和引导协调的规范性。目前我国应急工作开展实际中的一大短板就是缺乏统一的管理引导，如在新冠肺炎疫情中，疫情应急科普作为与民众生命健康利益息息相关的重要政务事项，更作为科学防控措施的关键一环，实际受重视和实施的程度在各级各类政府部门中存在较大差异，卫健、广电、社区街道等各部门理念不一，缺乏协调，致使实际疫情科普效果大打折扣。另外，科协系统坐拥科技工作者之家的智力优势和"一体两翼"的组织优势，具备组织开展专业高效科普行动的丰富经验和充足基础，但实际中却缺乏实质性的统筹调度职能，无法有效对应急科普相关各兄弟部门资源进行动员和协调。因此，应以加强应急科普为契机，推动中国科协设立全国应急科普指挥办公室，基于中国科协原有职能，将应急管理部、广电总局、自然资源等重点部门纳为联合成员单位，逐步建立起具备实质性行政职能的应急科普管理机构和相关工作体系。并着手组织调研、座谈、听证等政策协商活动，依据现实需求和战略需要，制定出台应急科普的总领性纲领、意见等政策，以及各领域的特色化细则方案。

完善应急科普基础设施体系建设。注重在原有的公共科普设施基础上加入常态化的应急安全宣传教育内容，如通过志愿者宣讲、科普宣传栏等手段推动应急安全教育定期进社区，在各类科普场馆、园区举办应急安全科普主题展览；有条件的地区要加快布局建设更多的专业应急科普场馆和相关设施，如各类气象体验馆、灾害体验馆、安全体验馆和大型设备等，提升应急科普基础设施的覆盖率和综合体验；注重打造数字科普基础设施体系，鼓励建立实体场馆的数字配套设施，提升远程科普服务能力，生产优质的数字化应急科普产品，逐步建立统一的应急科普统计数据库，以服务于更精准智能的科普决策。

全方位营造常态化的应急科普教育环境。在学校教育中，探讨建立从幼儿到高校的连贯性应急科普教育体系，推动将应急安全教育纳入课程标准，推动开发标准化高质量的应急安全课程并在全国推广，加强应急安全教师辅导员培养，定期举行相关培训，完善学校应急安全教育考核评估体系，定期对各级各类学校相关课程开设和活动举行等应急科普教育实施情况进行评估，中国科协可会同应急管理部、教育部等共同推出"应急安全教育实践大赛"等品牌化活动，强化应急科普教育实效。社会教育方面，推动应急科普教育进社区、下基层，借鉴美澳等国经验，结合新时代文明实践中心建设等基层文明创建重要举措，推动专业的应急科普教育资源下沉社区，定期开展各类应急安全教育活动，重视应急科普志愿服务文化的培育，逐步建立起专业和业余结合的应急科普志愿服务队伍，成长为应急科普的中坚力量，为科普事业整体的社会化发展做出示范探索。

织密智能、便捷、高效的应急科普传播网络。立足"科普中国"权威平台，利用新兴的短视频、中视频等流行手段丰富科普内容的呈现形式，拓展内容触达的传播端口，将"科普中国"打造成集网站、社交媒体、客户端、线下渠道等于一体的全媒介有机融合的应急科普传播"航母"。在专业性基础上，全面推动应急科普媒介的移动化、社交化转型，基于受众信息接收习惯的改变，重视基于移动端和社交媒体特点的科普内容生产和分发，提升应急科普传播效果和影响力。合理运用人工智能等技术开展用户画像、需求挖掘，并基于用户特征和需求进行应急科普的内容开发、精准推送。

应急科普篇

Special Reports

B.2

2019年度我国应急管理领域科普
工作建设与发展

赵璇 刘娅 汪新华[*]

摘 要： 本研究以2019年度卫生健康、应急管理、气象三个部门的全
国科普统计数据为基础，从科普人员、科普经费、科普场
馆、科普传媒、科普活动五个方面对当前我国应急管理领域
科普工作建设与发展进行了系统性分析。从三个部门各自的
科普工作表现来看，卫生健康部门的整体表现最为突出，在
科普人员、科普经费、科普传媒和科普活动四个方面均大幅
领先其他两个部门，尤其在科普兼职人员数、科普经费、新
媒体科普传媒以及三类主要科普活动举办次数方面表现突
出。气象部门与应急管理部门相比，二者各有优势。同时，

---

* 赵璇，中国科学技术信息研究所编辑，研究方向为情报管理；刘娅，中国科学技术信息研究
所研究员，研究方向为科技政策与管理；汪新华，中国科学技术信息研究所硕士研究生，研
究方向为科技政策与管理。

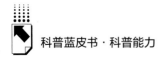

我国应急管理科普工作仍需完善相关政策法规，加强人员队伍建设和基础设施建设，提升积极性和创造性，提高应急科普工作水平，以应对未来应急领域的诸多挑战。

关键词： 科学普及　应急管理　卫生健康　气象

"十三五"期间，我国对应急科普工作提出新的要求，包括建立起经常性与应急性相结合的科普工作机制，做好重点领域常态化科普工作，加强社会热点和突发事件的应急科普工作等。科技部、中央宣传部印发的《"十三五"国家科普与创新文化建设规划》明确指出，要普及绿色低碳、生态环保、防灾减灾、科学生活、安全健康、节约资源、应急避险、网络安全等知识，针对环境污染、重大灾害、气候变化、食品安全、传染病、重大公众安全等群众关注的社会热点问题和突发事件，及时解读，释疑解惑，做好舆论引导工作。结合重大热点科技事件，组织传媒与科学家共同解读相关领域科学知识，引导公众正确理解和科学认识社会热点事件。

近年来，我国着眼于夯实应急管理事业发展基础，在安全生产、防震减灾和公共卫生事件等危急事件的应急响应和应急预案等方面持续推进应急管理体系和能力现代化。做好应急科普工作，对于提高应急管理水平，增强公众的公共安全意识、社会责任意识和自救互救能力，最大限度地预防和减少突发公共事件及其造成的损害等，具有十分重要的意义。在我国应急管理领域科普工作中，主要涉及卫生健康、应急管理、气象三个部门。本报告以科技部《中国科普统计（2020年版）》相关数据为研究对象，从科普人员、科普经费、科普场馆、科普传媒、科普活动五个方面，对2019年度全国应急管理领域科普工作建设与发展进行深入分析。

一　科普人员

习近平总书记在国家应急管理体系和能力建设第十九次集体学习时强

调，要完善公民安全教育体系，推动安全宣传进企业、进农村、进社区、进学校、进家庭，加强公益宣传，普及安全知识，培育安全文化，筑牢防灾减灾救灾的人民防线。其中，科普人员是开展科普活动的组织者，是科技知识的传播者，是我国应急领域科普事业发展的重要力量。

科普专职人员指的是从事科普工作时间占其全部工作时间60%及以上的人员。包括科普管理工作者，从事专业科普研究和创作的人员，专职科普作家，中小学专职科技辅导员，各类科普场馆的相关工作人员，科普类图书、期刊、报刊科技（普）专栏版的编辑，电台、电视台科普频道、栏目的编导，科普网站信息加工人员等。

2019年，卫生健康、应急管理、气象三个部门共有科普专职人员2.29万人，占全国总规模的9.15%，科普兼职人员31.66万人，占全国总规模的19.54%，注册科普志愿者15.34万人，占全国总规模的5.44%。其中，卫生健康部门的科普人才队伍规模最大，卫生健康部门拥有科普专职人员1.87万人，占全国总数的7.47%，科普兼职人员27.64万人，占全国总数的17.06%；其次是应急管理部门，其拥有科普专职人员2692人，占全国总数的1.08%，科普兼职人员2.00万人，占全国总数的1.23%；气象部门科普人员规模最小，拥有科普专职人员1517人，占全国总数的0.61%，科普兼职人员2.02万人，占全国总数的1.25%。具体如图1所示。

在我国科普人才队伍建设中，高素质科普人员和科普创作人员尤为重要。2019年，卫生健康、应急管理、气象三个部门共有中级职称及以上或本科及以上学历人员19.29万人，占全国总规模的10.89%。其中，卫生健康部门中级职称及以上或本科及以上学历人员16.26万人，占全国总数的9.18%；其次是气象部门，中级职称及以上或本科及以上学历人员1.72万人，占全国总数的0.97%；应急管理部门，中级职称及以上或本科及以上学历人员1.31万人，占全国总数的0.74%。三个部门共有科普创作人员2312人，占全国总数的13.30%。其中，卫生健康部门科普创作人员最多，共1760人；其次是气象部门，科普创作人员有291人；应急管理部门的创作人员有261人。具体如图2所示。

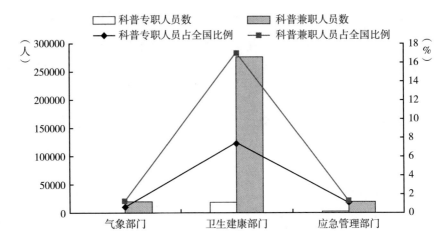

图1　气象、卫生健康、应急管理部门科普人员构成与占比

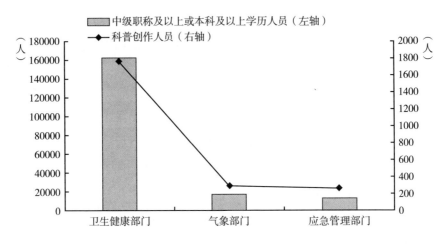

图2　气象、卫生健康、应急管理部门高素质科普人员构成

从气象部门的各地区科普人员数量分布看，科普专职人员数量超过90人的地区是江西、陕西、北京、河南和广东，重庆、天津和西藏地区的专职人员数量较少；科普兼职人员数量超过1100人的地区依次是广东、湖北、江苏、云南和甘肃，而宁夏、西藏和海南地区数量较少。综合来看，广东、湖北、江苏、云南和甘肃地区科普人员总规模均超过1100人，宁夏、海南和西藏地区科普人员队伍建设规模均未超过200人。具体如图3所示。

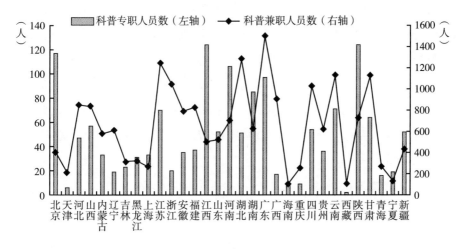

图3　气象部门各地区科普人员构成

气象部门科普人员中，中级职称及以上或本科及以上学历人员数量超过1000人的地区是广东和江苏，处于500~1000人的地区有湖北、云南、四川、浙江、山西、广西、安徽、福建、河北、甘肃、河南、陕西、湖南、内蒙古、辽宁和贵州。海南省中级职称及以上或本科及以上学历人员规模则需要加强，未超过100人。具体如图4所示。

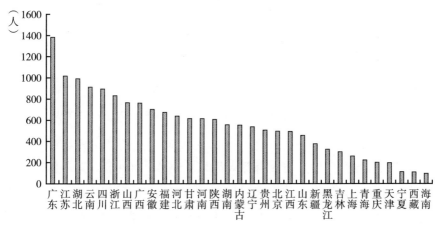

图4　气象部门各地区中级职称及以上或本科及以上学历人员

从卫生健康部门的各地区科普人员数量分布看，科普专职人员数量超过1000人的地区依次是甘肃、新疆、广东、陕西、湖南和辽宁，青海、海南和西藏地区的科普专职人员数量较少；科普兼职人员超过1.50万人的地区包括湖北、江苏、浙江、北京和河南，青海、海南和西藏地区兼职人员数较少。综合来看，湖北、江苏、浙江、北京和河南地区的科普人员总规模均达到1.60万人，青海、海南和西藏地区科普人员队伍建设规模均未超过1700人。具体如图5所示。

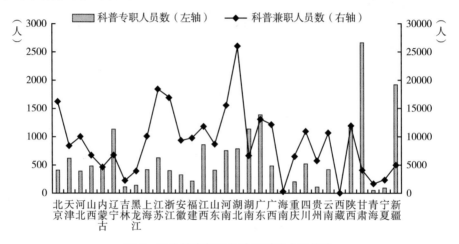

图5　卫生健康部门各地区科普人员构成

卫生健康部门科普人员中，中级职称及以上或本科及以上学历人员数量超过10000人的地区是湖北、江苏、北京和浙江，处于5000～10000人的地区有广东、上海、河南、江西、陕西、福建、广西、四川、天津、辽宁和河北，海南和西藏地区的人员规模未超过1000人，如图6所示。

从应急管理部门的各地区科普人员数量分布看（见图7），科普专职人员数量超过160人的地区是河南、甘肃、山东、上海和四川，吉林、海南、青海和西藏地区专职人员数较少；科普兼职人员数量超过1000人的地区依次是四川、河北、云南、山东、海南和山西，天津、青海和西藏地区兼职人员数较少。综合来看，四川、河北、山东、云南、甘肃和山西地区科普人员

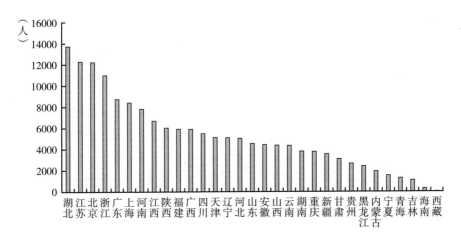

图6 卫生健康部门各地区中级职称及以上或本科及以上学历人员

总规模均超过1100人，天津、青海和西藏地区科普人员队伍建设规模相对弱小。

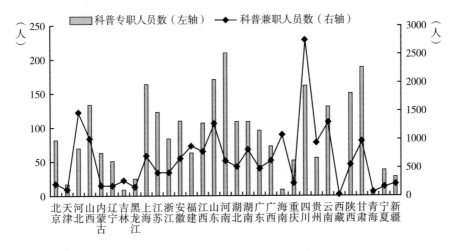

图7 应急管理部门各地区科普人员构成

应急管理部门科普人员中，中级职称及以上或本科及以上学历人员数量超过1000人的地区是四川和山东，处于500~1000人的地区有云南、贵州、福建、甘肃和河南，天津、青海和西藏地区的人员规模未超过100人，如图8所示。

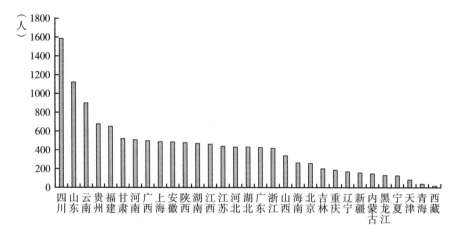

图8　应急管理部门各地区中级职称及以上或本科及以上学历人员

二　科普场馆

科普场馆是开展科普工作的重要物质基础，是直接面向公众开展科普展览、科普讲座、科技培训等科普教育活动的重要阵地。我国主要科普场馆包括科技馆和科学技术类博物馆，以参与、互动、体验、收藏和展示为主要教育形式，是传播、普及科学技术知识的综合性和专题性场馆。

2019年卫生健康、应急管理、气象三个部门所属的科技馆共有28个，占全国总规模的5.25%。按照我国《科学技术馆建设标准》将科技馆建设规模分成特大、大、中和小型4类：建筑面积30000平方米以上的为特大型馆，建筑面积15000～30000平方米的为大型馆，建筑面积8000～15000平方米的为中型馆，建筑面积8000平方米及以下的为小型馆。气象部门、应急管理部门和卫生健康部门所属的科技馆均为小型馆，这也和应急管理领域科普工作内容专业性强、主题突出的特点有关，其更适合建设小型科技馆。

三个部门所属的科学技术类博物馆共有53个，占全国总规模的5.61%。根据联合国教科文组织发表的《科学技术博物馆建设标准》文件，科学技术类博物馆的设施和建筑面积因馆而异，但能吸引相当数量观众参观的展览最低面积限度需要 3000 平方米。按此标准，三个部门建筑面积在 3000 平方米以上（含 3000 平方米）的科学技术类博物馆有 10 个。

气象部门所属的科普场馆最多，其所属的科技馆是 13 个，占全国总数的 2.44%，总建筑面积为 2.25 万平方米，占全国总数的 0.54%，常设展品总数为 768 件，参观人数全年达到 38.79 万人次；所属的科学技术类博物馆是 23 个，占全国总数的 2.44%，总建筑面积为 2.33 万平方米，占全国总数的 0.32%，常设展品总数为 2824 件，年参观人数达 22.58 万人次。

应急管理部门所属的科普场馆较多，其所属的科技馆和科学技术类博物馆数量分别是 10 个和 19 个，分别占全国总数的 1.88% 和 2.01%。科技馆总建筑面积为 2.01 万平方米，占全国总数的 0.48%，常设展品总数为 700 件；科学技术类博物馆总建筑面积为 4.93 万平方米，占全国总数的 0.69%，常设展品总数为 22055 件。科技馆和科学技术类博物馆年参观人数分别达 16.12 万人次和 59.12 万人次。

卫生健康部门所属的科技馆共有 5 个，占全国总数的 0.94%，总建筑面积为 8850 平方米，常设展品总数为 852 件，年参观人数达 7.11 万人次；科学技术类博物馆共有 11 个，占全国总数的 1.17%，总建筑面积为 5.44 万平方米，常设展品总数为 13008 件，年参观人数达 15.88 万人次（见图 9）。全国 31 个省、自治区、直辖市中，有 15 个地区的卫生健康、应急管理、气象三个部门均没有所属科技馆、科技类博物馆以及青少年科技馆（站）。

从气象部门的各地区科普场馆建设数量分布情况看，科技馆建设数量较多的地区是河南（4 个）和江苏（3 个），年参观人数超过 1 万人次的地区依次是河南、山西、广东和江苏，其中河南地区年参观人数超过 29 万人次。科学技术类博物馆建设数量排名前 3 的地区是广东（5 个）、浙江（4 个）和江苏（3 个），年参观人数超过 2 万人次的地区依次是广东、浙江、山东和江苏。

从卫生健康部门的各地区科普场馆建设数量分布情况看，北京、江苏、浙江、湖北和广东地区均建设了 1 个科技馆，年参观人数在 0.59 万 ~3.00 万人次。贵州和山西地区分别建设 3 个和 2 个科学技术类博物馆，年参观人

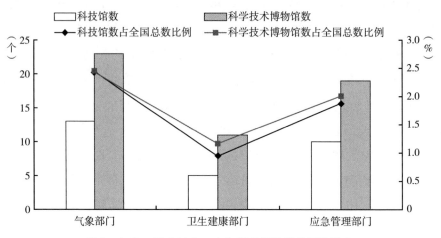

图9 气象、卫生健康、应急管理部门科普场馆概况

数分别达到 5.53 万人次和 8.00 万人次。

从应急管理部门的各地区科普场馆建设数量分布情况看，广东建设了 3 个科技馆，北京和上海地区均建设了两个科技馆，年参观人数超过 1.8 万人次的地区是浙江、广东、北京和上海。科学技术类博物馆建设数量达到两个的地区依次是安徽、河北、上海和山东，年参观人数达到 5 万人次以上的地区包括河北、上海、四川和云南。

三 科普经费

科普经费是科普事业发展的关键，科普事业的发展离不开有力的资金支持。科普经费是科普场馆等科普设施建设的有力保障，是开展各项科普活动的重要保证。目前我国科普经费的主要来源包括以下几个方面：各级人民政府的财政支持、国家有关部门和社会团体的资助、国内企事业单位的资助、境内外的社会组织和个人的捐赠等。科普支出主要指用于科普活动的支出、行政性的日常支出、科普场馆的基建支出以及其他相关支出。

从科普经费筹集额来看，2019 年，卫生健康、应急管理、气象三个部门共筹集科普经费 14.05 亿元，占全国总额的 7.57%，其中政府拨款 9.81

亿元，占全国总额的 6.64%，科普专项经费共 5.58 亿元，占全国总额的
8.47%。卫生健康部门科普经费筹集情况表现最好，共筹集科普经费 10.09
亿元，其中政府拨款 6.48 亿元，科普专项经费 3.85 亿元，占政府拨款的
59.46%；其次是应急管理部门，共筹集科普经费 2.76 亿元，其中政府拨款
2.55 亿元，科普专项经费 1.23 亿元，占政府拨款的 48.40%；气象部门筹
集科普经费 1.20 亿元，其中政府拨款 7742.73 万元，科普专项经费 4929.47
万元，占政府拨款的 63.67%。具体如图 10 所示。

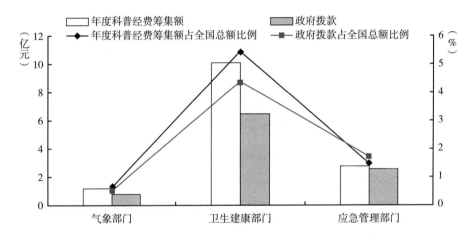

图 10 气象、卫生健康、应急管理部门科普经费筹集情况与占比

与科普经费筹集额相对应的是科普经费使用额，其中科普经费使用较多
的项目主要是科普活动支出和科普基建支出。2019 年卫生健康、应急管理、
气象三个部门共使用科普经费 13.66 亿元，占全国总额的 7.32%，其中科普活
动支出和科普场馆基建支出分别为 9.69 亿元和 1.56 亿元，分别占全国总额的
10.96% 和 3.03%。卫生健康部门科普经费使用额最高，其年度科普经费使用
额为 9.39 亿元，其中科普活动支出和科普场馆基建支出分别为 7.13 亿元和
6043.68 万元；其次是应急管理部门，其年度科普经费使用额为 3.08 亿元，
其中科普活动支出和科普场馆基建支出分别为 1.92 亿元和 6115.22 万元；气
象部门年度科普经费使用额为 1.19 亿元，其中科普活动支出和科普场馆基建
支出分别为 6370.96 万元和 3472.07 万元。如图 11 所示。

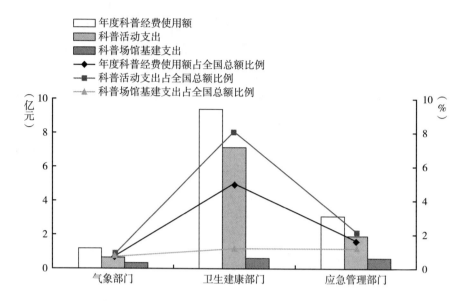

图 11　气象、卫生健康、应急管理部门科普经费使用情况与占比

2019 年，在气象部门中，科普经费筹集额超过 650 万元的地区有北京、广东、浙江、河南和安徽，黑龙江、宁夏和西藏地区的年度科普经费筹集额均未超过 55 万元；其中政府拨款排名前 5 位的地区是广东、北京、浙江、安徽和江苏，拨款均超过 400 万元，海南、黑龙江和内蒙古地区的政府拨款较少。具体如图 12 所示。

从各地区气象部门的科普专项经费来看，广东和北京相对于其他地区经费最多，均超过了 1000 万元。科普专项经费在 100 万 ~ 1000 万元的地区有 9 个，100 万元以下的地区有 20 个，这和各地区的经济社会发展水平以及科普工作推进力度相关，吉林、海南和西藏地区需要加大对科普专项活动的投入，具体如图 13 所示。

从科普经费使用额看，气象部门中支出规模超过 650 万元的地区是北京、广东、浙江、河南和安徽，较少的地区是新疆、宁夏和西藏。北京、广东、浙江、河南和福建地区的科普活动支出相对较多，其中北京地区达到 1745.19 万元，新疆、宁夏和西藏地区科普活动支出相对较少；广东地区的科普基建支出达 711.54 万元，居全国之首，浙江、江苏、安徽和四川地区

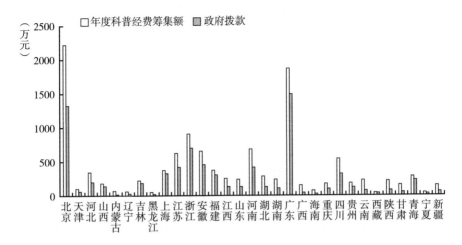

图12 气象部门各地区科普经费筹集情况

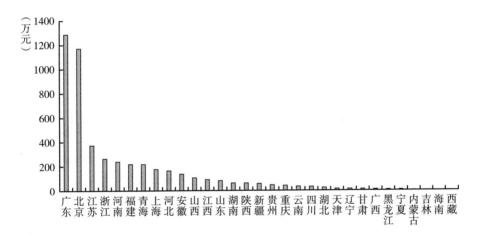

图13 气象部门各地区科普专项经费情况

的科普基建支出也相对较高。具体如图14所示。

2019年，在卫生健康部门中，科普经费筹集额超过6200万元的地区是北京、陕西、江苏、广东和上海，内蒙古、海南和西藏地区的经费筹集总额相对不高；其中陕西、江苏、广东、上海和北京地区的政府拨款渠道来源资金较多，数额均超过4500万元，海南、青海和西藏地区的政府拨款数额较低。具体如图15所示。

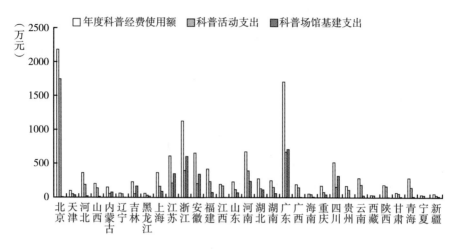

图14　气象部门各地区科普经费使用情况

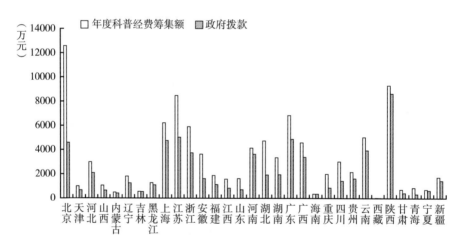

图15　卫生健康部门各地区科普经费筹集情况

从卫生健康部门各地区的科普专项经费来看，陕西地区排名第一，超过了6000万元，上海、北京、河南、江苏、广东、云南和广西超过了2000万元，列在第二梯队。500万元以下的地区有12个，海南、吉林和西藏地区需要加强投入力度。具体如图16所示。

从年度科普经费使用额看，卫生健康部门中支出规模超过5000万元的

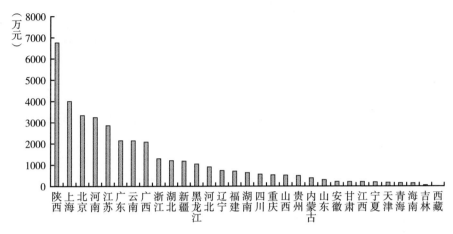

图16　卫生健康部门各地区科普专项经费情况

地区包括北京、江苏、陕西、广东和上海，支出规模较少的地区是吉林、海南和西藏。其中，江苏地区的科普活动支出最高，达7303.84万元，陕西、北京、广东和上海地区科普活动支出也较高，活动支出均超过4400万元，吉林、海南和西藏地区的活动支出均未超过350万元；科普场馆基建支出超过450万元的地区依次是广东、安徽、新疆、江苏和湖北。具体如图17所示。

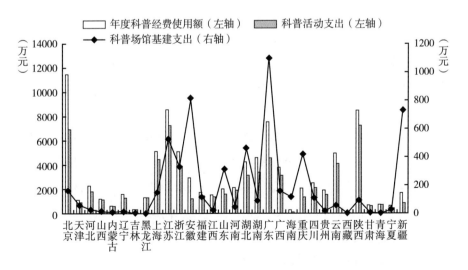

图17　卫生健康部门各地区科普经费使用情况

2019 年，在应急管理部门中，上海科普经费筹集额为 2832.58 万元，居全国之首，其后依次是北京、浙江、福建和湖南地区，这些地区的科普经费筹集额均超过 1700 万元，黑龙江、内蒙古和西藏地区的年度科普经费筹集额均未超过 150 万元；其中政府拨款排名前 5 位的地区是上海、北京、浙江、福建和四川，拨款均超过 1600 万元，黑龙江、内蒙古和西藏地区的政府拨款则较少。具体如图 18 所示。

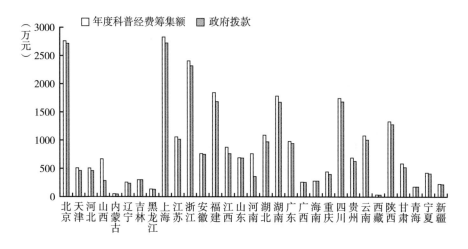

图 18　应急管理部门各地区科普经费筹集情况

从应急管理部门各地区的科普专项经费来看，北京地区排名第一，其次是湖南、四川和上海，四个地区的科普专项经费均超过 1000 万元。200 万元以下的地区有 14 个，重庆、西藏和内蒙古地区需要加强投入力度。具体如图 19 所示。

从科普经费使用额看，应急管理部门中支出规模超过 2000 万元的地区依次是安徽、北京、上海、浙江和福建，支出规模较少的地区是黑龙江、内蒙古和西藏。其中，北京、上海、浙江、湖南和福建地区的科普活动支出相对较高，北京地区达到 1913.60 万元，黑龙江、内蒙古和西藏地区科普活动支出相对较低；安徽地区的科普基建支出达 2359.00 万元，居全国之首，此外山东、福建、江西和上海地区科普基建支出也较高。具体如图 20 所示。

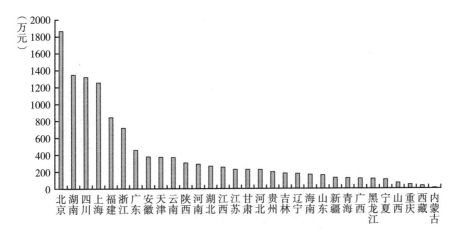

图19　应急管理部门各地区科普专项经费情况

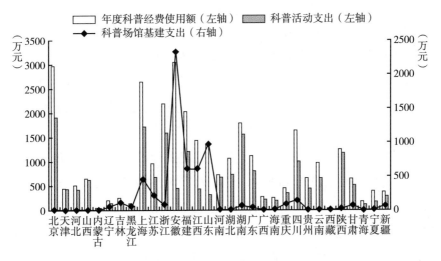

图20　应急管理部门各地区科普经费使用情况

四　科普传媒

科普传媒是公众接受科学文化知识的一个重要途径，从科普知识载体的形式上分，科普传媒可以分为传统纸质媒体（包括图书、期刊、报纸）、广播电视、电子化媒体（主要包括音像制品）和网络媒体。广播电视类科普工作在全国科普统计调查方案中由专门的部门进行统计，因此不在应急管理领域科普工作中分析。

在传统纸质媒体方面，2019年卫生健康、应急管理、气象部门分别发行科普图书和科普期刊1130.55万册和833.75万册，分别占全国总数的8.36%和8.41%。在网络媒体方面，2019年三个部门共建设科普网站674个，占全国总数的23.92%；创办科普类微博2275个，占全国总数的47.06%；创办科普类微信公众号4221个，占全国总数的43.91%。在音像制品方面，2019年三个部门共出版了1000种音像制品，占全国总数的26.85%；发行了25.12万张科普光盘，占全国总数的6.38%；发行了1.63万份科普录音、录像带，占全国总数的7.17%。

卫生健康部门网络媒体建设规模最大，其建设科普网站539个，创办科普类微博和科普类微信公众号分别为1982个和3771个；气象部门新媒体建设数量也较多，其建设科普网站62个，创办科普类微博和科普类微信公众号分别为198个和277个；最后是应急管理部门，其建设科普网站73个，创办科普类微博和科普类微信公众号分别为95个和173个。具体如图21所示。

2019年，在全国气象部门中，科普图书发行册数超过2万册的地区是北京、福建、山西、江苏和四川，其中北京科普图书发行册数达44.94万册；科普期刊发行超过1万册的地区是北京和四川。在网络媒体建设方面，科普网站建设数量前5位的地区是浙江、北京、广东、辽宁和甘肃，访问量超过800万人次的地区是广西、北京、陕西、浙江和上海，但仍有10个地区尚未进行建设；科普类微博创办数量超过10个的地区是陕西、四川、广西、北京和吉林，阅读量超过9600万人次的地区依次是安徽、江苏、北京、河北和山东，有1个地区尚未进行建设；科普类微信公众号创办数量较多的地区是北京、广西、吉林、陕西和云南，阅读量超过1100万人次的地区是北京、浙江、湖南、上海和宁夏。具体如图22所示。

2019年，在全国卫生健康部门中，科普图书发行册数超过40万册的地

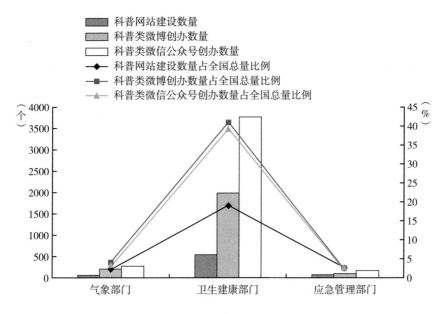

图 21　三个部门网络科普传媒概况

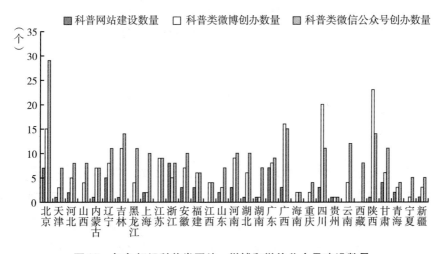

图 22　气象部门科普类网站、微博和微信公众号建设数量

区是江苏、北京、广西、湖南和陕西，其中江苏发行 336.32 万册；科普期刊出版册数超过 30 万册数的地区是陕西、安徽、北京、天津和广东。在网络媒体建设方面，科普网站建设数量超过 33 个的地区有四川、湖北、陕西、

北京和广东，访问量超过 2800 万人次的地区包括北京、福建、江苏、湖北
和云南，有 1 个地区尚未进行建设；创办科普类微博较多的是湖北、北京、
上海和广东，阅读量超过 1 亿人次的地区是陕西、湖北、辽宁、北京和江
苏，有两个地区尚未进行建设；科普类微信公众号创办数量较多的地区是北
京、湖北、江苏、广东和上海，阅读量超过 3500 万人次的地区包括北京、
广东、湖北、陕西和上海。具体如图 23 所示。

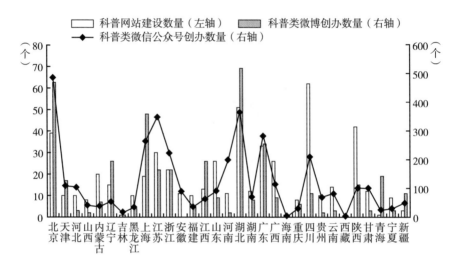

图 23 卫生健康部门科普类网站、微博和微信公众号建设数量

注：北京科普类微博创办数量为图示高度数值的 10 倍，湖北科普类微博创办数量为图
示高度数值的 15 倍。

2019 年，在全国应急管理部门中，科普图书发行册数超过 6 万册的地
区是天津、陕西、福建、北京和湖北；科普期刊出版册数超过 3 万册的地区
是上海、湖北、宁夏、北京和辽宁。在网络媒体建设方面，科普网站建设数
量达到 5 个的地区是安徽、福建、甘肃、北京、湖北和湖南，访问量超过
60 万人次的地区是湖北、辽宁、吉林、四川和浙江，有两个地区尚未进行
建设；科普类微博创办数量达到 5 个的地区是上海、安徽、四川、北京、天
津和宁夏，阅读量超过 2500 人次的地区是四川、北京、新疆、甘肃和上海。
有两个地区尚未进行建设；科普类微信公众号创办数量达到 12 个的地区是

上海、北京、福建、安徽和四川，阅读量超过 300 万人次的地区是北京、湖北、上海、山东和福建。具体如图 24 所示。

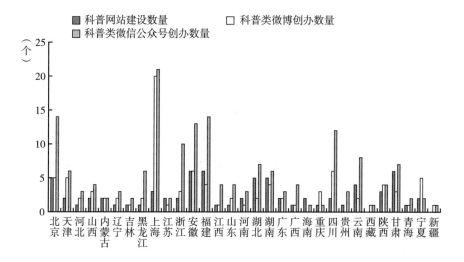

图 24　应急管理部门科普类网站、微博和微信公众号建设数量

五　科普活动

科普活动是以科普为主题开展的一种群体性活动，旨在向公众普及科学技术知识、倡导科学方法、传播科学思想、弘扬科学精神，是促进公众理解科学的重要渠道。活动内容是多方面的，包括物理、数学、天文、地理、工程技术和农业、卫生、人民生活等。就科普活动形式而言，包括科普讲座和报告会、科技咨询、青少年夏（冬）令营，以及科普画廊、科普美术展览等，也包含科技周（月）、科技下乡、科技列车行动、科技游园会、科技纪念活动等大型或综合性科普活动。

2019 年，卫生健康、应急管理、气象部门共举办科普（技）讲座 52.49 万次，占全国总数的 49.51%，讲座参加人数达 6207.36 万人次，占全国总数的 22.36%；共举办科普（技）展览 2.13 万次，占全国总数的 15.66%，展览参加人数达 2456.26 万人次，占全国总数的 6.81%；共举办

科普（技）竞赛 2739 次，占全国总数的 6.86%，竞赛参加人数达 1.22 亿
人次，占全国总数的 53.28%。其中，卫生健康部门三类主要科普活动举办
次数达 51.72 万次，参加人数达 6888.42 万人次；应急管理部门三类主要科
普活动共举办 2.26 万次，参加人数达 1.24 亿人次；气象部门三类主要科普
活动共举办 9182 次，参加人数达 1610.32 万人次。

从气象部门的各地区科普活动举办次数分布情况看，三类主要科普活动
举办次数在 500 次以上的是广东、浙江、北京、江苏和安徽，青海、海南和
西藏则举办次数较少；三类主要科普活动参加人数达到 15 万人次规模的地
区是北京、江苏、广东、浙江和河北，青海、海南和西藏地区的参加人数则
较少。具体如图 25 所示。

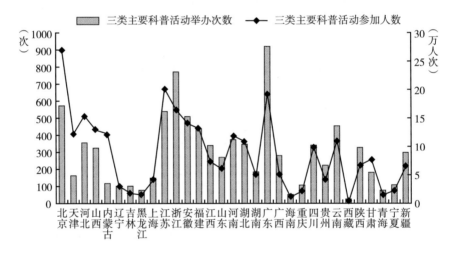

图25 气象部门三类主要科普活动举办次数和参加人数

注：北京三类主要科普活动参加人数为图示高度数值的 50 倍。

从卫生健康部门的各地区科普活动举办次数分布情况看，三类主要科普
活动举办次数超过 3 万次的地区是河南、浙江、江苏、云南和湖北，宁夏、
海南和西藏举办次数较少；三类主要科普活动参加人数达到 300 万人次的地
区是北京、湖北、河南、江苏和湖南，其中北京活动参加人数达 1878.65 万
人次，内蒙古、海南和西藏地区的活动参加人数较少。具体如图 26 所示。

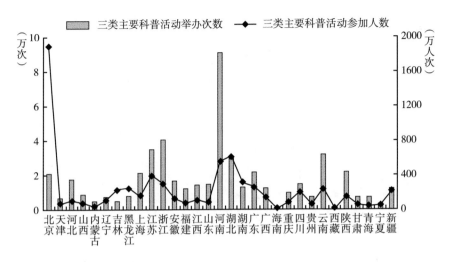

图26 卫生健康部门三类主要科普活动举办次数和参加人数

从应急管理部门的各地区科普活动举办次数分布情况看，三类主要科普活动举办次数达到1500次的地区是广东、上海、云南、江苏和北京，宁夏、内蒙古和西藏活动举办次数较少；三类主要科普活动参加人数达到130万人次规模的地区是河北、湖北、北京、江苏和云南，其中河北活动参加人数达8854.49万人次，黑龙江、青海和西藏地区的活动参加人数较少。具体如图27所示。

全国科技活动周是我国公众参与度最高、覆盖面最广、社会影响力最大的科普品牌活动，2019年全国科技活动周期间，各部门各地区共举办科普专题活动11.89万次，参与公众达到2.02亿人次，卫生健康、应急管理、气象三个部门在科技活动周期间，举办科普专题活动共18314次，占全国总数的15.40%，参与公众达到2193万人次，占全国总数的10.88%。其中，卫生健康部门的科普专题活动最多，总计13546次，公众参与人数达到414万人次。气象部门的科普专题活动次数为2566次，公众参与人数达到153万人次。应急管理部门的科普专题活动次数虽然为2202次，但公众参与人数达到1626万人次，主要是因为湖北省应急管理厅在2019年组织的"安全生产月"活动中扎实开展了安全生产宣传教育活动，举办的安全生产知识网络竞赛有1218万人次答题，创历史新高。

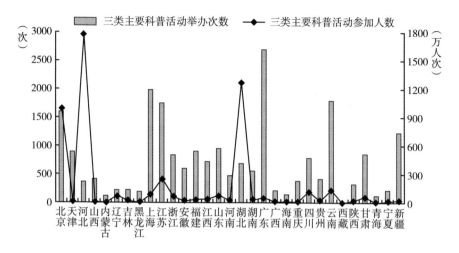

图27　应急管理部门三类主要科普活动举办次数和参加人数

注：河北三类主要科普活动参加人数为图示高度数值的 5 倍。

从气象部门的各地区科普专题活动举办次数分布情况看，举办活动次数最多的地区是云南（196 次），参与人数最多的地区是浙江（54.5 万人次）。举办活动次数达 100 次以上的地区有 14 个，参与人数达 5 万人次以上的地区有 7 个。具体如图 28 所示。

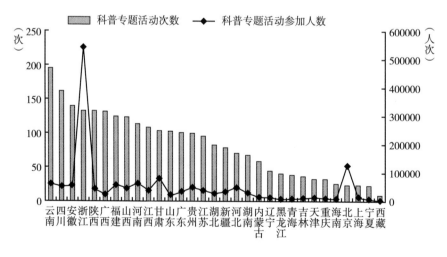

图28　气象部门各地区科普专题活动举办次数和参加人数

从卫生健康部门的各地区科普专题活动举办次数分布情况看，举办活动次数最多的地区是重庆（1417 次），参与人数最多的地区是上海（70.7 万人次）。举办活动次数达 100 次以上的地区有 26 个，参与人数达 5 万人次以上的地区有 20 个。具体如图 29 所示。

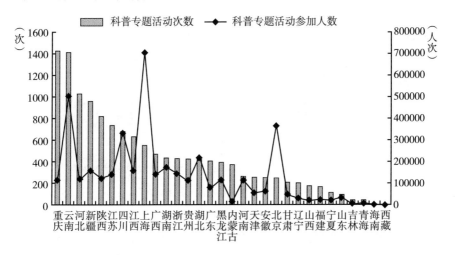

图 29　卫生健康部门各地区科普专题活动举办次数和参加人数

从应急管理部门的各地区科普专题活动举办次数分布情况看，举办活动次数最多的地区是云南（238 次），参与人数最多的地区是湖北（1224 万人次）。举办活动次数达 100 次以上的地区有 6 个，参与人数达 5 万人次以上的地区有 14 个。具体如图 30 所示。值得一提的是，应急管理部门的科普专题活动中除了湖北省应急管理厅，广西壮族自治区梧州市地震监测中心在2019 年的安全科技活动周中进行防震减灾科普宣传工作，覆盖 200 多万人次，荣获中国科协"2019 年梧州市防震减灾科普知识宣传系列活动"通报表彰。

六　我国应急管理领域科普工作形势和未来发展建议

应急管理工作的根本出发点是为了预防和减少灾害事故的发生，控制、减轻和消除灾害事故引起的严重社会危害，确保人民群众生命财产安全和社

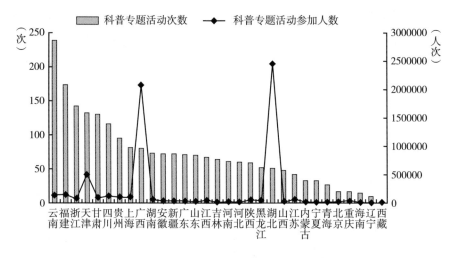

图 30　应急管理部门各地区科普专题活动举办次数和参加人数

注：湖北地区的科普专题活动参加人数为图示高度数值的 5 倍。

会稳定。我国应急科普工作主要通过传播科学防控知识，增强公众的防灾避灾意识和自救互救能力，从而最大限度地预防和减少突发公共事件及其造成的损害。无论是公共突发事件应对性科普还是常规性预防宣教，都是应急管理体制中不可或缺的部分。

（一）应急管理领域科普工作总体情况

基于以上分析可以看出，2019 年卫生健康、应急管理、气象三个部门在全国 31 个省（区、市）中扮演了重要角色，开展了大量涉及民生的科学技术普及工作，在国家科普事业推进中具有举足轻重的作用。在人才队伍建设方面，科普专职人员占全国总数的 9.15%，科普兼职人员占全国总数的 19.54%，中级职称及以上或本科及以上学历人员占全国总规模的 10.89%，科普创作人员占全国总数的 13.30%；在科技馆、科学技术类博物馆两类科普场馆建设方面，建设数量占全国总量的 5.48%；在科普经费方面，科普专项经费占全国总额的 8.47%，全年支出占全国总支出规模的 7.32%，其中科普活动支出占全国总量的 10.96%；在纸质媒体发行方面，科普图书、科普期刊的发行量分别占全国总量的 8.36%、8.41%；在网络传媒方面，科普网站占全国总数的 23.92%，科普类微博占全国总数的 47.06%，科普类微信公众号占全国总数的 43.91%；在音像制品方面，出版的音像制品种数占全国总数的 26.85%，发行的科普光盘占全国总数的 6.38%；在科普活动方面，科普（技）讲座次数、科普（技）展、科普（技）竞赛三类主要活动在全国总量的占比是 44.41%，参加人数的占比是 24.08%；科技活动周期间，举办科普专题活动次数占全国总数的 15.40%，参与公众人数占全国总数的 10.88%。

从三个部门各自的科普工作表现对比来看，卫生健康部门的整体表现在三个部门中最为突出，在科普人员、科普经费、科普传媒和科普活动四个方面均大幅领先其他两个部门，尤其在科普兼职人员数、科普经费、新媒体科普传媒以及三类主要科普活动举办次数方面表现突出。气象部门与应急管理部门相比，二者各有优势。气象部门在科普场馆建设方面比较领先，并在科普类微博和科普类微信公众号创办数量方面较应急管理部门表现更好；而应急管理部门在科普经费筹集和科普活动举办次数方面表现超过气象部门。

从三个部门的各地区科普工作的综合表现看，北京、江苏、上海、湖北、广东、浙江和陕西等地区科普工作各方面均表现良好。其中，北京地区表现最突出，年度科普经费筹集额、科普图书和科普期刊出版总册数居全国之首，科普人员队伍建设、网络科普传媒、三类主要科普活动举办方面也表现较好。湖北在科普人员队伍建设以及网络科普传媒建设方面表现最出色。三类科普活动举办次数最多的地区是河南。网络媒体在全国范围内的采用情况整体较好，所有地区都采用微信、绝大部分地区都采用了微博来传播科普知识。

我国应急管理领域科普工作在取得一定成果的同时，也要注意存在的几点问题。首先，各地区开展工作差距较为明显。从三个部门的各地区科普工作的综合表现看，存在地区生产力发展不平衡导致科普工作重视程度不一的问题。具体体现在人员队伍建设、工作经费投入、宣传渠道、活动次数和服务公众人数等方面，西藏、海南、青海等经济欠发达地区三个部门的科普工作表现相对较为靠后。其次，科普基础设施建设仍然比较薄弱。与其他方面科普工作相比，目前卫生健康、应急管理、气象三个部门的科普基础设施规模在全国范围的所占比重较小。同时，全国 31 个省、自治区、直辖市中，有近一半地区尚未建设三部门所属的科技馆、科技类博物馆以及青少年科技馆（站），这说明卫生健康、应急管理、气象三个部门的科普场馆分布存在较为明显的不均衡性。最后，在网络媒体利用方面，全国仍有 8 个地区没有将网站作为传播渠道来开展科学技术知识普及工作。上述工作属于卫生健康、应急管理、气象三个部门科普工作的薄弱环节，下一步工作需要加强。

（二）未来发展建议

冲寒已觉东风暖，慎终如始勇向前。2020 年的新冠肺炎疫情是我国应急管理体制面对的一项实战检验。其间，各部门各地区在疫情防控方面进行了大量科普工作并取得了卓著成效。同时，也进一步说明我国应急管理工作仍需提升积极性和创造性，不断提高应急科普工作水平，以应对未来应急领域的诸多挑战。

1. 搭建国家应急领域科普工作平台

我国应急管理科普工作可以参考全国科普工作联席会议制度，由应急领域有关行政管理部门牵头，会同各省、自治区、直辖市以及中央和地方新闻媒体共同搭建国家应急领域科普工作平台，对跨地区、跨领域和跨部门的应急科普工作进行统筹与沟通协调，使应急领域内各部门各地区能够形成高效协作能力和整体公信力，实现"政府主导、社会协同、公众参与"的良性循环工作局面。国家应急领域科普工作平台工作内容包括但不限于：审议应急科普工作的有关规定和总体发展规划、年度计划，研究制定加强相关科普工作的有关政策，提出相关议题，督促规划、计划和有关重大工作的落实，促成部门、地区的应急科普资源共建与共享，及时协调重大突发事件的不同部门和地区的应急科普资源，等等。

2. 完善应急领域科普工作政策法规

按照《突发事件应急预案管理办法》、《中华人民共和国突发事件应对法》和《"十三五"国家科普与创新文化建设规划》的要求，各地区、各部门要持续完善补充应急科普工作的相关政策法规，规范科普工作流程，提高科普工作机制效率。积极推动各单位提前制定对突发事件或者热点议题的科普应急预案和实施细则，并组织开展协同演练，及时发现解决应急领域科普工作可能存在的问题和不足。力争将科普工作纳入各级政府和相关部门应急管理能力的考核，从根本上提高各级政府和相关部门对应急科普工作的重视程度。

3. 设立应急科普专项资金

各级财政部门应确保应急领域科普工作经费及时拨付，保障应急领域科普工作平台正常运转。部分地区条件许可的可设立专项资金，以进一步加大应急管理科普宣教工作和应急科普基础设施建设投入力度，夯实组织开展应急科普宣教活动的物质基础。同时，各级政府也要鼓励社会团体、企事业单位等积极参与应急领域科普工作，吸引社会资本进入科普公益事业中来，最大限度地为应急领域科普工作扩充资金来源。

4. 组建应急科普专家队伍

在突发事件或者日常预防性科普宣教中，需要权威的专业技术人员针对灾害、疫情或危机事件发生的原因，发生的规律，发生的后果，以及如何预防、应对、解决等知识进行科学传播。应急领域科普工作应构建应急科普专家库，遴选一批专业技术过硬、社会影响显著、宣教能力突出的科普专家，作为备选专家随时投入应急科普工作。一旦发生紧急情况，可针对具体领域，从应急科普专家库中抽调相关领域专家，充分发挥专家队伍优势，及时开展科普工作，让应急科普真正做到让民众"听得懂、听得进"。另外，也要建立科普专家与媒体之间的信任，组织常态化交流和沟通，强化科学共同体对外发声机制，保护并鼓励科学家与公众互动交流。

5. 培养专业科普工作人员队伍

应急领域科普工作开展离不开一支专业化的科普工作人员队伍。一方面需要充分提高专职人员的数量和业务能力，另一方面可以采取多种手段动员更多科研人员、专业技术人员等参与科普宣教工作，通过激发上述人员积极参与应急科普工作，有效扩大科技志愿者队伍，为专业科普工作培育更多后备军。

具体措施可借鉴科研工作体系来建设应急科普的项目经费资助体系、人才引进培养体系、奖励体系和评价体系等。可尝试将科普创作成果以及参与科普宣教活动纳入绩效考评体系。同时，应急领域科普工作流程中应当明确人员培训模块内容，以方便为科技志愿者提供系统培训和指导。

6. 畅通应急科普传播渠道

科学传播的有效性和传播能力很大程度上取决于科普资源和传播手段。建立兼具权威性和时效性的应急科普传播平台，能更好地提升应急科普工作的效率。应急领域科普工作平台应建立应急新闻发布机制，预先设定非常状态下内部机构的沟通和合作、应急科普内容的策划和组织、新闻媒体的联系和跟进、传播效果的汇总和评估等环节标准流程，以引导社会舆论朝着预定的科普目标前进。

随着"两微一端""融媒体平台"等运作模式及创新理念的推广，传统媒体与新媒体不断融合发展。中国互联网络信息中心（CNNIC）发布的《第45次中国互联网络发展状况统计报告》显示，截至2020年3月，中国网民规模达9.04亿，手机网民规模达8.97亿。网民使用手机上网的比例达99.3%，使用台式电脑、笔记本电脑、平板电脑上网的比例分别为42.7%、35.1%和29.0%，使用电视上网的比例为32.0%，在此背景下，我国应急科普工作要充分利用好网络传播的优势和特点，进一步提升应急科普传播的及时性、灵活性和深入性。

7. 加强科普基础设施建设

科普基础设施是突发事件中开展应急科普活动的"桥头堡"，科普基础设施既是突发公共事件尚未发生时常态化科学普及和训练的必要平台，也是突发公共事件发生时提供应急科普资源服务的重要保障。卫生健康、应急管理、气象等应急部门一是要以少数薄弱地区为重点，继续完善实体科普场馆体系建设，实现各地区应急科普场地的均衡发展；二是要充分依靠技术进步，建设数字博物馆/科技馆等新型科普场馆，并不断研发各类科普展品、展项或交互式体验式项目；三是要积极组建应急领域科普场馆或基地的联盟，促进优质科普资源共享。

参考文献

科技部、中央宣传部：《"十三五"国家科普与创新文化建设规划》，2017 年 5 月 8 日。

中华人民共和国科学技术部：《中国科普统计（2020 年版）》，科学技术文献出版社，2021。

中国科协、农业农村部：《乡村振兴农民科学素质提升行动实施方案（2019～2022年）》，2019 年 1 月 7 日。

中国气象局：《气象科普发展规划（2019～2025 年）》，2018 年 12 月。

《习近平：充分发挥我国应急管理体系特色和优势 积极推进我国应急管理体系和能力现代化》，中华人民共和国中央人民政府网站，2019 年 11 月 30 日。

操秀英：《加强应急科普，助力重大公共卫生危机应对》，《科技传播》2021 年第 2 期。

李梦飞：《公共卫生事件中线上应急科普实践与思考——以上海科技馆为例》，《大科技》2021 年第 8 期。

周甄武、邵家东：《突发公共事件应急科普推行策略研究——以新冠肺炎疫情为例》，《集宁师范学院学报》2021 年第 1 期。

胡俊平、钟琦、武丹：《媒体应急科普能力的提升策略》，《青年记者》2021 年第 3 期。

张思璇：《从应急科普看科学传播的长效机制》，《科技传播》2021 年第 2 期。

王康友主编《国家科普能力发展报告（2006～2016）》，社会科学文献出版社，2017。

胡春梓：《突发自然灾害和生产安全事件应急科普模式研究》，《科技传播》2020 年第 6 期。

徐静、王磊：《浅谈我国科普场馆在应急科普中发挥的重要作用》，《百科论坛电子杂志》2020 年第 9 期。

王雯、郝雪：《惠民生 利长远——京津冀协同战略下加强河北应急科普工作的建议》，《科技风》2020 年第 34 期。

郭子若：《突发公共事件背景下科技社团开展应急科普的方法探讨》，《学会》2020年第 3 期。

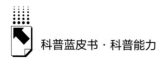

季良纲：《突发公共事件应急科普策略分析》，《科普研究》2020 年第 1 期。

隆麒、胡思远：《疫情背景下地方政府应急科普宣教体系的整合与重构》，《文存阅刊》2020 年第 38 期。

柏坤：《探析突发公共卫生事件中应急科普作用》，《传媒论坛》2020 年第 8 期。

杨家英、王明：《基于网络科普行为分析的公众应急避险科普需求研究》，《科技传播》2020 年第 11 期。

侯蓉英、郑念、尹霖等：《疫情下的中国应急科普建设与发展》，《科技导报》2020 年第 13 期。

宋敏、付浩然：《〈突发事件应对法〉视角下我国应急科普机制的构建》，《学会》2020 年第 5 期。

王紫色、叶菲菲、李志忠：《浅议科技馆应急科普与常态科普的关系——以中国科技馆展教应急科普实践为例》，《学会》2020 年第 8 期。

苏倩：《融媒体环境下应急科普教育探究》，《科技创业月刊》2019 年第 11 期。

中国互联网络信息中心：《第 45 次中国互联网络发展状况统计报告》，2020。

中国气象局：《宁波：成立气象科普讲师团培育精品课程》，http：//www. cma. gov. cn/2011xwzx/2011xgzdt/201903/t20190321_ 518089. html。

湖北省应急管理厅：《1200 万＋！湖北安全生产知识网络竞赛 答题人次再创新高》，网址：http：//yjt. hubei. gov. cn/yjgl/ztzl/aqscyzl/stdt/201907/t20190702_ 460426. shtml。

中国地震局：《广西梧州市地震监测中心第一年开创工作新局面》，https：//www. cea. gov. cn/cea/xwzx/sxgz/5523715/index. html。

B.3
社交媒体应急科普能力评估与分析

张增一　贾萍萍　刘灿威　严晗*

摘　要： 突发公共事件由于其自身性质而对社会产生巨大危害，应急
科普作为风险传播的组成部分，在各类突发公共事件的处理
中起到重要作用。新冠肺炎疫情期间，应急科普在社交媒体
平台上高频开展。本报告使用 NVivo 11 对微博平台新冠热点
话题中的博文进行文本分析，从宏观和微观层面考察新冠肺
炎疫情期间社交媒体的应急科普能力。研究发现，社交媒体
在风险的社会放大过程中扮演重要角色，且首因效应与社交
媒体特性的结合使得这一平台中的应急科普应注重初次科普
的科学性、通俗性且全面展现相关人员特征，避免导致公众
情感偏差等。

关键词： 应急科普　效果研究　社交媒体

一　引言

（一）研究背景及意义

随着经济的快速增长、城市化进程的加快以及人口集聚程度的提高，自

* 张增一，中国科学院大学人文学院党总支书记兼副院长，新闻传播学系主任，教授，研究方
向为科学传播、科技舆情分析等；贾萍萍，中国科学院大学人文学院硕士研究生，研究方向
为科学传播等；刘灿威，中国科学院大学人文学院硕士研究生，研究方向为科学传播等；严
晗，中国科学院大学人文学院硕士研究生，研究方向为科学传播等。

然灾害、生产事故等突发公共事件对于各国社会、经济和政治造成越来越大的影响，突发公共卫生事件更是对各国的医疗卫生、社会管理、经济发展提出了巨大的挑战，2020 年新冠肺炎疫情席卷全球，给医疗卫生工作造成了巨大的负担，使各国经济增长近乎停滞，对社会稳定更是造成了极大的冲击。

由于其突发性、传染性和巨大的破坏性，突发公共卫生事件相较于其他类型的突发公共事件来说，其破坏力更强，波及范围更广。其与社会每一个公众自身的健康及财产安全息息相关，因此公众关注度高且群体焦虑现象明显，这就导致大量流言、谣言混杂在正确信息之中，给国家信息传播、舆论引导造成了极大地干扰。应急科普诞生于这样的环境之下，就意味着应急科普不仅应完成突发事件中的科学传播任务，还要正确处理、解决虚假信息的传播问题。

风险管理与风险传播在突发公共事件的解决中共同发挥作用，应急科普作为风险传播中一种新的组成部分，在各类突发公共事件的处理中都起到重要作用。其涉及范围广泛，从媒介形式上来看几乎涉及所有媒介类型（图书、报刊、广播、电视、互联网和社交媒体），从应对的突发性事件来看大致包括自然灾害类（如地震、海啸、森林火灾等）、卫生健康类（如 SARS、禽流感、猪流感、新型冠状病毒肺炎等）、生产事故类（如古雷爆炸）、环境污染类等。

互联网出现之前，应急科普多在报刊、广播以及电视等媒介中进行，社交媒体作为互联网时代一种新的媒介形式，在信息的沟通与传递上传播速度快、可随时随地获取，也逐渐被应用于应急科普工作中。在此次新冠肺炎疫情的应急科普中，社交媒体平台上的应急科普起到了独特的效果。因此，对社交媒体的应急科普能力进行评估与分析，探讨社交媒体在应急科普中的作用、效果、问题及优化具有重要意义。

（二）案例选取思路及依据

新冠肺炎疫情期间应急科普案例众多，但是总的来看，突发公共卫生事件中的应急科普事件大致可以分为两种：一种是与公共卫生知识紧密相关的，并且随着事件本身的发展而不断推进的，此类应急科普一般具有周期长、发展性的特点；另一种一般由媒体、政府或科学家群体引发，由于突发疫情下群体共享情绪放大效应以及身份标签带来消极刻板印象的双重影响，此类应急科普一般具有周期短、突发性的特点，且常伴有公众非理性行为以及大量的谣言。

随着我国科研进展，我国科学家对于新冠病毒的传播方式经历了从最初"未见明显/明确人传人"向"人传人"的转变。在"人传人"研究结果的基础上，又进一步对病毒的传播途径进行了细分，并且及时公布。因此病毒传播途径这一应急科普案例不仅与公共卫生知识紧密相连，并且随着科研进展而不断推进，周期较长、呈现典型的发展性特点，能够较好地代表第一类应急科普事件；而病毒传播方式则能较好地代表第二类应急科普事件。

（三）研究目的与研究问题

对社交媒体进行应急科普能力的评估，旨在探讨社交媒体是否能够进行应急科普，是否能够承担应急科普的责任，在未来的危机事件中是否能够在社交媒体上进行应急科普；对社交媒体进行应急科普能力的分析，旨在探讨其应急科普的效果如何，不同社交媒体的应急科普效果是否有差异；对社交媒体应急科普存在的问题进行讨论，旨在探讨社交媒体在应急科普中的不足与缺陷，以及如何弥补这些缺陷进而提升社交媒体应急科普的能力。

结合上述研究目的，本报告拟聚焦以下三个研究问题：一是如何评估社交媒体应急科普能力；二是如何分析社交媒体应急科普能力；三是社交媒体应急科普存在的问题及优化。

二 理论基础

（一）应急科普

1. 应急科普的定义

目前，国内外学者关于应急科普的概念尚未有统一的定义。主要的分歧集中在三个方面：一是应急科普范围的问题；二是应急科普信息流的问题；三是应急科普中新媒体作用的问题。这三个问题成为阻碍学者们对应急科普下定义的重要影响因素。

第一个问题是在应急科普范围层面，国内学者就应急科普的范围是否应该包含常态科普展开了激烈的讨论，常态下包含应急信息的科普是指日常的消防宣教类活动，例如防震演练、消防演练等。在此，综合国内外各位学者的观点，我们认为应急科普主要是在特殊情况下开展的科普工作，同时也包含了常态生活中为了提升公众科学素养、科学常识、各类应急技巧而展开的预防性应急科普工作，如科学信息普及、消防演练等。

第二个问题是在应急科普信息流层面，国内外学者的关注重点在于信息的传播是自上而下的单向传播抑或是公众参与其中的双向传播，这个问题的实质是公众在应急科普中的地位和角色问题。持信息单向流动观点的学者普遍将公众置于被动接收信息的地位，缺失模型的思想大量体现在此类研究中；而持双向流动观点的学者，则将公众放在一种积极主动的位置中，在他们的观点中，受众的信息诉求与反馈可以影响另一方的信息传播。

第三个问题是应急科普中新媒体的作用。目前，随着网络技术的发展以及公众参与意识的提升，Twitter、Facebook等社交媒体平台已经逐渐成为公众获取信息、发布内容的发声平台，社交媒体在构建公众认知中发挥重要的作用。在风险中的社交媒体研究中，国内外学者的关注重点在于社交媒体中的内容是否存在取舍问题，具体来说，包含是否能够真实准确地反映公众的认知及态度，是否存在利益群体为了自身的政治、经济利益而混杂其中、干扰视听，社交媒体中公众的声音是否就是现实中公众的想法等诸多问题。

综合上述三方面内容，我们认为应急科普主要是在特殊情况下开展的以具体应急事件为导向的科普工作，同时也包含了常态生活中为了提升公众科学素养、科学常识、各类应急技巧而展开的预防性应急科普工作，在这种科普中以信息的单向流动为主，以受众的认知和反馈为辅。

2. 国内外应急科普研究现状

国内外学者关于社交媒体应急科普的研究均以实证研究为主，其中国内研究者多关注社交媒体/新媒体在突发公共事件中进行科学传播的模式、优点及作用、缺点及优化方案。国外应急科普研究主要聚焦于三个方面：一是应急科普的参与者（传播者、意见领袖、受众）；二是应急科普的策略；三是对基于新媒体或者说是社交媒体平台下的应急科普研究及视觉传播研究。其中第一方面和第二方面是近年来的主要研究内容，第三方面是目前的研究重点及趋势。

从社交媒体在突发公共事件中的科学传播模式来看，早期研究者对于其特点较为关注，数字化、全球性、隐蔽性以及交互性被认为是社交媒体在突发公共事件中进行科学传播的重要特点，同时，信息参差不齐、难以管控等问题也被提出。此类研究不仅有助于我们了解突发公共事件中科学传播的现行模式，而且对于剖析其问题来说至关重要。

在优点及作用方面，国内外研究者对社交媒体在突发公共事件中科学传播的及时性给出了一致的认可，在此基础上，研究者通过对具体的科学传播用户进行分析，认为与传统的科学传播相比，社交媒体在科学传播上具有关注度高、对城市年轻人更具吸引力即年轻化和城市化等特点。该类研究能够更好地帮助我们理解社交媒体的特性，还能够让我们更加清楚社交媒体的特点在突发公共事件中应当如何恰当使用。

在缺点及优化方案方面，王明、郑念以新冠肺炎疫情为例，从更为宏观的角度提出并阐释政府、媒介和科学家三方主体的权力合作框架（关系模型），由此解释政府应急科普存在的主要问题症结，并提出加强需求监测、整合传播平台等建议；张翔等基于新冠肺炎疫情中的谣言事件分析，认为应急科普存在权威科普主体缺失、公众科学素养有待提升等问题，并提出应多方合力尤其是规范新闻媒体的科普行为、关注公众需求的建议。此类研究比较客观地总结、概括了社交媒体在突发公共事件中的问题所在，并且把有效解决这些问题作为后续研究工作的目标。

国外对新媒体、社交媒体平台上的突发事件科学传播的研究始于 2016

年，并且在最近几年增长很快，成为突发事件科学传播的重要研究领域。从微观层面来看，针对国外主流社交媒体如 Facebook、Twitter、YouTube 等平台的具体案例研究成为研究者重点关注的内容。例如，奥尔（Daniela Orr）等就 Facebook 上受众参与科学传播的特点展开了研究，达尔普林（Dalrymple，K. E.）等就危机中 Twitter 上对政府机构的态度展开了研究，同样对于 Twitter 在应急科普中的作用①进行研究的还有米切尔（Mi'Chael N. Wright），金·哈斯达（Kimberly Haslam）等就 YouTube 作为公众健康决策辅助手段的潜在价值展开了研究。此类研究，为我们理解不同事件在不同社交媒体平台展现的特点以及选取合适的案例提供了重要的参考依据，且由于国内外社交媒体平台的对应性，通过对上述社交媒体平台研究的把握，也能在一定程度上帮助我们把握国内不同社交媒体平台的特性以及突发公共事件中不同社交媒体平台舆论的特征。

从中观层面来看，谣言及其纠正是研究者们最感兴趣的话题。斯科特（Scott S. D. Mitchell）研究了 2015～2016 年 Zika 爆发阴谋论的构建和传播，分析了包括"阴谋"网站在内的在线平台上的错误信息流。胡迪亚·阿里（Khudejah Ali）等则从更为具体的层面分析了用户对谣言条目的参与程度，发现谣言越危言耸听，用户参与度越高。这一类型的研究不仅在谣言理论上有所发展，而且将谣言置于突发公共事件和社交媒体平台，更能清楚地显示特殊时期谣言的产生与传播机制，以及面对这种机制合理的引导方式和处理办法。

从宏观层面来看，莫莉（Molly Simis）指出，对机构权威的不信任（对政府官员的不信任）是新媒体话语的主要主题，同时发现了地方新闻在风险放大中的作用。纳西亚（Nahia Idoiaga Mondragon）等通过对社交媒体和新闻媒体话语模式的分析，认为社交媒体可以帮助纯粹的科学知识转变为公众的思想，同时抛出了社交媒体环境下如何应对危机这一话题。这种类型的

---

① Mi'Chael N. Wright, "An Examination of Twitter Impact on Disaster Literacy" (MA diss., Howard University, 2019).

研究将公众与政府和新闻媒体置于对立的层面，并且开启了社交媒体平台中对立与转化、对立与同化的新的研究方向。

3. 突发公共事件与突发公共卫生事件

突发公共事件（emergency）指的是突然发生的对全国或部分地区的国家安全和法律制度、社会安全和公共秩序、公民生命和财产安全已经或可能构成重大威胁和损害，造成巨大的人员伤亡、财产损失和社会影响的涉及公共安全的紧急公共事件。[①]

从实践与理论上来说，突发公共事件有不同的分类方法。可以将它划分为突发社会安全事件、事故灾难、突发公共卫生事件、自然灾害、经济危机等五大类。

国务院颁布的《突发公共卫生事件应急条例》规定，突发公共卫生事件是指突然发生，造成或者可能造成社会公众健康严重损害的重大传染病疫情、群体性不明原因疾病、重大食物中毒和职业中毒以及其他严重影响公众健康的事件。[②]

目前，收录于中国知网的国内关于突发公共事件的相关研究高达 2 万条，此类研究在 2003 年、2006 年、2008 年以及 2020 年出现 4 次峰值状态。2003 年"非典"病毒肆虐，相关学术研究达 769 篇；禽流感疫情使得相关研究在 2006 年再次达到高峰，为 1551 篇；2008 年汶川特大地震的发生再次使得相关研究出现峰值，为 1711 篇；2020 年，与新冠肺炎疫情相关的学术研究高达 4023 篇，在数量上远超前三个峰值。

在上述四次突发公共事件相关的研究高峰中，有三次峰值出现在突发公共卫生事件中。究其根本，是因为突发公共卫生事件对公众健康的威胁更大、对经济的冲击程度更高、对社会稳定的挑战更严峻，由此引发的公众参与程度更高、公众心理焦虑和群体焦虑现象更严重以及因而产生的谣言和流言问题更加严峻。

---

① 清华大学公共管理紧急状态立法研究项目报告：《中华人民共和国紧急状态法》（专家建议稿）（执笔人：于安），2004 年 3 月。

② 中国法制出版社编《突发公共卫生事件应急条例》，中国法制出版社，2003。

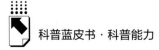

应急科普就诞生在这样的情形之下，信息环境不确定性高、受众心理焦虑和群体焦虑情况明显，利益团体散布流言和谣言。面临这种情况，应急科普必须做出良好的应对，在保障官方的、正确的防疫信息传播中，处理大量谣言、稳定公众情绪，加强合理引导，形成全民携手、抗击疫情的团结力和凝聚力。

（二）风险社会理论下的应急管理

1. 风险社会概念

贝克早在 1986 年就提出了风险社会的概念，这一概念的主要内容是人与风险共存，社会自始至终都是一个风险社会。风险社会作为人们观察、理解、诠释和分析现代社会的重要方式被提出。这一概念的提出为理解社会的结构特点、风险成因及系统治理提供了独特的视角。

2. 风险社会的放大

在贝克的界定中，风险是系统地处理现代化自身导致的不安全感和危险的方式。如今互联网上的信息流是造成公众风险认知的因素之一，这些信息对于风险扩大是一种主要的原动力。刘冰研究了其中风险放大的相关机制，认为社会放大包含以下两个阶段：第一阶段是社会放大的信息机制；第二阶段是社会放大的反应机制。强调风险放大是一个由信息引起受众反应的过程。全燕则认为风险的社会放大指的是由"信息过程、社会团体行为、制度结构和个体反应"共同塑造风险的社会体验。但是，人们直接经历的风险毕竟较少，所以人们通常会从媒体那里获得有关风险的情况，间接增加个人体验。陈安等认为，媒体产生的信息流是公众风险认知的一个关键因素，其中信息量、受争议程度、戏剧化程度以及信息的象征意蕴是影响社会风险放大的信息属性。因此，在此次新冠肺炎疫情蔓延的过程中，每个参与相关话题互动的社会及个体，都或多或少地对疫情信息进行了放大处理，并在不同程度上参与了信息强化的过程，例如每一个转发评论都是对信息源的再放大。

3. 社交媒体关于风险放大的正向应对

随着网络技术的进一步发展以及社交媒体的普及，在当下，各国社交媒体（如 Twitter、LINE、Facebook、微博、知乎等）成为风险放大的主要平台。社交媒体同时具有媒体网络功能和社交功能，因此它不仅成为受众获取信息和情报、了解时事政治的媒体平台，也变成了舆情的发端地。社交媒体平台聚合了事件当事人和围观者，因此，一旦热点话题被抛出，就能迅速引发各方关注，从而放大这一信息，与传统媒体相对比，其传播的速度和广度都更高，但是也更难把控。然而，我们亦可利用社交媒体这一特征，从正向来集聚话题关注者，通过正确信息的解读以及辟谣的角度来使关注者迅速获得相关信息，进而通过这一部分群体将信息快速传播给刺激群体。

疫情之下，相关的科学和医学信息的传播不畅或是传播受扭曲，使得受众在高压状态下更容易忽视常识，从而引发各类非理性的行为，进而导致基于疫情本身的各种次生危机，例如，"双黄连可抑制新冠病毒"这一话题在微博上被多次曲解，导致电商平台上的双黄连口服液、兽用双黄连等相关药品迅速售空，大量公众聚集在线下的药店排队购买双黄连相关药品。美国学者 Banks 认为，危机中社交媒体上的信息传播是组织与公众在危机事件中的对话，促进危机事件的有效处理可以促使危机的减缓和消除。管理学家 Zaremba 则认为，公众在危机发生时最需要获取各种信息，危机传播需要把相关危机信息传播给公众，同时对他们的问题做出反馈。因此，及时、全面和高效的信息获取、分析、反馈和沟通对于弥补现有应急管理体系的不足具有重要意义。在疫情期间，抗疫科普类信息不胜其数，权威学者、医学专家们作为"意见领袖"与网民对话，通过干货解说及亲身示范防护知识、介绍医学界抗疫的前沿资讯，包括有效药物的发现、疫苗研发的进展、患者治愈的经历等，在促进公众了解医学常识的同时也传递了人类可以战胜病毒的信心。

针对社交媒体上与科学有关的舆情问题，建立合理的科学传播机制是有效的方法，也是促进公众理解科学的必要途径，特别是处于公共突发事件的情境之下，公众对科学的理解更加深刻，科学传播的机制也因此具有明确的独特性。

对于科学传播机制宏观层面的构建，刘彦君等提出了"一元权力结构下多元主体舆论引导的科普机制"，即政府及其职能组织发挥管理主体的作用，科学家及职业科普组织发挥专业科普的作用，媒介资源的占有组织发挥媒介主体的作用，政党的宣传组织发挥舆论引导的作用。

在微观层面，徐建华与薛澜分析了科学传播中风险沟通在识别沟通需求、设计沟通内容、组织实施沟通方面的关键点。作为科学传播的一部分，风险沟通也同样是国家应急治理能力的一个方面，在风险管理和应急科普中有着重要的作用，因此，他们认为应该加强相关的基础研究，包括 KAP、组织行为学、传播学等领域的内容。

4. 应急科普的传播与管理

关于应急科普中媒体传播的内容，危机公关领域的学者 Seeger 认为在应急科普的过程中，危机事件多具有难以预测性，导致危机传播的变异性，从而产生"一种变异分歧点"，这种变异是由传播过程、信息类型、传播时机等因素的变化而造成。应急科普关系危机事件的处理时机、应对措施的实施以及政府威信等方面，所以在公共危机事件中信息传播对提高危机管理的效率起到极为重要的作用。此外，学者 Maletzke 也从心理学的视角展开研究，指出媒介和信息的影响与制约因素主要来自传播者和受传者这两个方面。其中，与传播者有关的是选择、加工信息；与受传者有关的是其接触、选择内容，而这种接触和选择又与其自身的诸多因素有关。

三　案例研究

（一）研究方案

1. 社交媒体应急科普能力评估

对社交媒体应急科普能力的评估将从"时效性""科学性""通俗性"

"传播度"这四个维度来进行。其中"时效性"是指发布内容的时长及效率,根据内容的发布时间,对其科学性进行综合评估,可分为非常低、低、中、较高、高五个层级;科学性是指发布内容的科学程度、准确程度,根据具体内容,对其科学性进行综合评估,可分为非常低、低、中、较高、高五个层级;通俗性是指发布内容被大众理解和接受的程度,根据具体内容,对其通俗性进行综合评估,可分为非常低、低、中、较高、高五个层级;传播度是指账号的传播能力和传播效果,微博传播度的计算公式为

$$传播度 = 20\% \times (30\% X_1 + 70\% X_2) + 80\% \times (20\% X_3 + 20\% X_4 + 25\% X_5 + 25\% X_6 + 10\% X_7)$$

其中,$X_1 =$ 发博数,$X_2 =$ 原创博文数,$X_3 =$ 转发数,$X_4 =$ 评论数,$X_5 =$ 原创博文转发数,$X_6 =$ 原创博文评论数,$X_7 =$ 点赞数。

此次研究目标设定为微博这一社交媒体平台,以清博大数据中的新冠肺炎疫情数据为基础进行研究样本的采集、补充、清洗。通过梳理病毒传播方式和传播途径的时间线,以分区获得各部分研究样本。

就病毒传播方式来说,2019 年 12 月 31 日,武汉卫健委称未见明显人传人;2020 年 1 月 11 日,武汉卫健委表示未发现医护人员感染和明显人传人证据;2020 年 1 月 14 日,武汉卫健委称尚未发现明确人传人,不排除有限人传人;2020 年 1 月 20 日,钟南山明确表示新冠病毒人传人;2020 年 2 月 17 日,高福首次回应指责。

就病毒传播途径来说,2020 年 1 月 28 日,国家卫健委明确新冠病毒主要通过飞沫传播且可能通过接触传播;2020 年 2 月 2 日,钟南山称病毒可能通过粪口传播;2020 年 2 月 7 日,国家卫健委发布第四版诊疗方案,认为气溶胶传播、接触传播尚待明确;2020 年 2 月 8 日,卫生防疫专家曾群在上海市疫情防控进展新闻发布会上称,传播途径包含气溶胶传播、接触传播;2020 年 2 月 9 日,中国疾控中心冯录召在国务院联防联控机制新闻发布会上指出,气溶胶传播、粪口传播尚待明确。各部分数据分布如表 1 所示。

表 1　研究样本

单位：条

分区名称	时间	博文总量	个人用户博文量
未见明显/明确人传人	2020/01/01 ~ 2020/02/24	26874	23394
人传人	2020/01/20 ~ 2020/02/24	45098	37374
飞沫传播	2020/01/01 ~ 2020/02/24	16997	9066
接触传播	2020/01/02 ~ 2020/02/24	28701	15216
粪口传播	2020/02/02 ~ 2020/02/24	12280	6309
气溶胶传播	2020/02/07 ~ 2020/02/24	25765	17704

2. 社交媒体应急科普能力分析

通过 NVivo 11 对上述微博文本进行质性文本分析，利用词频分析、交叉分析、层次表等实现对研究问题的解答。NVivo 的编码思路主要有两种：一种是根据研究材料确定编码，形成研究框架；另一种是根据文献信息进行编码，形成次级节点。本次研究前期通过开放编码（Open coding）对随机选取的 1000 份样品微博进行试编码，形成了研究资料的三级节点，在研究中期通过结合第一种思路和第二种思路实现了主轴编码（Axial coding）和选择编码（Selective coding），形成了研究资料的二级节点和一级节点，所得编码节点如表 2 至表 4 所示。在编码过程中通过人工编码与机器学习相结合的方式对样本进行编码。通过对编码员 A 和编码员 B 进行前测 10%（94260 条文本）的数据，得出两位编码员的信度为 0.904（> 0.8，$R = 2M/N_1 + N_2$），符合编码要求的信度，编码员可以开展编码工作。

在我国，新媒体舆论研究始于 2001 年。突发事件中的微博舆论，是指微博平台所反映的人们对突发事件的态度和信念的总和。夏雨禾将这种态度和信念的总和归纳为强调、信息分享、寻求解决、情绪宣泄、理性讨论、游离型共 6 类。靳明和靳涛在此基础上做了进一步的研究，将公众态度精简为客观关注、寻求解决、情绪宣泄、游离模式、理性质疑共 5 类。岳丽媛和张增一在靳明的基础上对其做了进一步的完善，将谣言传播增加到公众态度中。结合 1000 条样本的试编码以及前人的研究成果，本研究将从态度、认知、情感三个层面进行后续分析。

（二）研究内容

1. 时效性

综合计算六个部分的单日发博量，用以评估微博在应急科普六个子模块中的具体时效性。从单日发博量来看，微博应急科普紧追热点，均在第一时间进行，在将最新科研成果公布给受众的过程中起到重要作用，具有很高的时效性。

从病毒传播方式来看，在"未见明显/明确人传人"和"人传人"的应急科普中，2019年12月31日，武汉卫健委称未见明显人传人；2020年1月11日，武汉卫健委表示未发现医护人员感染和明显人传人证据；2020年1月14日，武汉卫健委称尚未发现明确人传人，不排除有限人传人，在这段时期内，公众对于该事件的关注并不高，单日发博量在600条上下浮动；2020年1月20日，钟南山明确表示新冠病毒人传人，当日相关话题的发博量达8534条，并在次日达到第一个波峰9427条/日；2020年1月30日，浙江大学教授王立铭个人微博@王王王立铭发表博文"我已经出离愤怒，不知道说什么好了"，认为疫情信息被瞒报，同日，@知识分子转发该博文，当日未见明显/明确人传人相关的微博达到第一个波峰，峰值为3032条，人传人相关的微博达到第二个波峰，峰值为7003条；2020年2月9日，《中国科学报》发表博文"抗体诊断已近临床完成阶段，或打破核酸检测假阴性困局，中国疾控中心主任、中科院院士高福介绍，新型冠状病毒的体外诊断试剂可以有核酸、抗原和抗体诊断试剂等多种类型，但目前只有核酸试剂应用于新型冠状病毒感染病例的诊断，抗体诊断试剂正在紧锣密鼓地研发中"，同日，@高程CASS、@李鸣生、@冀连梅药师、@凯雷、@战刀007、@中科大胡不归、@侠骨柔情方恨晚等博主发博批判高福，提出了"为发论文隐瞒疫情"的论调，在此基础上，公众再次展开对于该事件的讨论，未见明显/明确人传人的相关话题达到第二个波峰，为1305条；2020年2月17日，高福回应论文争议，人传人、未见明显/明确人传人两个话题再次达到波峰，波峰值合计7277条。

从病毒传播途径来看，2020 年 1 月 20 日，钟南山明确表示新冠病毒人传人，当日，飞沫传播话题达到第一个峰值（1645 条）；2020 年 1 月 28 日，国家卫健委明确新冠病毒主要通过飞沫传播且可能通过接触传播，接触传播话题达到第一个峰值（8303 条），同时飞沫传播开始逐渐达到第二个峰值（1099 条）；2020 年 2 月 2 日，钟南山称病毒可能通过粪口传播，相关话题达到第一个峰值（5235 条），接触传播达到第二个峰值（2471 条）；2020 年 2 月 7 日，国家卫健委发布第四版诊疗方案，认为气溶胶传播、接触传播尚待明确；2020 年 2 月 8 日，卫生防疫专家曾群在上海市疫情防控进展新闻发布会上称传播途径包含气溶胶传播、接触传播；2020 年 2 月 9 日，中国疾控中心冯录召在国务院联防联控机制新闻发布会上指出气溶胶传播、粪口传播尚待明确，至此接触传播达第三个峰值（2434 条），飞沫传播达到第三个峰值（2311 条），粪口传播达到第二个峰值（948 条）。

因此，从单日发博量来看，微博应急科普时效性较高，在卫生机构新闻发布会、传统媒体报道或大 V 发表相关博文之后都可在当日或次日达到讨论峰值，且对于相关性较强事件的公众自发的讨论会导致不同话题波峰的相互关联。但是值得注意的是，微博舆论在达到峰值之后，通常迅速降温。其中，从第一次波峰到波谷的时间来看，未见明显/明确人传人的波长为 4 天，人传人的波长为 1 天，接触传播的波长为 4 天，飞沫传播的波长为两天，粪口传播的波长为两天，气溶胶传播的波长为 1 天（见图 1 至图 6）。

2. 传播度

综合分析与病毒传播方式、传播途径有关的所有微博，并根据新冠研究成果发布的时间顺序将各项传播度进行排列（见图 7）。

总的来看，在病毒传播方式中，"明确人传人"奠定了后续的公众认知，具有定调的特征，因此其传播度远高于"未见明显/明确人传人"；在病毒传播途径中，飞沫传播、接触传播、粪口传播以及气溶胶传播的传播度依次提升，且气溶胶的传播度最高，一方面是随着疫情的发展，公众对于相关知识的关注逐渐提升，另一方面也可以发现诸如气溶胶传播这一公众在日

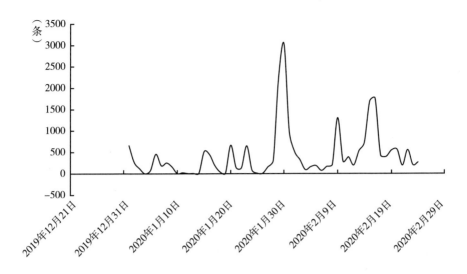

图 1 未见明显/明确人传人 – 单日发博量

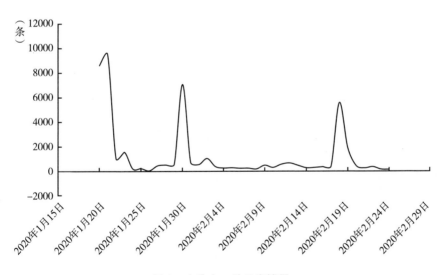

图 2 人传人 – 单日发博量

常生活中较少接触的知识更容易引发公众的关注。

具体来看各个子项目的日均传播度情况，其基本走势与对应子项目的日均发博量大致吻合，波峰出现时间均与新闻发布会、专业媒体报道、意见领袖发言相对应。从走势上来看，可以发现随着疫情的发展，无论是病毒传播

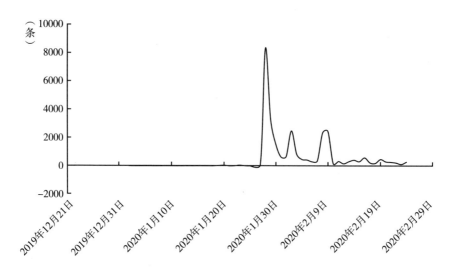

图3 接触传播－单日发博量

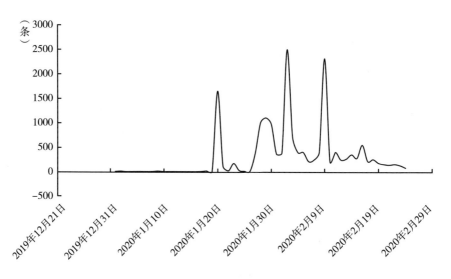

图4 飞沫传播－单日发博量

方式还是病毒传播途径的日均传播度均呈递增趋势，不仅说明公众的关注度逐渐提升，也说明微博这一新媒体的应急科普能力在疫情中逐渐提高。但是，6项中仍有4项在单日平均传播度（3259.9）以下。计算每一个子项目

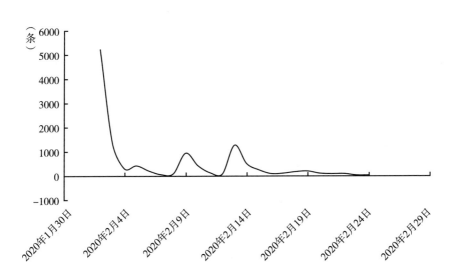

图 5　粪口传播 – 日发博量

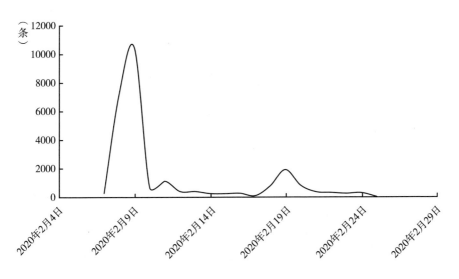

图 6　气溶胶传播 – 日发博量

的日传播度，除飞沫传播之外，其他五项的日传播度在初次峰值之后都逐渐走低（见图 8 至图 13），证明在微博平台上，初次应急科普的效果最佳，因此应该更加注重初次应急科普的内容。

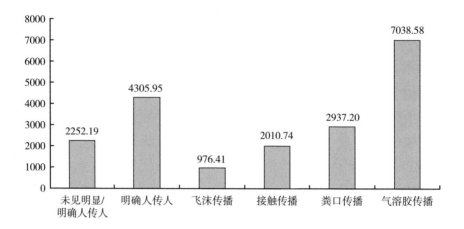

图7　日均传播度

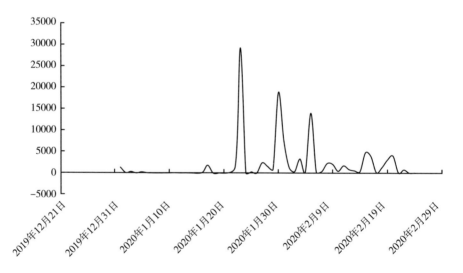

图8　未见明显/明确人传人–日传播度

3. 科学性、通俗性与组成成分

综合分析6个子项目中传播度排名前十的微博，可以发现尽管应急科普效果较好的博文来源较为多元，但是官媒用户仍然占比最高，医护类占比最低，医护/医院类微博账户在新媒体应急科普中的作用仍待体现。对信源组

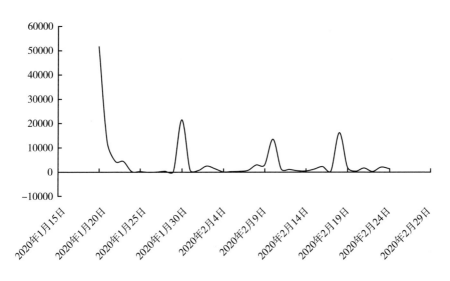

图 9　人传人－日传播度

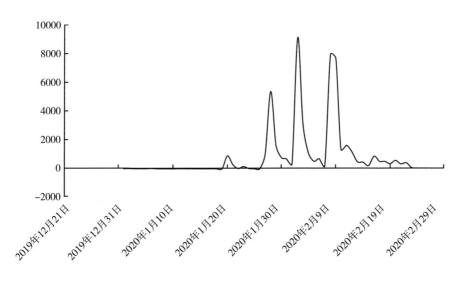

图 10　飞沫传播－日传播度

成进行分析，其中 78% 的博文有官方信源的支撑，例如《新型冠状病毒肺炎诊疗方案》、相关论文、相关会议、专家发言等，信源的权威性对于新媒体应急科普的效果来说至关重要。对博文内容进行分析，其中 82% 的博文

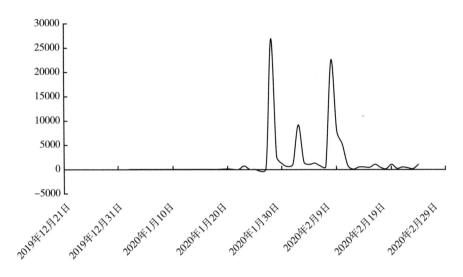

图 11　接触传播 – 日传播度

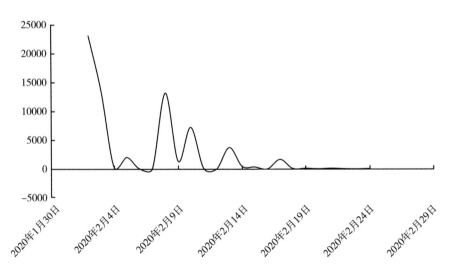

图 12　粪口传播 – 日传播度

通俗性非常高，该类文章一般通过剪辑后的视频、图片、知识竞猜等形式来提升内容的通俗性与可行性。对博文发布时间进行分析，其中 70% 的博文具有极高的时效性，此类文章一般以科普类和新闻类为主，与之相对应的是

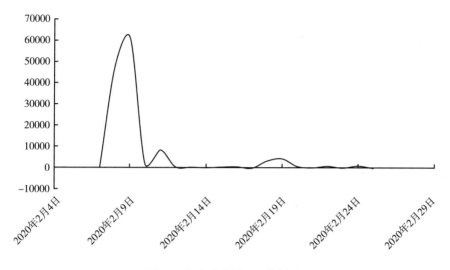

图 13 气溶胶传播 – 日传播度

观点类、追责类的文章，这类文章尽管时效性较低，但是仍然凭借其观点的独特性获得了极高的传播度（见图 14 至图 17）。

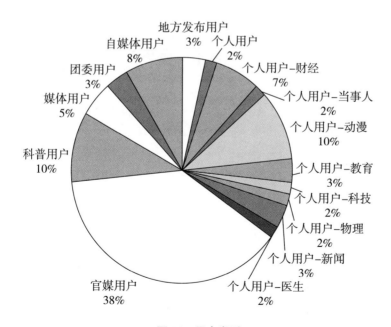

图 14 用户类型

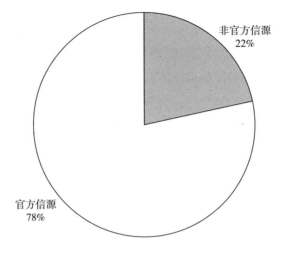

图 15　信源组成

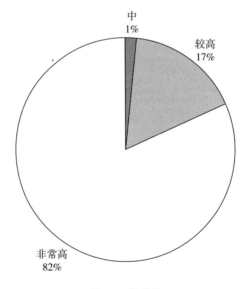

图 16　通俗性

4. 小结

综合评估社交媒体在病毒传播方式、病毒传播途径中的时效性与传播度,可以发现各个类型的用户均在第一时间传达相应的信息,普通个人用户得以在相关科研成果发布的第一时间参与应急科普的接触、转发与讨论的过

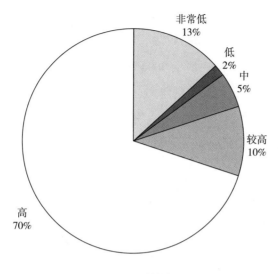

图 17　时效性

程，进而保证了最多的公众在最早的时间接触应急科普。社交媒体在应急科普中的时效性与传播度的表现在降低公众焦虑、保障公众知情这一层面发挥了重要的作用。综合分析两个话题中的博文传播度排名前十的微博，可以发现应急科普效果较好的博文来源较为多元，但是官媒用户仍然占比最高，其次是科普类用户，医护类总体占比最低，医护/医院类微博账户在新媒体应急科普中的作用仍待体现。

　　与时效性和传播度相对应的是对于科学性与通俗性的保证。在应急科普科学性这一层面上，多数应急科普内容会根据官方发布的文件（例如《新型冠状病毒肺炎诊疗方案》）、相关论文、相关会议、专家发言等来进行，为了确保应急科普内容的科学性，摘录、简述或全文引用成为应急科普内容的重要来源与特征。但是对时效性的追求以及公众对于专业知识和背景知识的缺乏，导致部分内容的通俗性较低，影响了应急科普的效果甚至在初期对公众造成了误导或是激发了其焦虑心理。

（三）应急科普能力分析的样本选取与编码

　　以清博大数据为基础，筛选 2020 年 1 月 1 日至 2 月 24 日的新冠肺炎相关博文，其中筛选出未见明显/明确人传人博文总计 26874，个人用户博文 23394 条；人传人博文总计 45098 条，个人用户博文 37374 条；飞沫传播博文总计 16997 条，个人用户博文 9094 条；接触传播博文总计 28701 条，个人用户博文 15216 条；粪口传播博文总计 12280 条，个人用户博文 6309 条；气溶胶传播博文总计 25765 条，个人用户博文 17704 条。对六部分博文按照认知、情感与态度进行编码，编码情况见表 2 至表 4。

表 2　人传人编码

一级节点	二级节点	三级节点	节点数	编码示例
态度层面	客观关注	病毒传播方式	18856	"//@人民日报：【#钟南山解读新型冠状病毒肺炎疫情#要点】"
		科研进展	1001	"#钟南山表示武汉还没有停止人传人#,区分患者的新技术仍待批准"
		相关论文	11	"这句话意思是倒推的,说有证据显示 2019 年 12 月就发生了人传人,不是说 12 月就知道了人传人"
		预防措施	2968	"概括……一定要戴口罩;勤洗手;不要去武汉"
	理性质疑	质疑卫健委	233	"这么重要的信息,为什么不早点通报？ 如果钟南山昨晚不说 14 名医务人员被感染,是不是武汉市卫健委会继续隐去这个信息?"
		质疑科研人员	4736	"作为掌握第一手信息的研究者,你们比公众早三个星期知道了病毒人传人的确凿信息,你们有没有做到你们该做的事情?"
		质疑地方政府	5051	"时隔 25 天后,钟南山院士到达武汉立即公布人传人,武汉官场这 25 天都在干嘛?"
	情绪宣泄	表达心情	513	"我男朋友单位已经有俩隔离了,我好害怕"
		表达愿望	2301	"中国加油! 武汉加油!"
		赞扬特定人员	4172	"冲在一线的白衣战士辛苦了!"
		指责地方政府	315	"全国已经被你拉下水 你武汉现在才封城"
		指责科研人员	2341	"有的专家却谎称可防可控,不会人传人,然后忙着写论文做学阀"
		指责其他公众	176	"天天吃野味吃野味,没东西可吃了吗"
	寻求解决	现实求助	141	"住院无门!!! 跪求帮助!"
		科研人员	4707	"我需要论文的作者们给我一个解释!"

一级节点	二级节点	三级节点	节点数	编码示例
		地方政府	122	"应该对武汉市市长、市卫健委主任、市公安局的局长以及相关警务人员进行严厉追责处分"
		政治利益	418	"维稳思维和维稳体制之祸"
		科研人员	50	"希望国家彻查严惩责任人。中国病毒学科研进步很大,但风气很坏:闷声发大财成了公认的准则"
	谣言传播	经济利益	60	"21日,主要组合仓位降低至两成,专户调至移动办公和医药股,对冲期权空单"
		地方政府	550	"今年湖北代表团和在武汉的委员就以电视电话会议的形式参加吧"
		病毒来源	176	"2003年的非典是美国中情局专门研制出来针对中国人,不知道这一次新型冠状肺炎是什么情况?"
		预防药物	141	"《中国古代十大名医之叶天士药房或抗新型冠状防毒》"
		疫情通报	779	"黄冈全面排查发现发热病人13000人"
		相关科普	835	"如果你是密切接触者,你该怎么办?如何预防"
	游离模式	相关疾病	76	"十年前,他们是非典幸存者;十年后,他们是非典受害者"
		社会新闻	2332	"男子拒不戴口罩,还辱骂志愿者和民警,下场令人舒适"
		抗疫措施	1131	"武汉还没有停止人传人,武汉的就不要到处乱跑才是最好的"
		广告推送	81	"保为康n95口罩防尘透气一次性口油烟防雾霾工业粉尘口鼻罩PM2.5【在售价】"
		地方政府	45	"湖北金融系银行大佬出身的省委书记,且看图"
		慈善机构	16	"武汉市慈善总会捐赠款使用情况公告"
	社会认知	政府责任	706	"武汉政府早点作为也不会现在这么严重"
		科学家责任	311	"倘若一帮学阀们,多少顾一下民生健康,至于到现在这样不可收拾吗?"
认知层面		指向卫健委	233	"武汉市卫健委的确没有权力把这个信息'淡化'在198名病患者的笼统信息之下"
	敏感性动因觉察	指向他国	135	"只有亚洲人得新冠肺炎,一定是基因战"
		指向科研人员	4945	"是疾控中心的科学家为了发表论文,对数据秘不外宣?"
		指向地方政府	5147	"是武汉市政府为了某些需要压制数据的公开?"

续表

一级节点	二级节点	三级节点	节点数	编码示例
	科学认知	病毒传播方式	18804	"新型冠状病毒肺炎存在人传人,同时医务人员也有传染"
		病毒检测方式	88	"因为有了病毒核酸检测试剂盒"
		病毒预防知识	2939	"出门一定要戴口罩"
		回溯性论文	14	"这句话意思是倒推的说有证据显示 2019 年 12 月就发生了人传人,不是说 12 月才知道了人传人"
情感层面	对医护人员的情感	正向	3314	"医护人员辛苦了"
	对卫健委的情感	负向	233	"是不是武汉市卫健委继续隐去这个信息"
	对科研人员的情感	正向	1694	"国士无双!"
		负向	5345	"总要为你们这些砖家背锅?"
	对公众的情感	负向	138	"不吃野味能 shi 啊!"
	对地方政府的情感	负向	6287	"怎么混上去的,太昏庸了!"

表3　未见明显/明确人传人编码

一级节点	二级节点	三级节点	节点数	编码示例
态度层面	游离模式	社会新闻	48	"在火葬场的,没有家人能收捡的逝者的手机,实实在在地都是事实"
	谣言传播	瞒报疫情	2135	"为了名利,不择手段,据传,当时还排斥武汉当地研究员,进行瞒报"
		病毒来源	471	"联合石正丽团队研发冠状病毒,借机外泄"
	寻求解决	科研人员	732	"我需要论文的作者们给我一个解释!"
		国家政策	113	"国家有必要建立防疫科研白名单,形成真正有力的首席科学家体制"
	情绪宣泄	指责其他公众	113	"吃野味的害群之马们闭上你们的贱嘴巴吧"
		指责科研人员	7001	"砖家误国!"
		指责地方政府	639	"湖北那帮饭桶主要信徐建国、高福那帮专家的,也是他们害死大家"

一级节点	二级节点	三级节点	节点数	编码示例
		表达愿望情感	719	"希望快好转"
	理性质疑	质疑医护人员	30	"作者就是武汉的医生,为什么'病毒源头或许并非华南海鲜市场'这样重要的事情,需要等到医生写成英文论文、发布在英文期刊、英文杂志报道之后,才有中文媒体来跟进?"
		质疑科研人员	2308	"是疾控中心的科学家为了发表论文,对数据秘不外宣?"
		质疑地方政府	656	"是武汉市政府为了某些需要压制数据的公开?"
	客观关注	预防措施	428	"几种有效方式赶紧预防!"
		疫情开始时间	509	"这就意味着在2019年12月中下旬一批有华南海鲜市场暴露史的病例出现之前,病毒就已经在武汉的某些地方和某些人之间悄无声息地传播"
		疫情结束时间	1916	"新型肺炎疫情可能元宵节前好转"
		相关论文	243	"高福等人论文有急迫公共卫生需要,提交48小时即发表"
		科研进展	758	"中国公布此次武汉新型冠状病毒基因组序列信息,该序列也已存入GenBunk"
		公共卫生措施	146	"华南海鲜市场上千家商户已停业关门"
		病毒来源	1814	"新冠肺炎病毒来自野生动物"
		病毒传染力	1144	"院士回应无症状感染者也传染:新型冠状病毒比SARS奇怪"
		病毒传播方式	1973	"武汉肺炎未发现明显人传人现象"
认知层面	社会认知	政府责任	638	"武汉政府、卫健委、疾控中心、红十字会坐在一起开个发布会,绝对公开透明!"
		科学家责任	6855	"身为疾控中心主任的责任不是只限于学问!"
		公民素养	113	"一帮五毛杂碎污蔑病毒所泄漏冠状病毒"
	敏感性动因觉察	指向他国	103	"今天是白鱀,明天是中国人！是中华民族！是黄色种族！"
		指向科研人员	4146	"四问新冠肺炎疫情突发之初,高福院士为什么一边信誓旦旦可防、可控,不会人传人,一边却在国际刊物上发表的论文中明会人传人?"
		指向地方政府	1121	"地方政府瞒报疫情导致错过了控制疫情的最佳时间"
	科学认知	未见明显人传人	1627	"武汉肺炎未发现明显人传人现象"
		人传人开始时间	509	"第一个病例应该是在2019年11月被病毒感染的"

续表

一级节点	二级节点	三级节点	节点数	编码示例
		人传人	407	"证实有人传染"
		公共卫生常识	430	"预防千万条，口罩第一条"
		病毒源头	1814	"新冠肺炎病毒来自野生动物"
		病毒发生规律	1916	"病毒发生有自身规律"
		病毒传染力	1577	"无症状者也传染"
情感层面	对科研人员的情感	正向	423	"武汉病毒所这次立功了呀，新病毒都测序完成了"
		负向	9603	"发论文的院士学阀们，你们的良知呢!"
	对公众的情感	负向	113	"一帮五毛杂碎污蔑病毒所泄漏冠状病毒"
	对地方政府的情感	负向	2065	"请武汉政府为国际性事故负责!"

表4　传播途径编码

一级节点	二级节点	三级节点	节点数	编码示例
态度层面	游离模式	相关游戏	801	"瘟疫公司狠琐流打法：只点传染性不点症状"
		社会新闻	176	"神鹰救援队来到夷陵区防疫指挥部给本区各防疫人员培训，同时在宜昌红十字会给辖区五个县防疫机构配发物资"
	谣言传播	科技新闻	15	"深圳环卫引入5G无人扫地机"
		广告推销	46	"高效、可靠的空气净化装置是疾病防控的必要手段"
		地方政府	59	"武汉政府真的是害苦了武汉人民也害苦了全国人民"
	寻求解决	现实求助	12	"求大家帮帮忙吧，这是我们家的外婆，老人家急需住院"
	情绪宣泄	指责媒体	292	"媒体公信力就这样被按在地上摩擦"
		指责地方政府	206	"就像武汉政府压下了那8位医生，过了段时间打脸发不了冠状病毒的事情，难道我们要夸武汉政府及时?"
		赞扬科研人员	56	"是中国抗击非典型肺炎的领军人物，是真正的权威专家"
		赞扬医务人员	557	"这位院长害怕同事因此染病牺牲，所以才会预嘱。真的是催人泪下"

一级节点	二级节点	三级节点	节点数	编码示例
	理性质疑	地方政府	177	"昨天说是气溶胶,今天说基本没可能气溶胶……你们这些专家领导核实到位了吗?"
		预防措施	17982	"最好戴口罩,勤洗手等等"
	客观关注	科研进展	311	"目前尚不清楚新型冠状病毒为何由动物感染到人类,也无有效治疗方法和疫苗"
		传播途径	32364	"国家卫健委:新型冠状病毒可通过接触传播"
认知层面	敏感性动因觉察	指向地方政府	383	"又是武汉政府硬压着不作为不控制疫情不让报道"
	科学认知	预防知识	17982	"除了戴口罩,洗手也很重要"
		病毒传播途径	32944	"经呼吸道飞沫和接触传播是主要的传播途径。气溶胶和消化道等传播途径尚待明确"
情感层面	对媒体的情感	负向	292	"媒体公信力就这样被按在地上摩擦"
	对科研人员的情感	正向	56	"是中国抗击非典型肺炎的领军人物,是真正的权威专家"
	对地方政府的情感	负向	206	"2.10是很多地方的返工期限,政府通知和管理还是一团糟"

(四)受众的认知分布与走向

1. 人传人话题中受众的认知分布与走向

根据2020年1月20日至2月24日的认知层面编码统计(见图18),在人传人话题中,科学认知尤其是对于病毒传播方式的科学认知占据了主导地位,共计18804条,占比56.96%;其次是指向地方政府的敏感性动因觉察,共计5147条,占比15.60%;指向科研人员的敏感性动因觉察占第三位,共计4945条,占比14.98%。

将时间与认知编码分别作为横纵坐标进行矩阵编码,得出人传人中受众的认知走向图(见图19)。由受众认知走势图可以看出,在前期,对于病毒传播方式这一科学认知迅速在公众的认知图谱中构建,应急科普取得良好的效果，短期内就使得"新冠病毒人传人"这一科学认知传播开来；在中期，科学认知的主导地位逐渐被指向科研人员的敏感性动因觉察所替代。

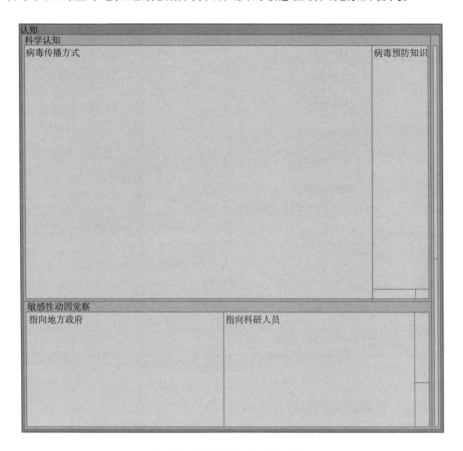

图18　人传人话题－认知分布

2. 未见明显/明确人传人话题中受众的认知分布与走向

根据2020年1月1日至2月24日的认知层面编码统计（见图20），在未见明显/明确人传人话题中，从几个认知大类中来看，科学认知占据了主导地位，其次是社会认知，敏感性动因觉察总体占比较低，但是三者的占比相差较小。从具体的认知层面来看，社会认知中对于科学家责任的讨论共计6855条，占比最高，为32.25%；指向科研人员的敏感性动因觉察次之，共计4146条，占比19.51%；对于病毒发生规律的科学认知排位第三，共计

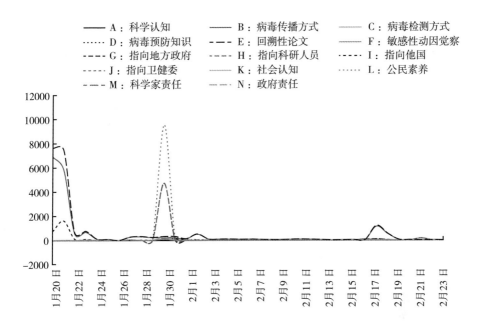

图19　人传人话题 – 认知走向

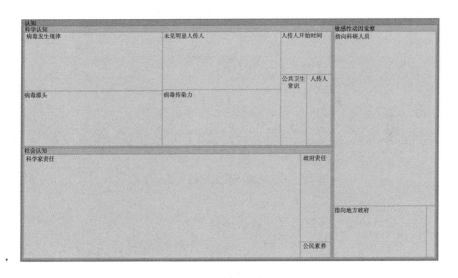

图20　未见明显人传人话题 – 认知分布

1916 条，占比 9.01%。

将时间与认知编码分别作为横纵坐标进行矩阵编码，得出未见明显人传人中受众的认知走向图（见图21）。由受众认知走势图可以看出，在前期，科学认知在很长一段时期内占据主导地位，对于病毒传染力、传播源头、传播方式的认知在科学认知中占据主导；在中期，自新冠肺炎被确定为人传人之后，尽管指向科研人员的敏感性动因觉察和对科学家责任的社会认知占比快速上升，但是科学认知依旧占据主导；在后期，随着讨论的展开，科学认知的主导地位逐渐消失，对科学家责任的社会认知逐渐占据主导地位。

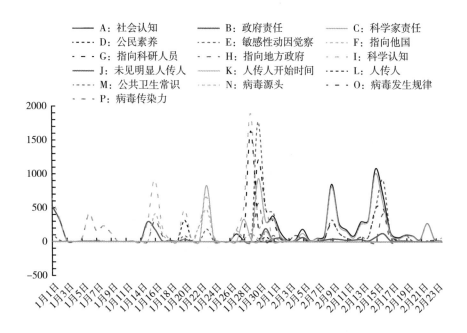

图21　未见明显人传人话题－认知走向

3.病毒传播途径话题中受众的认知分布

根据2020年1月1日至2月24日的认知层面编码统计（见图22），在病毒传播途径话题中，公众的认知较为集中，科学认知占据绝对主导地位，共计50926条，占比99.25%。在科学认知中，对于病毒传播途径的认知占比最高，为64.20%，共计32944条；同时，基于病毒传播途径相应的预防知识这一科学认知占比次之，共计17982条，占比35.05%。

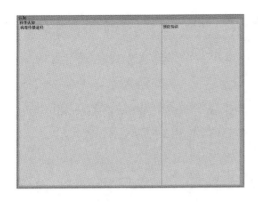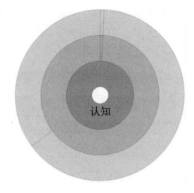

图 22　病毒传播途径 – 认知分布

（五）受众的情感分布与走向

1. 人传人话题中受众的情感分布与走向

根据 2020 年 1 月 20 日至 2 月 24 日的情感层面编码统计（见图 23），在人传人话题中，公众对于地方政府的负向情感占据了主导地位，共计 6287 条，占比 36.96%；其次是对于科研人员的负向情感，共计 5345 条，占比 31.42%；此外，对于医护人员的正向情感出现频次也较高，共计 3314 条，占比 19.48%。

将时间与情感编码分别作为横纵坐标进行矩阵编码，得出人传人中受众的情感走向图（见图 24）。由受众情感走势图可以看出，在前期，对于医护人员和科研人员的正向情感占据主导地位，该类情感短暂地占据主导之后逐渐降温，随之代替其主导地位的是 2020 年 1 月 30 日对地方政府的负向情感以及对于科研人员的负向情感。

2. 未见明显/明确人传人话题中受众的情感分布与走向

根据 2020 年 1 月 1 日至 2 月 24 日的情感层面编码统计（见图 25），在未见明显/明确人传人话题中，公众对于科研人员的负向情感占据了主导地位，共计 9603 条，占比 78.69%；其次是对于地方政府的负向情感，共计 2065 条，占比 16.92%。

情感

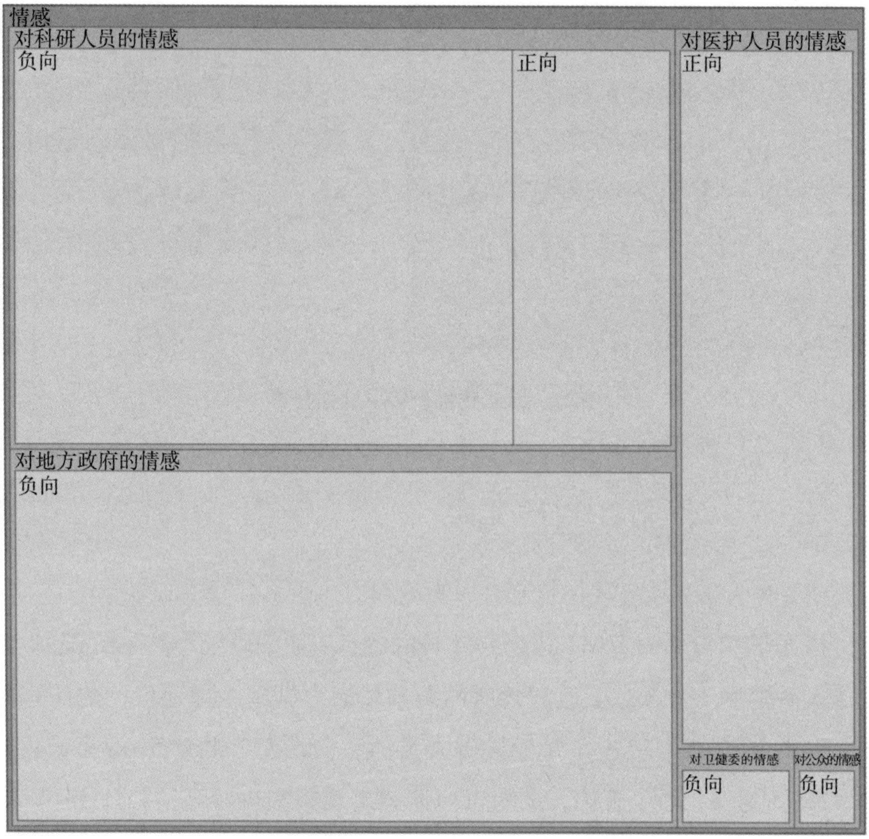

对科研人员的情感

负向　　　　　　　　　　　　　　　　　　　　正向

对医护人员的情感

正向

对地方政府的情感

负向

对卫健委的情感

负向

对公众的情感

负向

图23　人传人话题－情感分布

　　将时间与情感编码分别作为横纵坐标进行矩阵编码，得出未见明显/明确人传人中受众的情感走向图（见图26）。由受众情感走势图可以看出，在前期，受众的情感表达并不显著，对于科研人员的负向情感占据主导地位但是表示的程度较低；在中期，对于科研人员的负向情感快速增长，呈爆发态势，与此同时对于地方政府的负向情感也快速增长，随着事件的推移此类负向情感逐渐降温；在后期，此类情感随着相关人物的发言再一次出现小规模爆发，但是其强度远低于第一次情感爆发。

　　3.病毒传播途径话题中受众的情感分布与走向

　　根据2020年1月1日至2月24日的情感层面编码统计（见图27），在

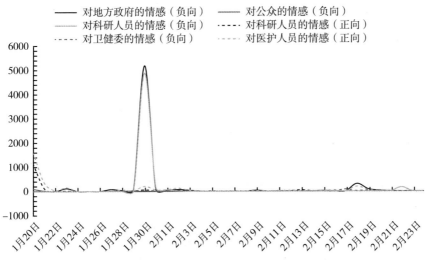

图24　人传人话题 – 情感走向

图25　未见明显人传人话题 – 情感分布

病毒传播途径话题中，公众的情感表达并不多，对于媒体的负向情感占据了主导地位，共计292条，占比52.71%；其次是对于地方政府的负向情感，共计206条，占比37.18%；再次是对于科研人员的正向情感，共计56条，占比10.11%。

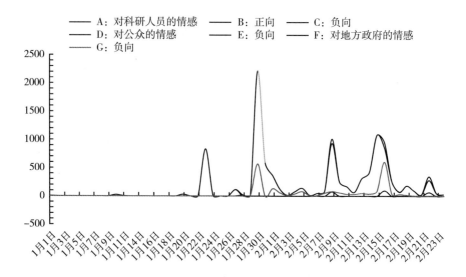

图 26　未见明显人传人话题－情感走向

图 27　病毒传播途径－情感分布

（六）受众的态度分布与走向

1. 人传人话题中受众的态度分布与走向

根据 2020 年 1 月 20 日至 2 月 24 日的态度层面编码统计（见图 28），在人传人话题中，对于"新冠病毒人传人"这一病毒传播方式的客观关注占比最高，共计 18856 条，占比 34.70%；其次是对于地方政府的理性质疑，共计 5054 条，占比 9.30%；对于科研人员的理性质疑次之，共计 4736 条，占比 8.71%。将时间与态度编码分别作为横纵坐标进行矩阵编码，得出人传人中受众的态度走向图（见图 29）。由图 29 可以看出，在人传人

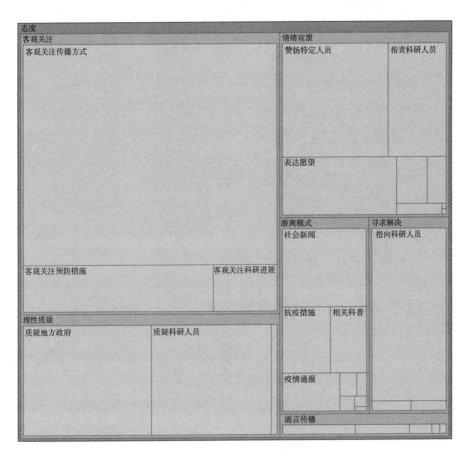

图 28　人传人话题 – 态度分布

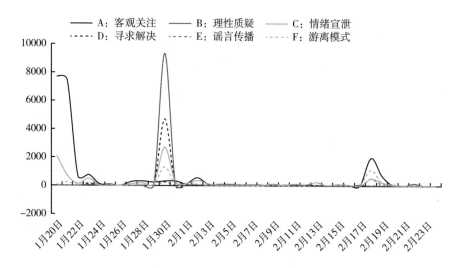

图29 人传人话题－态度走向

这一话题中，初期应急科普效果极好，公众对于病毒"人传人"这一科学知识的客观关注在前期始终占据主导地位；在中期，由于"意见领袖"的质疑声音被微博这一新媒体平台放大，客观关注在受众态度占据主导地位达10天之后，理性质疑的内容代替了客观关注占据了主导地位，与此同时，寻求解决、情绪宣泄、游离模式等态度随之伴生；在后期，随着新的科研成果的发布，客观关注在18天之后又重新代替理性质疑的声音占据了主导地位。

2. 未见明显/明确人传人话题中受众的态度分布与走向

根据2020年1月1日至2月24日的态度层面编码统计（见图30），在未见明显/明确人传人话题中，公众的态度相比其他话题较为多样，且随着科研进展以及科研结果的发布，公众态度前后变化较大。对于科研人员的指责这一情绪宣泄类型的态度占比最高，共计7001条，占比29.34%；其次是对于科研人员的理性质疑，共计2308条，占比9.67%；谣传疫情瞒报次之，共计2135条，占比8.95%。将时间与态度编码分别作为横纵坐标进行矩阵编码，得出未见明显/明确人传人中受众的态度走向图（见图31）。由受众态度走势图可以看出，在前期，对于病毒传播方式以及病毒传染力的客观关注占据主导地位；自新冠病毒被指出明确人传人之后，受众主导态度发生改变，对于科研人员的指责以及相应的情绪宣泄开始快速出现，但是随着科研结果的发布，对于疫情结束时间的客观关注在中期占据了一定的主导地位；在后期，对于科研人员的指责以及质疑再次占据主导。

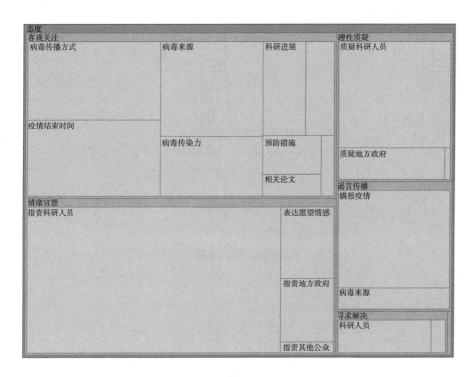

图30　未见明显人传人话题 – 态度分布

3. 病毒传播途径话题中受众的态度分布

根据2020年1月20日至2月24日的态度层面编码统计（见图32），在病毒传播途径话题中，公众的态度较为集中，这一点与认知的分布互相对应，对于病毒传播途径的客观关注占据绝对主导地位，共计32364条，占比61.00%；其次是对于相应传播途径的预防措施的关注，共计17982条，占比33.89%。

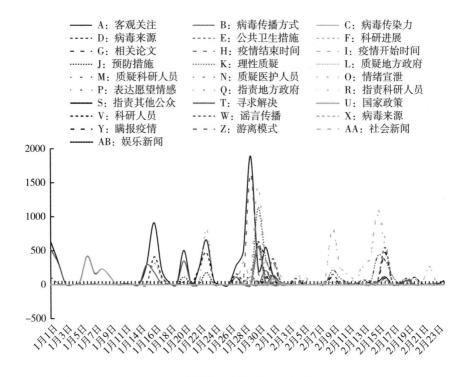

图31　未见明显人传人话题－态度走向

（七）总结分析

1. 未见明显/明确人传人话题

新型冠状病毒肺炎自 2020 年 1 月初开始进入公众视野，从 2020 年 1 月 20 日至 2 月 24 日基本平息，共计 55 天。按照公众关注度的变化以及期间重要的事件，可以将"未见明显/明确人传人"这一话题的发展分为前期、中期和后期。前期将各级别专家以及卫生健康部门发布的病毒未见明显/明确人传人作为标志；中期将钟南山明确新冠病毒人传人作为开始；后期将高福回应作为标志。

在初期，新冠肺炎仅武汉一地出现较多病例，且病毒的传播方式尚未确定为人传人，因此公众关注度较低，公众对于病毒传播方式以及病毒传染力的关注占据主导地位，媒体在传达防疫专家以及卫生健康部门的声音中起到

态度
客观关注
传播途径 预防措施

图32　病毒传播途径话题－态度分布

较好的作用，尽管辐射范围不大，但是确保了公众第一时间的知情权。

在中期，钟南山明确表示新冠病毒可以人传人，各级媒体以及卫生健康部门在传达这一消息中成为中坚力量，但是与此同时，微博平台上大量自媒体、营销号出现，为了自身利益，此类微博用户提供了大量带有情感导向的博文，在此基础上，受众一方面关注有关新冠肺炎疫情传播方式的最新研究结果，另一方面，由于公众对于科学研究具有过程性、发展性这一特点认识不充分，以及自媒体和营销号的情感引导，对于科研人员的指责逐渐升温成为主导态度。在这个过程中，各级媒体、政府以及卫生健康部门并未及时进行引导，使得公众的情绪日益偏激，进而导致对特定科研人员的印象逐渐固化。

此类极端态度一直延续到后期，尽管在后期，高福等出面回应争议，但是公众的态度依旧未发生变化，对于科研人员的指责在后期始终占据主导

科普蓝皮书·科普能力

地位。

相较于中期和后期的应急科普来说，前期应急科普尽管力度较低，但是由于关注度低，只在小范围内取得了一定的成果，形成了一定的警示作用。自中期开始，媒体、政府以及各级卫生健康部门对于公众舆论的忽视，使得公众对政府、科研人员产生了较大的误解，这就导致相关部门、相关人员在后期的各种发声均未产生较好的效果，公众对相关部门、相关人员的讨论已经偏离事件本身，各类阴谋论、谣言相继出现，指责与谩骂成为中后期相关话题中公众的主导话语。

2. 确定人传人话题

新冠病毒存在人传人这一话题自 2020 年 1 月 20 日起进入公众视野，2020 年 2 月 24 日这一话题的热度基本平息，共计 35 天。按照公众关注度的变化以及期间重要的事件，可以将"人传人"这一热点话题的发展分为前期、中期、后期，前期以钟南山宣布新冠病毒存在人传人为标志，中期以浙江大学教授王立铭发微博质疑高福团队为标志，后期以高福回应论文争议为标志。

在前期，公众的科学认知占据绝对主导地位，在科学认知中，对于病毒的传播方式以及相关的病毒预防知识在公众的认知中得以迅速构建；对于医护人员以及科研人员的正向情感相应地占据主导；由于该主导认知和情感，在前期客观关注以及情绪表达成为舆论中的两类主导态度。根据认知、情感、态度的走势图来看，这三类中的主导因素持续了两天，随后急速降温，新冠病毒人传人的传播方式以及相应的预防知识得以快速地构建，微博平台中的应急科普取得了良好的效果。

在中期，指向科研人员的敏感性动因觉察成为公众的主导认知；相应的，对于地方政府以及科研人员的负向情感逐渐代替了前期的主导情感；基于此类认知和情感，微博舆论中的主导态度更加多元，理性质疑的声音成为主导，寻求解决、情绪宣泄、游离模式等态度同时大量涌现。仅从构建公众对于病毒传播方式这一层面来看，中期的主导认知、情感、态度并不会对公众前期的认知造成影响。但是，此类讨论大量出现，会导致政府公信力的下降以及公众对我国科研人员的不信任，对后期的应急科普造成了极大的负面影响。在事件中期，@王王王立铭的言论占据了绝对主导地位，@知识分子大力扩散并补充王立铭的相关言论。尽管在中期的讨论中，出现过为论文作者辩解的声音，指出了回溯性论文的特征，但是这类言论寥寥无几并且几乎不为公众所发现，对于论文作者的批判成为事件中期以及后期的主导声音。在这个过程中，官媒、科学家群体以及相关的团体均未发声或其发声都没有产生很好的效果。

在后期，高福时隔17天回应论文争议，此时公众的主导认知重新回归对病毒传播方式的关注，但是对于地方政府的负向情感依旧占据主导地位，尽管客观关注再次成为态度中的主导成分，但是游离模式以及谣言传播、情绪宣泄的占比与客观关注的占比相差不大。通过对波峰比值的计算，后期认知波峰为中期认知波峰的11.92%，后期情感波峰仅为中期认知波峰的5.98%，后期态度波峰为中期认知波峰的21.07%，后期的应急科普效果相较于前期，尽管在改变公众认知方面取得了一定的效果，但是效果并不显著，且在情感与态度的转变上尚未起到作用，科学家的回应在微博平台上并未取得较好的应急科普效果。

3.病毒传播途径话题

2020年1月20日至2月24日，新冠病毒共发现四种传播途径，分别是飞沫传播、接触传播、粪口传播和气溶胶传播。相较于病毒传播方式来说，公众对病毒传播途径的关注点较为集中。

从公众在相关话题中的态度和认知来看，对于病毒传播途径及其对应预防措施的客观关注占据了绝对主导地位。随着最新研究成果的公布，公众对相应传播途径以及预防措施都得以在第一时间完成。其中，国家卫健委发布的各个版本的《新型冠状病毒肺炎诊疗方案》经过各级媒体的传播，成为公众获取信息的重要来源，对于构建公众对病毒传播途径以及预防措施的认知起到重要作用。

值得注意的是，尽管在这一类话题中，公众的态度和认知较为集中且明确，应急科普效果较好，但依旧存在问题。从公众在相关话题的情感层面来看，在病毒传播途径的四个话题中公众的情感表达较少，但是其中对媒体的负向情感占据了主导地位。以气溶胶传播为例，基于博文的特性，各类媒体通常会简述《新型冠状病毒肺炎诊疗方案》中的要点，但是公众在相关方面知识的缺乏，导致了短时期内公众恐慌心理的出现，随着后期应急科普的深入展开，此类恐慌心理才得以消除，进而导致公众在恐慌心理消除之后反过来抨击媒体。这一点从侧面说明，应急科普在注重时效性的同时，应当兼顾通俗性，在官方文件发布之后，相应机构以及媒体应当通过通俗易懂的语言将其转述。

4. 总结

从认知、情感和态度三个层面来看，各级媒体（尤其是官媒）在公众认知和态度的改变中仍然起到重要的作用，但是对于公众情感改变的作用较小；相较于官媒来说，自媒体在公众情感的改变中发挥了更大的作用。无论是在病毒传播方式、传播途径还是在双黄连话题中，官媒凭借其在新媒体平台中的粉丝基数优势以及权威性，在传递信息中都起到关键作用，官媒的信息经过"意见领袖"，即微博大 V 的多级传播，进一步传达给公众，在这个过程中，应急科普的信息被逐步细化并传播，从而影响到公众的认知和态度，取得了较为可观的效果。但是从情感层面来看，在三个话题中，自媒体用户、营销号对于公众情感的导向作用相较于官媒来说更为明显，该类用户通常会基于应急科普内容提出与该科普内容相关度较小但是会激发公众负面刻板印象的问题，进而抛出几类具有情感导向型的内容，该种类型的内容在公众情感的引导中扮演了重要的角色。

从不同类型的话题来看，本次案例选取的两个话题分别代表两种应急科普类型：一类是科学技术的发展导致前后向公众公布的结果差异较大的应急科普（未见明显人传人与人传人）；另一类是事件自身的发展导致向公众公布的结果不断补充的应急科普（病毒传播途径）。综合分析比较两类应急科普，可以发现在社交媒体平台中，对于复杂性低、专业性低的问题进行应急科普时，可以取得较好的效果；对于复杂性低、专业性较高的问题进行应急科普时，官媒的引导在提升应急科普效果中起到重要的作用；对于复杂性高、专业性高的问题进行应急科普时，官媒在传达科学信息中占据主导地位，但是应急科普效果并不彻底。

（八）案例研究发现

1. 首因效应

首因效应是一个社会心理学的概念，美国心理学家洛钦斯最早提出这一说法。首因效应认为，不同的信息结合在一起的时候，公众一般来说更倾向重视出现在前面的信息，尽管公众同样也会重视出现在后面的信息，但是却更倾向于认为后面的信息是偶然的、不是本质的。因此，受众习惯于按出现在前的信息来解释其后的信息（尽管前后信息并不一致），并且也会屈从于出现在前的信息，从而对前后信息的解决形成了整体一致的印象。从本质上来看，首因效应是一种优先效应，在日常生活中常常被描述为"第一印象"或"先入为主"，它是由第一印象所引起的一种心理倾向。具体是指个体在社会认知的过程中，通过"第一印象"最先输入的信息对客体以后认知产生的显著影响。首因效应具有先入为主性、偏差误导性以及影响持久性。

首先，从传播度的角度来看，针对同一问题的应急科普往往在第一次进行科普时其传播度最高，其后传播度逐渐下降，这正是由于首因效应强烈地影响着人们的社会认知，公众初次接触的科普内容所形成的最初印象，会在人脑中构成记忆图式，而后面输入人脑的其他信息却仅仅被整合到该图式中。因此，最先输入的信息会同化后续的信息，即使后续的信息被证实是正确的，它也会带有先前信息的属性痕迹。

其次，首因效应与人们的社会知识与社会经历有关。如果公众的社会知识、阅历较为丰富，那么公众就可以去伪存真进而看到事物的本质，首因效应的作用因此就会被降低；而如果人们在某方面的知识或经历较少的话，就只能依据事物的一些非本质的、表层的特征做出对其大概的评价，通过这种方式形成的对事物的认知一般会有失偏颇，存在误差，进而误导公众。就高福团队发现2019年12月中旬密切接触者之间人际传播出现这一问题为例，尽管这一结论来自回溯性论文，但是公众对此类知识的欠缺，导致公众将这一信息简化理解为科学家群体为发论文瞒报病毒传播方式，从而引发了对相关科研团队大量的质疑与讨论，在此基础上，基于敏感性动因觉察所形成的指向科研团队的谣言纷纷出现。

最后，基于最初输入人脑的信息而形成的印象较难改变，这一印象在公众的头脑中占据着主导的地位，甚至会影响对后续获得的新信息的解读，并且这一印象持续的时间也长。心理学研究表明，在接触信息的初期，即在延续期或生疏阶段，首因效应的影响重要，而在后期，就是在人们对信息已经相当熟悉时期，近因效应的影响也同样很重要。以病毒未见明显/明确人传人为例，这一信息由高福提供给公众，尽管在后期被证实病毒未见明显/明确人传人是阶段性科研成果，具有局限性，但是在后期的舆论中，在与高福相关的讨论中，公众的关注点并非放在信息本身，其认知、态度与情感均游离于科学信息之外。

因此，社交平台中的应急科普应该注重解决因首因效应形成的如下问题：一是初次应急科普内容的科学性、准确性与通俗性的问题，这在一定程度上奠定了公众在不确定环境下的整体认知，并且影响了公众对于科研团队、对于政府的认知与情感。初次应急科普应该兼顾时效性、科学性、准确性与通俗性，以公众能够理解的语言解释科学知识，并注意解释可能因公众认知不足而引发争议的问题；二是官方媒体、权威媒体以及医疗卫生团体要在舆论形成的初期承担责任，发挥舆论引导作用，避免部分有利益需求的群体在不确定环境中因实现自身利益而夸大、歪曲或过分解读科学事实。

2. 不确定性与风险的社会放大

1988 年，由 Roger Kasperson 等提出的风险的社会放大框架（Social Amplification of Risk Framework）认为，风险事件与心理的、社会的、制度的和文化的过程之间的相互作用会增强或减弱公众的风险感知度并形塑风险行为。这一框架指出，风险信息从包含信息源、个人放大站等五个方面进行巡回反馈，风险信息会在个人站、社会站这两个站点对风险信息的处理和解读过程中被放大或缩小，进而引发由个体到社会的涟漪效应，产生诸多社会影响（见图 33）。

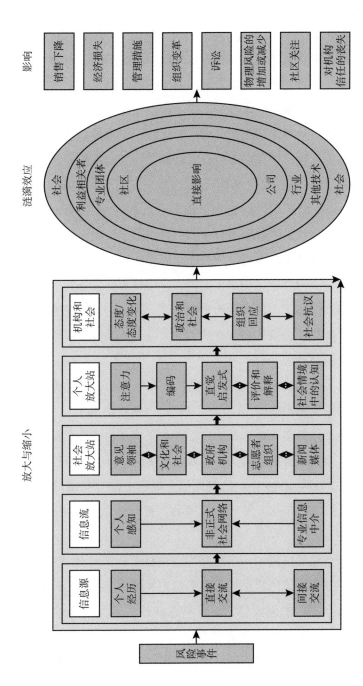

图 33　风险的社会放大框架

在新型冠状病毒肺炎中，不确定性表现在两个方面：一是科学研究层面；二是公众层面。从科学研究层面来看，尽管我国在前期有过"非典"的防治经验，但是对新型冠状病毒肺炎的来源、基因序列、防治方法、治疗药物、传播方式、传播途径、传染力等问题的研究在肺炎突发初期都处于初步研究阶段，且由于科学研究本身所具有的特点，对于这些问题的认识是一个螺旋上升的过程。从科学研究层面来讲，这种不确定性是隶属于科学界自身的小范围的不确定性。但是随着公众对事件关注度的不断提高，在科研过程中的阶段性结果不得不通过媒体公布给公众，尽管科学新闻一直秉持"no paper no news"的原则，但是为了确保公众能在第一时间了解基本情况，很多未经同行评议的内容提前公布；另外，基于社交媒体人人均可发声的特点，公众对事件的关注使得部分公众自发参阅相关预印版论文，但是其缺乏专业知识，公众的理解难免产生偏差，进而导致突发公共事件中公众传播信息的不确定性。除了上述两种因素之外，面对危机，受众的群体恐慌与焦虑心理进一步强化了公众传播信息的不确定性，使政府、媒体在进行应急科普时面临巨大的挑战。

风险社会放大的第一阶段称为信息传递阶段，其中承担风险信息的交流、扩散功能的中介被称为"风险放大站"，包括社会放大站如科研机构、媒体、社会群体，以及个人放大站，包括参与风险评估的科学家、社会团体意见领袖和所有参与事件的普通人等。社交媒体由于其自身特性，为社会放大站（诸如媒体、社会群体等）的组成部分提供了信息传播的渠道，同时也为个人放大站（诸如科学家、意见领袖、普通公众）等提供了发声的平台。

在风险的社会放大过程中，一般将专业媒体看作风险放大的主要因素，在风险沟通中，专业媒体的报道经常会引发相关的次生风险。已有的研究强调了填补风险信息空白的重要性，风险信息的缺失是风险被放大的重要原因：对信息具有极大诉求的公众会用谬论、谣言、流言等来填补空白，专业媒体的沉默会在人群中滋生恐惧和怀疑，并使之后的风险沟通更加困难。在此次新冠肺炎疫情中，官方媒体为保证应急科普及相关报道的及时性，将

"双黄连可抑制新冠病毒"这一科研进展向公众展示，进而造成了大量公众抢购双黄连这一次生风险，尽管在后期的纠偏性应急科普中专业媒体扮演了重要的角色，但是从本质上看，公众这一非理性行为仍然属于次生风险。在后期的报道中，官方媒体快速、及时做出反应，在较短的时间内填补了风险信息，使谣言和谬论得以被控制在最小范围内，为后续的风险沟通减少了阻力。专业媒体对于风险放大的另一层面来自对相关群体声音的传达，基于新闻制度的限制，科研人员多选择通过专业媒体进行发声，使得特殊时期内公众对于专业媒体中科研人员的发言尤为关注，一旦科研人员表达不明确或保持沉默，公众的负面刻板印象就会被激发，进而产生归咎媒体、科研人员的敏感性动因觉察，从而生成各类阴谋论。

目前，互联网上的媒体信息是造成公众风险认知的因素之一，但与此同时，这些信息对于风险放大也是一种主要的原动力，陈安等认为，媒体信息的量、受争议程度、戏剧化程度以及信息的象征意蕴是影响社会放大的信息属性。新冠肺炎疫情期间，受众对于事件的直接体验或者听闻，都会增加他们对风险的记忆和想象空间，从而强化并放大对于风险的认知。在病毒传播方式这一话题中，浙江大学教授王立铭个人微博@王王王立铭发表博文"我已经出离愤怒，不知道说什么好了"，@知识分子快速转发并加以补充，此外，@新京报的推文"NEJM新研究：去年12月中旬新冠病毒已发生人际传播"等内容导致在病毒传播方式这一话题中公众的主导态度在较长一段时间内被情绪宣泄、理性质疑以及谣言传播所占据。在该类专业性强的领域中，传播者和公众专业知识的缺乏往往会增大话题的受争议程度，当科研人员未在第一时间进行澄清时，公众的关注度反而会提升，针对该类信息的态度会呈现一种"理性质疑—情绪宣泄—谣言传播"的三级态势，从初期的质疑，到质疑未得到回应从而进化出的情绪宣泄，再到集体情绪爆发导致的各类谣言传播，最后公众对于事件的理解会形成一种基于默认谣言成立这一基础，进一步循环"理性质疑—情绪宣泄—谣言传播"这个过程。因此，尽管相关科研人员在后期进行了回应，但是对于公众情感的引导作用并不大。

由于人们直接经历的风险较少，通常会从社交媒体获得有关风险的情况，从而间接增加个人体验。因此，在此次新冠肺炎疫情蔓延的过程中，每个参与相关话题互动的社会及个体，都或多或少地对疫情信息进行了放大处理，并不同程度地参与了信息强化的过程，例如每一个转发评论都是对于信息源的再放大。

四　政策建议

（一）提升初次应急科普的科学性、通俗性

研究发现，首因效应在社交媒体平台的应急科普中表现明显，因此为了预防误导公众以及保证正确信息的正确传达，应急科普在保障时效性的前提下，应当尽可能确保初次进行的或前期进行的应急科普内容的科学性与通俗性。这一做法主要具有两方面的重要意义：一是对正确信息传播的促进作用。加以正确解读的科学信息，往往能够较快为公众所接受，进而使得其在后续的传播中能够将正确的信息传递给更多人，这就要求社交媒体中的官方用户在传递科学信息时，不能只停留在转发和转载的层面，而应当结合自己的受众群进行信息解读和信息分发。二是压缩谣言产生的空间。谣言往往产生于受众理解困难、知识面未触及的地方，因此对与公众息息相关的科学信息的传播，能够最大限度地降低谣言的产生与传播，这就要求传播者在上载信息的过程中，对有歧义的或者可能会在公众理解过程中产生歧义的方面事先做好处理。

在提升通俗性方面，应急科普内容应考虑我国公民科学文化素养以及不确定环境中的群体心理，这是提升通俗性的前提。具体操作过程如下：一是博文字数尽量精简，在有限的字数内将科研团队、科研成果、科研成果可信度表达完整。研究发现，科研团队的权威性、科研团队领头人的地位和过往风评、科研的进度、科研成果转化的难易度等问题是公众在浏览科学简报过程中关注度极高的内容。二是博文遣词造句尽量通俗。这就要求将科学语言

转化成匹配度较高的日常生活用语，这不仅对信息发布者的人文素质要求极高，而且对科普人才的培养和科普团队的建构都提出了极高的要求。应急科普的信息不仅要做到让公众看得懂，还要让公众更容易看得懂、讲得出。三是对可能造成公众误解的或是非理性行为的内容进行解读。视觉传播相较于文字传播来说，更容易第一时间吸引受众，降低受众的解读成本，因此解读可以通过图片或视频的形式进行，提升应急科普内容的质量。

（二）建立危机事件中的舆情监测技术，及时反馈公众问题

与传统媒体不同的是，社交媒体的互动性与反馈性使得获取公众反馈的问题更加便捷，但同时由于发言的公开性，一旦问题被抛出，则会呈现"滚雪球"的特征，尽管新媒体平台可以通过设置关闭评论来减缓"滚雪球"的速度，但是 Zaremba 认为，公众在危机发生时最需要获取各种信息，危机传播需要把相关危机信息传播给公众，同时对他们的问题做出反馈。社交媒体中源源不断的信息流，都在不同程度地参与认知强化的过程，甚至会导致谣言的产生以及扩散。科学传播的一个重要环节就是对谣言的治理，奥尔波特认为，谣言的兴起与传播需要两个条件：一是谣言的内容是社会的重要议题，能够引起人们的广泛关心；二是谣言来源于非正规的媒体，缺乏有力证据。尽管去中心化、扁平化是社交媒体的重要特性，但是在突发公共事件中，专业媒体的影响力依旧占据主导地位，作为科学共同体、政府与公众进行沟通的重要渠道，主流媒体的失声将促使谣言的发酵进而导致风险的进一步扩大。因此，相较于删评、关评，及时收集并由相关部门对公众反馈的问题及时进行正面解答，并由专业媒体传播给更多公众，这对应急科普效果的提升更为明显。

（三）全面展现相关人员特征，避免导致公众情感偏差

综合分析几个案例，发现官方媒体在社交媒体平台的应急科普内容对于引导公众态度和认知具有不可替代的作用，但是在引导公众情感层面见效甚微。尽管态度和认知是影响应急科普效果的重要因素，但是公众的情感同样

是一种重要的社会资源。在新冠肺炎疫情中，钟南山、李兰娟、张伯礼等一线著名医学专家在专业媒体的博文中多次出现，受众对其情感多是正面的，但是高福、石正丽等病毒学专家却被公众所误解。由于研究领域的不同，尽管科研人员各司其职，共同抗击疫情，但是从情感层面来看，公众在特殊时期对于媒体报道中出现在一线的医学专家的情感更为正向，这一方面是媒体的形象塑造，另一方面是公众对背景知识的匮乏所导致。因此，主流媒体显著引导的认知和态度成为提升应急科普效果的重要因素，公众自发的情感则成为影响公众认知和态度的重要因素，公众对于特定人员的情感影响了公众的认知与态度，负向情感的爆发通常会使公众漠视该类人员传达的应急科普信息，反而基于前置印象对他们进行抨击。

参考文献

《国家突发公共卫生事件应急预案》，《中国食品卫生杂志》2006 年第 4 期。

〔美〕艾伦·杰伊·查伦巴：《组织沟通：商务与管理的基石》，魏江、朱纪平等译，电子工业出版社，2004。

蔡皖东编著《网络舆情分析技术》，电子工业出版社，2018。

陈安、李玟玟、韩玮：《微信朋友圈视角下新冠肺炎疫情风险传播特性分析》，《科技导报》2020 年第 6 期。

程忆涵：《SNS 科学传播的研究》，北京理工大学硕士学位论文，2015。

褚建勋、李佳柔、马晋：《基于云合数据的新冠肺炎疫情应急科普大数据分析》，《科普研究》2020 年第 2 期。

范如国：《"全球风险社会"治理：复杂性范式与中国参与》，《中国社会科学》2017 年第 2 期。

韩伟、兰文巧：《青年微博语境中的政党认同——基于对"侯聚森 – 侧卫 36"微博评论的 NVivo10 质性分析》，《中国青年研究》2016 年第 2 期。

靳明、靳涛：《从黄金大米事件进展透析公众的态度与认知变化——基于新浪微博的内容分析》，《商业经济与管理》2013 年第 11 期。

刘冰：《疫苗事件中风险放大的心理机制和社会机制及其交互作用》，《北京师范大学学报》（社会科学版）2016 年第 6 期。

刘彦君、吴玉辉、赵芳等：《面向突发公共事件舆论引导的应急科普机制构建的路径选择——基于多元主体共同参与视角的分析》，《情报杂志》2017 年第 3 期。

栾轶玫、张雅琦：《视频直播在灾难报道中的运用及传播边控问题——以新冠肺炎疫情报道为例》，《传媒观察》2020 年第 3 期。

彭宗超、黄昊、吴洪涛等：《新冠肺炎疫情前期应急防控的"五情"大数据分析》，《治理研究》2020 年第 2 期。

全燕：《基于风险社会放大框架的大众媒介研究》，华中科技大学博士学位论文，2013。

任福君、翟杰全：《科技传播与普及概论》，中国科学技术出版社，2012。

石国进：《公共突发事件应对中的科学传播机制研究》，《科技进步与对策》2009 年第 14 期。

史春媛、颜冰、曹隽：《我国突发公共卫生事件应急管理机制存在的问题与完善策略》，《教育现代化》2017 年第 17 期。

孙逊、张义、程滨等：《突发公共卫生事件应急处置卫勤指挥关键要素分析》，《传染病信息》2017 年第 1 期。

汤景泰、巫惠娟：《风险表征与放大路径：论社交媒体语境中健康风险的社会放大》，《现代传播（中国传媒大学学报）》2016 年第 12 期。

王超男、廖凯举、李冰等：《中国卫生应急管理体系建设调查分析》，《中国公共卫生》2018 年第 2 期。

王佳、程实、陈波涛等：《我国突发公共卫生事件应急管理探讨》，《医学与社会》2017 年第 10 期。

王明、郑念：《重大突发公共卫生事件的政府应急科普机制研究——基于政府、媒介和科学家群体"三权合作"的分析框架》，《科学与社会》2020 年第 2 期。

魏猛：《首因效应视角下的网络谣言控制》，《江苏警官学院学报》2012 年第 1 期。

〔德〕乌尔里希·贝克：《风险社会：新的现代性之路》，张文杰、何博闻译，译林出版社，2018。

夏雨禾：《突发事件中的微博舆论：基于新浪微博的实证研究》，《新闻与传播研究》2011 年第 5 期。

谢长征：《郑州市公共安全应急管理存在的问题与对策研究——以郑州 5·21 爆燃事故为例》，广西师范大学硕士学位论文，2018。

新华教育（北京）研究院：《努力就有收获人人都能成功》，电子工业出版社，2009。

薛澜、张强、钟开斌：《危机管理：转型期中国面临的挑战》，清华大学出版社，2003。

杨海燕：《突发公共卫生事件中新媒体科学传播的研究》，安徽医科大学硕士学位论文，2014。

尹小楠：《整体性视角下我国公共卫生应急管理问题研究》，《中国应急救援》2018

年第 5 期。

岳丽媛、张增一：《"PX"风险何以持续争议——基于微博和知乎文本的公众话语分析》，《自然辩证法通讯》2019 年第 6 期。

张翔、袁帅、李东萍等：《由新冠疫情期间谣言传播引发的关于应急科普的思考》，《中国水产》2020 年第 7 期。

张志安、冉桢：《"风险的社会放大"视角下危机事件的风险沟通研究——以新冠疫情中的政府新闻发布为例》，《新闻界》2020 年第 6 期。

周东林：《突发公共卫生事件应急机制建设的探索与思考》，《中国民康医学》2014 年第 9 期。

周晓虹：《现代社会心理学》，上海人民出版社，1997。

Ali K., Zain-ul-abdin K., et al., "Viruses Going Viral: Impact of Fear-Arousing Sensationalist Social Media Messages on User Engagement," *Science Communication* 41 (2019).

Bernstein J. A., "Beyond Public Health Emergency Legal Preparedness: Rethinking Best Practices," *The Journal of Law, Medicine& Ethics* 41 (2013).

Day B., McKay R. B., Ishman M., et al., "It Will Happen Again What SARS Taught Businesses about Crisis Management," *Management Decision* 42 (2004).

Dalrymple K. E., Young R., Tully M., "Facts, Not Fear: Negotiating Uncertainty on Social Media During the 2014 Ebola Crisis," *Science Communication* 38 (2016).

Haslam K., et al., "YouTube Videos as Health Decision Aids for the Public: An Integrative Review," *Canadian Journal of Dental Hygiene* 53 (2019).

Hodge J. G., Barraza L., Measer G., et al., "Global Emergency Legal Responses to the 2014 Ebola Outbreak: Public Health and the Law," *The Journal of Law, Medicine Ethics* 42 (2014).

Fearn-Banks K., *Crisis Communication: A Casebook Approach* (Mahwah: Lawrence Erlbaum Associates Publishers, 1996).

Hearit K. M., Courtright J. L., "A Social Constructionist Approach to Crisis Management: Allegations of Sudden," *Communication Studies* 54 (2003).

Seeger M., Ulmer R., "A Post-crisis Discourse of Renewal, the Cases of Malden Mills and Cole Hardwoods," *Journal of Applied Communication Research* 30 (2020).

Strand M. A., Tellers J., Patterson A., et al., "The Achievement of Public Health Services in Pharmacy Practice: A literature Review," *Research in Social and Administrative Pharmacy* 12 (2016).

Mi'Chael N. Wright, "An Examination of Twitter Impact on Disaster Literacy" (MA diss., Howard University, 2019).

Mitchell S., "Population Control, Deadly Vaccines, and Mutant Mosquitoes: The Construction and Circulation of Zika Virus Conspiracy Theories Online," *Canadian Journal of*

Communication 44 (2019) .

Simis M. , *Chemicals*, *Tainted Water*, *News and New Media in Appalachia*: *Communicating Risk in an Environmental and Health Crisis* (Madison: University of Wisconsin-Madison, 2016) .

Mondragon N. I. , Gil de Montes L. , Valencia J. , "Ebola in the Public Sphere: A Comparison Between Mass Media and Social Networks," *Science Communication* 39 (2017) .

Martincz-Fiestas M. , Rodrigncz-Garzón I. , Delgado-Padial A. , "Firefighter Perception of Risk: A Multinational Analysis," *Safety Science* 123 (2020) .

Orr D. , Baram-Tsabari A. , Landsman K. , "Social Media as a Platform for Health-related Public Debates and Discussions: the Polio Vaccine on Facebook," *Israel Journal of Health Policy Research* 5 (2016) .

Szagun B. , Starke D. , "Prevention of Diseases and Health Monitoring by the Local Public Health Services," *Tasks and Prospects* 48 (2005) .

B.4
国内外新冠肺炎疫情应急科普比较研究

申世飞　疏学明　吴家浩　胡俊　王佳*

摘　要：　在新冠肺炎疫情防控的背景之下，本研究对比了国内外应急
　　　　　科普机制，总结了权威机构、各类媒体、社会组织和基层社
　　　　　区在应急科普中的作用。为进一步完善我国应急科普机制，
　　　　　提升应急科普能力，提出如下建议：（1）完善应急科普法制
　　　　　体系；（2）健全应急科普联动协调机制；（3）规范应急科普
　　　　　知识内容；（4）创新应急科普全媒体传播模式。

关键词：　新冠肺炎疫情　应急科普　机制建设　能力提升

一　前言

　　2020 年新冠肺炎疫情给我国经济社会发展和人民生活带来了巨大的影响，在以习近平同志为核心的党中央的坚强领导下，我国 2020 年疫情防控工作取得了重大战略成果。在对新冠肺炎疫情的防控工作中，应急科普工作作为突发公共卫生事件应急管理体系的重要构成，在引导社会舆论、消除社会恐慌、遏制疫情蔓延、维护社会安定等方面发挥了重要作用，成为人民群

＊　申世飞，清华大学公共安全研究院副院长，教授，博士生导师，研究方向为公共安全；疏学明，清华大学公共安全研究院副研究员，博士，研究方向为公共安全；吴家浩，清华大学公共安全研究院博士后，助理研究员，研究方向为公共安全；胡俊，清华大学公共安全研究院博士后，助理研究员，研究方向为公共安全；王佳，清华大学公共安全研究院博士后，助理研究员，研究方向为公共安全。其他参与编写的作者还有：李碧璐，清华大学公共安全研究院博士研究生；王维曦，清华大学公共安全研究院本科生。

众科学识疫、科学防疫的有力武器。

应急科普是指针对突发事件及时面向公众开展的相关知识、技术、技能的科学普及与传播活动，其目标是提升公众应对突发事件的处置能力、心理素质和应急素养，以最大限度地减少突发事件对人民生命健康、财产安全以及经济、社会的冲击。① 尽管应急科普宣教工作在助力打赢疫情防控整体战等方面发挥了重要作用，但也暴露出了诸多问题。例如，应急科普体制机制亟须完善，科普内容质量建设有待加强，科普知识精准传播存在短板等。②③

当前，全球疫情仍在蔓延，国内疫情反弹扩散风险始终存在。为适应常态化防控要求，并以此为契机推动我国应急科普事业全面深入发展，有必要对应急科普实践经验进行总结，助力应急科普体制机制和能力建设。有鉴于此，本研究以中国、美国、日本和欧洲等国家为例，通过理论分析、综合调研和数据收集，以新冠肺炎疫情发展为时间轴，系统梳理了国内外政府机构、科学界、媒体、社会组织、企业、基层社区、公众等主体参与应急科普的实践经验，比较分析了国内外应急科普机制与能力现状、特征和发展趋势，总结了各国应急科普工作的不足之处及先进经验，最后对我国应急科普体制机制及能力建设提出了相应建议，以期服务于我国应急管理事业发展。

二　我国新冠肺炎疫情科普现状

党和国家领导人对疫情应急科普工作高度重视，习近平总书记强调，广泛普及疫情防控知识，引导人民群众正确理性看待疫情，增强自我防范意识和防护能力。李克强总理提出明确要求，及时发出权威声音，保证公众得到准确可靠的信息。这些重要指示为有关政府部门、权威机构、各类媒体、社

---

① 杨家英、王明：《我国应急科普工作体系建设初探——基于新冠肺炎疫情应急科普实践的思考》，《科普研究》2020 年第 1 期。
② 《研讨应急科普机制 完善应急管理体系——应急科普座谈会在京召开》，https：//www. cast. org. cn/art/2020/3/12/art_ 79_ 116036. html。
③ 王明、杨家英、郑念：《关于健全国家应急科普机制的思考和建议》，《中国应急管理》2019 年第 8 期。

会组织和人民团体等开展新冠肺炎疫情的应急科普工作提供了指导。

2020年1月21日，国家卫生健康委员会牵头成立应对新型冠状病毒感染的肺炎疫情联防联控工作机制，针对新冠肺炎疫情的应急科普工作也做出相应升级，形成了由国家卫健委、中央宣传部、中央网信办、科技部、广电总局、中国科协等多部门按职责分工负责的应急科普协调联动机制，并纳入国家疫情防控整体工作体系。

1. 应急科普总体协调联动机制

根据不同响应等级，联防联控机制首先发声，其他机构和媒体平台协同跟进，做出相应政策解读和知识普及。宣传部门负责指导协调宣传工作、新闻单位工作，科技部门负责科研攻关的权威发布；科协组织负责联系专家生产科普内容，利用自身平台、组织体系开展资源汇聚和协同传播。

2. 应急科普知识发布与传播机制

科普宣教机构除了采用传统的现场科普宣传和教育辅导、利用广播电视播放应急科普节目，还应根据公众媒介使用习惯的变化，高度重视传播手段的多元化，打造应急科普的全媒体传播矩阵。同时，创新应急科普的传播形式，推动多种新闻表达形态的全覆盖。

3. 应急科普社会参与机制

由民政部门和社会工作行业组织发布公告或倡议书，社会工作服务机构和社会工作者响应，一方面在线上开展疫情防控宣传教育和心理疏导等服务，另一方面配合街镇和社区，开展联防联控服务。

4. 应急科普国际合作机制

自2020年1月3日起，本着对本国和世界人民的生命健康高度负责的态度，中国定期与世卫组织和世界各国及时、主动、透明通报疫情信息；中国主动推出了新冠肺炎疫情防控网上知识中心，在线科普疫情防控知识；专门建立国际合作专家库，密集组织专家分享经过中国实践检验的新冠肺炎防控、诊疗方案和技术经验。

（一）政府机构

自 2020 年 1 月下旬新冠肺炎疫情突发以来，我国面临疫情防控与应对工作的巨大挑战；新冠肺炎疫情应急科普工作也存在一些不足，需要进行深入系统的研究，认真进行总结凝练。本节内容针对疫情期间国内政府机构的科普工作进行了调研分析，从疫情突发初期、复工复产时期到常态化防控时期三个阶段，总结各主体的科普对象、内容、形式等，通过总结国家突发公共事件应急科普工作机制，为更好完善国家突发公共事件应急科普工作提出建议。

此次疫情中，可以说几乎所有政府机构均对此次疫情防控工作有所涉及，并针对不同群体发布相关应急科普知识。此处主要针对国家卫健委、中国疾病预防控制中心（CDC）、应急管理部等主要政府机构的应急科普工作展开调研分析。

1. 国家卫生健康委员会

在国家卫健委的官方网站上，设有"全力做好新型冠状病毒肺炎疫情防控工作"的专栏，同时有疫情防控动态专栏及时介绍疫情防控工作。

国家卫生健康委员会官网主要从三个方面发布疫情科普相关知识，即疫情防控相关知识科普、身体健康知识科普以及普法知识科普。主要由卫生应急办公室和宣传司负责相关知识和信息的发布。发布内容包括疫情通报、防控动态、通知公告、防控知识、新闻报道等。其中与应急科普相关的内容主要集中在"防控知识"这一板块。

防控知识科普内容在不同时期也有所不同。疫情突发初期，主要是指导民众认识新冠肺炎、如何做好防护等。内容如新冠肺炎的临床表现、如何预防、居家隔离怎么做、消毒液怎么选择和使用、口罩如何佩戴等。疫情平稳后的复工复产时期，科普内容主要包括企业和员工如何做好疫情防控等。而在疫情稳定后进入常态化防控阶段时，国家卫健委发布的科普内容则主要针对不同群体提出常态化防控建议和指导，如社区管理人员、复工企业管理者、出租车驾驶员、民航工作人员等。科普内容的展现形式主要包括图、文字、漫画、短视频等。本文选取了国家卫健委发布的一些典型科普内容，如表 1 所示。

表 1　国家卫健委发布的疫情相关应急科普内容示例

发布日期	发布时期	标题	内容	形式	来源	面向对象
2020 年 1 月 23 日	突发初期	关于新型冠状病毒感染的肺炎，想知道的看过来（一）	临床表现；什么是密切接触者；如何预防等	长图（卡通＋文字）	"健康中国"	普通群众
2020 年 1 月 25 日	突发初期	使用过的口罩该怎么处理？	介绍使用过的口罩的危害和处理方式	图片＋文字	微信公众号"上海疾控"	普通群众
2020 年 1 月 26 日	突发初期	健康中国告诉你如何正确戴口罩和洗手（八）	以视频方式介绍正确的佩戴口罩方法以及正确的洗手方法	视频	"健康中国"、中国健康教育中心	普通群众
2020 年 2 月 19 日	复工复产时期	企业复工，工作者有哪些要特别注意的地方？	介绍售货员、地铁工作者、媒体人员、企业员工等日常防护工作指南	图片＋文字	中国疾病预防控制中心	复工复产工人以及其他特殊从业人员
2020 年 2 月 20 日	复工复产时期	如何在工作时做好个人防护？	加强个人防护，注意手卫生，减少聚集等	视频＋文字	央视新闻视频	返岗复工人员
2020 年 2 月 23 日	复工复产时期	企业做好新冠肺炎防护攻略（漫画版）第三期	介绍企业防疫应对策略	漫画	国家卫健委职业健康司、中国疾病预防控制中心	企业管理者
2020 年 4 月 29 日	常态化防控时期	@社区管理人员，常态化疫情防控要这样做！	介绍常态化防控下社区管理措施	长图（卡通＋文字）	国家卫生健康委员会宣传司、中国健康教育中心	社区管理人员
2020 年 5 月 7 日	常态化防控时期	@医疗废物处置中心工作人员，常态化疫情防控要这样做	介绍常态化防控下医疗废物处置需要注意的问题并提供指导建议	长图（卡通＋文字）	微信公众号"中国疾控动态"	医疗废物处置中心工作人员

与此同时，国家卫生健康委员会努力打造了中国政务新媒体系列平台，如"健康中国"。以"健康中国"为核心，各级卫生健康部门及其所属的疾病预防控制中心纷纷打造新媒体平台，成为新冠肺炎疫情科普传播的重要渠道，具有非常大的传播影响力。2020年2月12日，中国政府网推出了"新型冠状病毒感染肺炎疫情防控知识库"，知识库与"健康中国"的联合，增强了其科普工作的权威性，进一步扩大了受众的范围。

总的来说，作为负责卫生应急工作、组织指导突发公共卫生事件预防控制和医疗卫生救援的职能机构，国家卫健委、地方卫健委以及相关部门在此次新冠肺炎疫情应对工作中发挥了科普主力军作用。这些机构发布的科普知识最为丰富，涉及面最广，力度最大，宣传对象的范围也更广，科普内容具有很强的实用性。

2. 中国疾病预防控制中心（Chinese Center for Disease Control and Prevention，CDC）

在中国疾病预防控制中心（以下简称 CDC）官方网站上，设有"新型冠状病毒肺炎"专栏，在健康主题下的乙类传染病栏目下。

发布的信息包括八方面的内容：知识天地、疫情动态、技术方案、联防联控、疾控人在行动、新闻采访、文献报道和世卫信息。其中，科普信息主要集中在知识天地、技术方案、世卫信息、文献报道等板块。其中，针对大众通俗易懂的肺炎疫情科普知识主要发布在"知识天地"板块。

在不同时期，CDC 发布了大量针对新冠肺炎疫情防控的科普知识。在疫情突发初期，CDC 发表了很多条标题带有"中国疾控中心权威提示"字样的科普知识，从如何在公共场所预防、如何处理口罩、如何居家消毒、如何正确洗手等方面进行了科普内容的创作和发布；在复工复产时期，CDC除了继续发表针对普通群众的科普知识，例如对之前的科普内容进行更新外，也关注对上班族、返岗复工人员和其他特殊群体如交通工作人员、媒体从业者等的疫情防控指导；在常态化疫情防控时期，则主要发布针对不同群体的新冠肺炎疫情防控指南，例如厨师、环卫工人、保安、高校师生等。本文选取了 CDC 在不同时期发布的一些典型科普内容，如表2所示。

表2　中国疾病预防控制中心发布的疫情相关应急科普内容示例

发布日期	发布时期	标题	内容	形式	来源	面向对象
2020年1月9日	突发初期	冠状病毒	介绍冠状病毒的相关知识,包括:病原学、临床表现、流行病学以及实验室检测方法等	文字	世界卫生组织	普通群众
2020年1月20日	突发初期	健康科普小知识:新型冠状病毒感染的肺炎	临床表现;什么是密切接触者;如何预防等	长图(卡通＋文字)	湖北省卫生计生宣教中心、武汉市卫生计生宣教中心	普通群众
2020年1月21日	突发初期	关于新型冠状病毒感染的肺炎,想知道的看过来	临床表现;什么是密切接触者;如何预防等	长图(卡通＋文字)	国家卫健委官方微博"健康中国"	普通群众
2020年1月21日	突发初期	新型冠状病毒感染的肺炎——交通工具的消毒	介绍公共交通工具如何消毒处理及注意事项	长图(卡通＋文字)	中国疾病预防控制中心	交通工作人员、普通群众
2020年1月22日	突发初期	做好居家消毒预防新型冠状病毒	介绍居家如何消毒、出现患者如何处置等	长图(卡通＋文字)	中国疾病预防控制中心	普通群众
2020年1月25日	突发初期	中国疾控中心权威提示:预防冠状病毒这样做	介绍具体预防措施,如勤洗手、勤通风、佩戴口罩等	长图(卡通＋文字)	中国疾病预防控制中心	普通群众
2020年2月17日	复工复产时期	企业复工 这些知识你要知道	介绍售货员、地铁工作者、媒体人员、企业员工等日常防护工作指南	文字	中国疾病预防控制中心	复工复产工人以及其他特殊从业人员
2020年2月26日	复工复产时期	上班族 预防新冠肺炎,你关心的在这里	介绍上班族通勤时需要注意的事项	文字	中国疾病预防控制中心	上班族
2020年3月23日	复工复产时期	复工后就餐该怎样做?	介绍复工后就餐前、就餐时、就餐后如何防护	文字	中国疾病预防控制中心	返岗复工人员

发布日期	发布时期	标题	内容	形式	来源	面向对象
2020年4月30日	常态化防控时期	高校学生返校复课过程中如何做好防疫?	介绍常态化防控下高校学生返校复课过程中如何做好防疫	文字	国家卫生健康委	高校师生及工作人员

CDC发布的科普内容与国家卫健委发布的内容相似,但是更加科学化,更加具体,更加系统全面。例如就如何正确使用消毒剂这一问题,CDC就发布了10条科普信息,对不同类型消毒剂的使用进行了系统指导。

总的来说,中国疾病预防控制中心对疫情科普知识的发布更加专业和系统,整体科普水平更高、更全面,受众也更广。另外,中国疾病预防控制中心也是此次新冠肺炎疫情应急科普知识和作品的主要创作者。

3. 应急管理部

应急管理部在此次疫情期间,在其官方网站上发布了关于疫情防控的相关通告以及防控科普知识。应急管理部发布的疫情防控公告示例如表3所示。

表3 应急管理部发布的疫情防控公告示例

发布时间	发布时期	标题	内容
2020年1月25日	突发初期	应急管理部召开视频调度会部署全力做好新型冠状病毒感染肺炎疫情防控工作	指导部内疫情防控工作,提出加强组织领导、落实内部防控、抓实参与防控、积极协助防控、到位应急保障等工作要求
2020年1月26日	突发初期	应急管理部党组传达学习贯彻习近平总书记在主持中央政治局常委会会议时的重要讲话精神进一步部署新型冠状病毒感染的肺炎疫情防控工作	指导部内疫情防控工作,进一步部署新型冠状病毒感染的肺炎疫情防控工作,贯穿落实到疫情防控和安全防范全过程
2020年2月3日	突发初期	激励党员干部在疫情防控和抢险救援中英勇奋斗坚决打赢疫情防控阻击战和防范化解重大风险攻坚战	指导部内疫情防控工作,提出打赢疫情防控阻击战和防范化解重大风险攻坚战的要求

续表

发布时间	发布时期	标题	内容
2020 年 2 月 28 日	复工复产 时期	增强必胜之心、责任之心、仁爱之 心、谨慎之心，统筹推进疫情防控复 工复产和应急准备工作	指导复工复产中疫情防控工作，强 调应急准备与安全防范的落实
2020 年 3 月 30 日	常态化 防控时期	自觉精准贯彻党中央决策部署抓实 抓细疫情防控常态化条件下应急管 理工作	指导疫情防控常态化条件下应急管 理工作
2020 年 5 月 12 日	常态化 防控时期	毫不懈怠防范化解重大安全风险， 为常态化疫情防控和经济社会发展 提供有力安全保障	强调常态化防控下的重大安全风险 防范工作

资料来源：《应急管理部召开视频调度会　部署全力做好新型冠状病毒感染肺炎疫情防控工作》，网址：http://www.mem.gov.cn/xw/yjjw/202001/t20200125_343790.shtml。

可以看出，应急管理部在此次疫情期间的防控工作主要是针对生产安全的管控，针对疫情防控责任更多的在于积极协助其他卫生部门的工作。其宣传对象为各级应急管理部门和消防救援队伍的人员以及复工复产期间的工人群体。

而在应急管理部官网上的科普专栏，设有"生活安全、自然灾害、事故灾难"三大板块，关于疫情的应急科普主要在"生活安全"板块。"生活安全"板块又包括家庭安全、社区安全、公共场所安全、自救互救常识和其他五个栏目。

应急管理部科普板块更多关注自然灾害和事故灾难的相关应急知识普及，针对新冠肺炎疫情的应急科普知识则相对来说不是很全面。将其发布的疫情相关应急科普内容进行整理，如表 4 所示。

表 4　应急管理部发布的疫情相关应急科普内容示例

发布日期	发布时期	标题	内容	形式	来源	面向对象
2020 年 1 月 23 日	突发初期	新型冠状病毒感 染的肺炎有哪些 症状？你想知道 的全在这里！	临床表现；什么 是密切接触者； 如何预防等	长图（卡 通 ＋ 文 字）	中国应急信 息网	普通群众

发布日期	发布时期	标题	内容	形式	来源	面向对象
2020 年 1 月 23 日	突发初期	远离新型冠状病毒 这些知识要谨记	何为新型冠状病毒;是否人传人;如何防控等	文字	中国应急信息网	普通群众
2020 年 1 月 26 日	突发初期	扩散周知! 防范新型肺炎48字守则	防范守则,例如:少出门少聚集,勤洗手勤通风等	图片	人民日报微博	普通群众
2020 年 2 月 23 日	复工复产时期	疫情期间食堂安全就餐,九条指南要记牢!	食堂安全就餐指南,如分散或打包单独就餐,正确佩戴口罩等	长图(卡通 + 文字)	国家卫生健康委宣传司、国家食品安全风险评估中心	复工复产工人
2020 年 3 月 2 日	复工复产时期	返岗复工人员请注意,办公场所要这样防控疫情!	工作前准备,使用电梯、卫生间、公共会议室等需注意问题等	长图(卡通 + 文字)	中国政府网	返岗复工人员
2020 年 3 月 6 日	复工复产时期	画说战"疫"| 社区如何防控新型冠状肺炎传播	社区安全角度出发解读社区如何防控新型冠状肺炎传播	视频	中国应急信息网	社区群众
2020 年 4 月 12 日	常态化防控时期	不同场所防控大有不同——建议指南来了	科普常态化防控下不同场所的防控指南	长图(卡通 + 文字)	新华网	普通群众

可以看出,应急管理部发布的疫情相关应急科普内容在不同时期的侧重有所不同,以转载其他平台内容为主。

总的来说,应急管理部更加关注在不同疫情时期(突发初期、复工复产期、常态化防控期)的生产安全和灾害应对,以安全防范为重心。对疫情本身的科普相对来说内容不多,内容主要针对工人安全。

(二)科学界

科学界在应对此次疫情的科普工作中也扮演了十分重要的角色,在科普内容生产、发布、传播,科普工作组织、开展等方面展开了切实有效的行动。

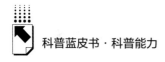

1. 中国科学技术协会

科协系统是科普工作的主要社会力量，在新冠肺炎疫情的应急科普工作中，科协高度重视，成为疫情防控强有力的助力。2020 年 1 月 22 日，中国科协办公厅印发《中国科协办公厅关于开展新型冠状病毒感染的肺炎疫情应急科普工作的通知》，要求各级科协积极做好当前和今后一个时期新冠肺炎疫情应急科普工作。随后，各地的科协也积极响应，全国学会立刻行动，通过倡议号召和动员，组织起各地、各领域的科技工作者积极参与疫情防控应急科普工作。科协系统应急科普运转机制如下。

（1）科协组织"一体两翼"、纵向到底、横向到边动员机制

2020 年 1 月 22 日，中国科协成立了由书记处负责同志为组长的应急科普工作领导小组。通过全国学会和地方科协"一体两翼"组织体系，32 个省级科协和各级学会迅速成立各级应急科普领导小组，各级科协负责人亲自挂帅，调配工作力量，明确责任到人，保持动态响应。在地方党委和政府领导下，与国家卫健委、网信办等部门密切协同，将应急科普工作纳入当地抗疫工作大局。

（2）协调联动工作机制

中国科协、国家卫生健康委、科技部、应急部、网信办、有关全国学会等相关部门协作，依托《全民科学素质行动计划纲要（2006－2010－2020年)》实施方案，建立应急科普联动工作机制，组织相关应急科普资源生产和传播，与各地科协建立起上下联动的应急科普工作机制。

（3）全媒体传播机制

中国科协发挥了融媒体传播的优势，将"科普中国"、"科学辟谣"、"数字科技馆"以及各类地方媒体平台等资源整合在一起，迅速形成传播合力，普及科学防疫与心理健康知识。此次疫情期间，充分利用"互联网＋"的科普机制，建立以受众为中心，全媒体的内容发布和传播链条，通过多点交互，生成网状的传播渠道和科普资源共享网络。

（4）国际交流合作机制

中国科协及所属学会主动向多个国际科技组织致函，主动分享我国应急

科普优秀作品和有益经验。

科协系统应急科普工作发扬优势，精准发力，主要有四个特色：一是充分发挥广大科技工作者的专业优势；二是充分发挥大联合大协作的协同优势；三是充分发挥各类媒体立体化传播优势；四是充分发挥科协系统基层队伍广泛传播优势。总的来说，科协系统在此次疫情中的应急科普工作反应迅速、组织有序、专业扎实、形式多样，取得了显著的成效。中华医学会等多家学会也为医务工作者和民众提供了大量专业的疫情防控指导，浙江、河南、河北等多家省级科协的疫情应急科普工作也获得了当地省委领导的肯定。[①]

总结发现，在此次疫情防控科普工作中，各级科协处于领导地位，是应急科普工作向基层覆盖的核心力量。

2. 科学家

科学家在此次疫情的科普工作中扮演了重要角色，是社会的意见领袖。

疫情发生以来，针对此次疫情科普工作，科学家积极发声，及时为公众释疑解惑。钟南山、李兰娟等国士名家，其抗击 SARS 时期的突出贡献和多年职业生涯中展现出的高度敬业精神，在当今社会已树立起权威负责的形象，成为科学家的楷模典范，一言一行影响力巨大，因此也成为疫情期间主要的科普信息源头。主流媒体纷纷将话筒递予科学家们，以此为素材输出科技新闻报道和科普作品。

面对疫情，科学家们深入浅出地介绍科研进展，不断回应社会关切，积极主动地参与社会讨论。钟南山"没有特殊情况不要去武汉"、李兰娟"没有毛病不要乱吃药"等话语，是科学家躬行科学普及的缩影。以他们为榜样的广大科技工作者，不仅向公众传授权威知识，也展现着中国科学家的决心和风采，传递着战疫必胜的信念。这些声音不仅成为公众的稳定剂，同时也成为主流媒体中大量科普内容的源头活水，不断灌注着渴望知情的民心和社情。

---

① 《积极开展应急科普　全力协助抗击疫情》，《旗帜》2020 年第 2 期。

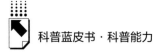

总的来说，科学家们所发表的疫情相关问题的解释和对民众疑问的回答具有较高的权威和公信力，科普效果良好，在此次疫情期间有着稳定民众心态的重要作用。因此，知名专家特别是知名院士等具有公信力的人士对相关科学知识进行科普仍是值得信赖、成效显著的应急科普方式。

3. 科研机构和高校

在此次疫情应急科普工作中，科研机构和高校也扮演了重要角色。

科研机构和高校对病毒的研究是科普内容的基础，在这方面以中科院和清华大学为例，其对病毒的机理性研究成果屡屡被刊登报道。

一些科研机构和高校本身也承担着科普宣传的工作，例如中科院有专门的科普专栏，介绍疫情防控相关知识。而高校以清华大学为例，针对学生居家隔离和学习，在微信公众号、雨课堂、微博、抖音、快手等平台亦发布了相关科普内容进行指导。

总的来说，科研机构除了研究病毒本身机理、研发治疗药物及疫苗外，亦针对公众发布通俗易懂的疫情科普知识；高校除了做关于新冠病毒的相关研究和疫苗研发工作外，主要针对学生群体进行疫情防控科普知识宣传教育。

（三）传统媒体

作为传统媒体的三大组成部分，党媒、市场化媒体与行业性媒体在疫情科普中发挥着差异性作用。三者之间固有属性的差异使之自然形成了协同配合的传播机制。该机制主要分为以下四个环节。

一是党媒引领社会关注科普议题。具有独家采访权和权威性优势的党媒，或是通过科普类报道直接发挥科普议程设置的功能，或是通过丰富突发事件新闻报道中的科学内涵，在疫情期间对科普类话题起到议程设置作用。

二是市场化媒体详尽还原科学事实。市场化媒体的运营模式与自身定位使其拥有更强的开展调查性报道的能力。疫情期间，市场化媒体皆利用自身独有的媒介资源和能力优势，就疫情的发展历程、传播特点等要素进行详尽报道。此类报道虽未从专业角度总结并提出防疫措施，但却间接地帮助人们了解如何尽可能避免传染源，起到科普作用。

三是行业性媒体生产权威科普知识。疫情科普对于其所传播信息的准确性具有极高要求。因此，与特定类型突发事件相关联的行业性媒体在生产权威科普知识中具有独到优势。行业性媒体参与科普内容的生产与制作过程，有效削弱了谣言在舆论空间中的传播能力，促进了应急科普活动的传播质量。

四是党媒扩大优质内容影响力。利用其作为主流媒体的权威性优势，党媒能够助力如行业性媒体等其他媒体生产的优质科普作品的传播力。诸如行业性媒体@疾控科普制作的众多长图皆被人民日报、新华社、央视等主流党媒和其他媒体、自媒体转载。

1. 科普内容

传统媒体在疫情科普中主要传播以下三方面内容。

一是与疫情相关的科学事实。2020年1月20日，习近平总书记针对新冠肺炎疫情做出了重要指示，我国由此全面进入抗击疫情的战时状态。但这一时期，多数媒体对新冠肺炎疫情信息的关注主要集中在事实性内容层面，普遍关注新冠病毒已经造成的影响和即将造成的影响，但对其感染机制与防治路径关心甚少。在这一背景下，三大主流媒体及地方党媒积极发挥其作为传统权威媒体的议程设置功能，在疫情初期竭力提升公众对与疫情相关的科学信息与科学知识的关注。党媒通过在新闻报道中融入科学元素的形式，起到应急科普的作用，帮助公众科学认识疫情基本情况。

二是与疫情防控相关的科学知识。疫情发生伊始，央视、人民日报结合春运背景为出行旅客提供防疫建议，就如何选择、佩戴口罩和如何洗手消毒等与百姓参与疫情防控的相关问题进行科普。

三是帮助公众树立理性面对疫情的科学心态与科学观念。疫情科普的任务不仅要传播科学知识，也要帮助公众缓解焦虑情绪。此外，向公众解释科学研究的规律和科学家认识科学规律的过程，以此回应公众质疑，也可消除公众对科研人员言论的误解，倡导公众尊重科学、理性思考。

2. 科普形式

科普活动的本质在于弥合公众与学界间的知识鸿沟。由于科普信息的最终受众是公众，故科普既需具有内容上的专业性和准确性，又需具备形式上的易懂性和通识性。① 前者要求科普信息的生产由专业机构或学术机构完成，后者要求科普内容在最终呈现前需要由新闻媒体对之进行形式层面的再加工。

疫情期间，以人民日报为代表的主流媒体充分展现了其作为学界与公众间沟通桥梁的作用。主流媒体通常使用短视频、长图及 H5 等形式呈现科普内容，便于以生动、直观的方式展现复杂信息，具体如图 1 所示。

图 1   中国疾控中心与《人民日报》对同一内容的不同报道形式

---

① 尚甲、郑念：《新冠肺炎疫情中主流媒体的应急科普表现研究》，《科普研究》2020 年第 2 期。

在对专业性内容进行报道时，将人们熟悉的事物与陌生的学术名词进行联系，帮助公众用简易方式理解复杂的科普知识。

（四）新媒体

1. 新媒体分类

新媒体通常指利用数字技术向受众提供信息的传播形态。在当下，诸多传统新闻媒体亦拥有了开展数字化传播的媒介形态。但本节将主要研究数字传播时代所独有的自媒体和平台型媒体在疫情科普中的作用和功能。

数字传播时代的到来和社交媒体的空前发展使每一位信息的接收者都可同时成为信息的发布者与传播者，自媒体因而成为传播活动的重要媒介载体。依据自媒体开展传播活动的动机，可将自媒体分为非职业自媒体与职业自媒体两类。

非职业自媒体是指不以营利为根本目的、由非专职个人或团队管理的自媒体。通常，这既包括普通百姓自己运营的平民自媒体，也包括由微博大V等强影响力个体运营的具有议程设置和舆论引领功能的权威意见领袖自媒体。

职业自媒体是指由专职团队或专业团队（如MCN机构）运营的、以营利为根本目的的自媒体。结合各类型职业自媒体参与应急科普的情况，以本次疫情为例，可将之再细分为：科普类职业自媒体；专业类职业自媒体；其他职业的自媒体。

平台型媒体是指既拥有媒体的专业编辑权威性，又拥有面向用户平台所特有开放性的数字内容实体。[①] 平台型媒体能够通过网络空间进行资源聚合与关系转换，从而为内容的传播提供平台，是一种传媒组织形态。

2. 传播机制

同为新媒体的自媒体与平台型媒体可在科普活动中形成优势互补的协同

---

① 胡阳：《"注意力众筹"与"新闻众筹"：媒体平台化中的数字劳动》，《东南传播》2021年第2期。

传播机制。自媒体是科普活动的内容制作主体。区别于同时拥有内容制作和运维传播平台能力的传统媒体，自媒体不具备独立构建传播渠道的能力。与之互补的是，平台型媒体不具备权威科普信息的制作能力，却拥有能向广泛受众投放信息的数字化内容分发平台。因此，自媒体可通过将科普内容发布在平台型媒体上的方式，使得两者协同成为同时具有内容生产能力和平台运维能力的传播主体。

此外，平台型媒体的出现进一步丰富了疫情科普活动的传播机制。2020年初，中国科普研究所联合抖音短视频、西瓜短视频等平台型媒体和中国科普作协等专业机构尝试开展"公众生产内容＋科协认证内容＋平台推广内容"的科普模式，新媒体借助其平台优势，辅助专业化内容生产主体开展科普活动，从而构建起协同科普的新传播机制。[①]

3. 科普内容

新媒体在疫情科普中主要传播以下三方面内容：一是意见领袖接受疫情相关采访的报道；二是科普自媒体或专业自媒体生产的疫情科普作品；三是个人自媒体发布的科普信息。

4. 科普形式

本次疫情中，意见领袖、职业自媒体和个人自媒体发布科普内容的形式各不相同。

权威意见领袖通过新媒体发声的途径大抵可分为两种：一种是由自媒体将专家接受新闻媒体采访时的视频进行二次加工，使之拥有能在平台型媒体传播的媒介形态；另一种是由专家自行运营自媒体账号，并在其中发表科普信息及科普观点。职业自媒体则主要通过长图、视频、推送等新媒体媒介形态进行疫情科普。

（五）社会组织

在疫情期间，许多社会组织参与疫情的科普工作。根据该社会组织是否

---

① 王艳丽、王黎明、胡俊平等：《新冠肺炎疫情防控中的应急科普观察与思考》，《中国记者》2020年第5期。

为营利性、是否为竞争性为标准,可以将社会组织划分为竞争性营利组织和竞争性非营利组织,从而讨论其开展的疫情防控工作。

社会组织参与科普工作的方式之一是与基层社区进行联动,梳理防控指南,打印宣传单页、海报,与基层社区沟通后,通过在街口、居民楼发放和张贴等形式,为关注疫情不及时的居民送去防疫知识。疫情期间,相关社会组织与基层社区联动开展的疫情科普工作见表5。

表5　社会组织与基层社区联动的疫情科普工作

社会组织名称	社会组织类型	面向对象	科普工作措施
中国社会福利基金会	竞争性非营利组织	200个县(区)社区	借助"梧桐成长计划"项目,在湖北、安徽、重庆等13个省份动员147家执行机构,走进200个县(区)开展防疫知识宣讲,并深入社区排查疫情
北京夕阳再晨社会工作服务中心	竞争性非营利组织	街道社区	建立街道社区两级抗疫防范干预工作方法,以科普、摸排、筛查相结合作为第一级干预体系,以培训、探访、干预相结合作为第二级干预体系,以"街区工作者+社会工作者+专业医师+心理咨询师+志愿者"作为专业工作队伍主体,全方位助力街道社区做好新冠肺炎疫情科普及防控工作
北京雨润社会工作服务中心	竞争性非营利组织	街道社区	地毯式摸排,张贴、发放宣传单页
广州市穗星社会工作服务中心	竞争性非营利组织	809个社区	"社区星光守护五大计划":通过"菜到家"、"药温暖"、守望逆行者、画中有爱、巡护安心这五大行动,向受疫情影响的社区群众和一线防疫工作人员提供生活帮助、情绪压力舒缓、防疫知识宣教、家庭支援等服务
宁海县岔路阳光公益服务社	竞争性非营利组织	30多个村镇	志愿者自除夕开始在多个村庄开展巡逻,制作科普知识宣传视频
江西省南昌市雄鹰救援队	竞争性非营利组织	街道社区	累计出动队员170人、志愿服务时间1272小时、发放防疫宣传资料7.7万份
深圳市环卫清洁行业协会	竞争性营利组织	会员企业	成立疫情防控工作小组,向会员企业发布疫情防控规范知识和政策;开展行业"送温暖"活动,先后走访部分会员企业及一线场所,对环卫清洁员工进行慰问,送出急需的口罩、消毒酒精等防疫物资

资料来源:《民政部:凝聚社会组织力量 众志成城抗击疫情》,http://www.chinatt315.org.cn/zjkx/2020 - 2/10/79221.html。

《抗击疫情,全国社会服务机构、社区社会组织在行动》,https://www.thepaper.cn/newsDetail_forward_6049392。

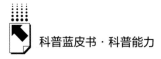

可以看出，与基层社区进行应急科普联动的社会组织主要是非营利性组织，它们并没有为了具体的商业目的而开展科普工作，其科普的对象又是最基层的社区单位，科普的完成度较高。

社会组织还通过线上的形式参与疫情的科普。主要通过热线电话、建立微信群发布信息、机构的公众号做连载宣传等形式，及时传递正确疫情防控信息，增强公众的科学防护意识和能力。疫情期间相关社会组织开展的线上疫情科普工作见表6。

表6　社会组织开展的线上疫情科普工作

社会组织名称	社会组织类型	面向对象	科普工作措施
武汉博雅社会工作服务中心	竞争性非营利组织	普通民众	通过电话、微信等渠道提供疫情科普、情绪疏导、心理支持、压力缓解等支持性服务
厦门市海沧区福德督导师社会工作发展中心	竞争性非营利组织	微信群中的社区人员	建立福德社工战"疫"小贴士微信群开展播报，发布战"疫"科普信息
苏州市姑苏区金阿姨志愿服务队	竞争性非营利组织	困难独居老人	电话慰问困难独居老人，告知防疫的相关要点，为行动不便的孤寡老人提供送菜送饭、维修电路、购买防护用品等应急服务
杭州市滴水公益服务中心	竞争性非营利组织	有针对性的重点人员	通过开通心理咨询服务热线、搭建线上服务平台、建立危机干预通道等途径免费为重点人群提供疫情防控知识和差异化心理辅导，缓解相关人员的恐惧和抑郁
福建省计量测试学会	竞争性非营利组织	普通民众	在学会网站开设"新冠肺炎疫情防控进行时"专栏，在"科普知识"专栏加强科普知识宣传，同时积极开展疫情防控"科普＋"惠民服务，发布原创科普作品《你真的会使用体温计吗》，现场为送检企业讲解如何正确挑选使用红外额温计
成都市互联网文化协会	竞争性营利组织	普通民众	网上推出《疫情心理手册》《漫画解读新型冠状病毒》等文章，疏导公众恐慌情绪
天津市文化传媒商会	竞争性营利组织	普通民众	充分发挥网络、新媒体优势，全力做好疫情防控信息传播和舆论引导，累计撰写、转发正能量文章500余篇，点击量超百万

续表

社会组织名称	社会组织类型	面向对象	科普工作措施
重庆市网商协会	竞争性营利组织	普通民众	配合有关部门全面准确发布权威信息,开展科普宣传
深圳市网络与信息安全行业协会	竞争性营利组织	普通民众	推出《不恐谣,不传谣! 新型冠状病毒实时辟谣平台可查询真伪》等文章,引导公众保持理性思考,相信医务人员,听从专家意见
南昌市互联网创业协会	竞争性营利组织	普通民众	推出原创文章《我转发 我在家里为祖国做贡献》,用于科普防疫知识
百度、腾讯、抖音、今日头条、新浪微博等	竞争性营利组织	普通民众	上线"抗击肺炎"专栏,提供疫情的最新动态与权威解读;新浪微博联动多家央媒、政务账号,每日发布谣言清单,并主动上报线索

线上科普的形式比较省时省力,很多社会组织都参与其中。但是竞争性非营利组织科普的对象范围较少,一般限于某个具体地域内的人员,通过电话、微信等渠道开展科普覆盖的范围较小。而竞争性营利组织的平台更大,宣传推广能力相对更高,发布的信息能被更多的公众看到,通过一系列措施,能有效疏导公众恐慌情绪,营造风清气正的疫情防控网络环境。

总的来看,疫情下社会组织的科普工作可以分为线下和线上两种形式,是具有志愿性质的社会组织自发开展的志愿科普活动。因此,如何号召更多的社会组织参与志愿科普、提升科普知识的覆盖面是需要重点关注的问题。另外,对于社会组织如何开展科普工作也需要制定完善的规定制度,保证人力、物力、财力的精准投入。

(六)基层社区

我国共有近 65 万个城乡社区,城乡社区防控是疫情防控的基础环节和前线"战场"。2020 年 1 月 27 日,国家卫生健康委员会举行了主题为基层社区防控的发布会,将基层社区包括农村社区定位为疫情防控的第一道防线。可见，基层社区是疫情科普的重要力量。

在省一级的政府层面，科普相关的工作主要由科技厅负责。疫情期间，很多省的科技厅都发布了疫情科普相关的工作通知。而在市一级的政府层面，科普工作主要是由市科技局和市科协开展，开展的形式也呈现多样化。县一级的政府层面，科普工作主要是由县科协开展，开展的形式有印发宣传资料、发送科普短信、制作科普大篷车电视专栏、推送科普微信公众号和制作科普短视频等。乡镇、街道一级的基层社区是传播科普知识的末梢，对于科普工作的完成效果至关重要。我们调研了一些在科普工作中做得比较好的基层社区，将它们开展科普的形式整理如表7所示。[1][2][3][4][5][6]

表7 基层社区开展的疫情科普工作

基层社区名称	社区类型	科普工作形式	科普内容
芜湖市万春社区	城市社区	微信公众号、社区大屏幕、移动音箱等，发放致居民一封信10000余份，张贴科普宣传海报及宣传单400余份，做宣传横幅18条	宣传内容涉及疫病防控科普知识，如何区分普通感冒与新型冠状病毒肺炎、疫情传播期间心理防护指南、如何正确预防新型冠状病毒等，告知公众不夸大疫情，不传谣、不信谣
杭州市富阳区社区	城市社区	入户宣传劝导	协同区级机关干部积极开展入户宣传劝导工作，累计覆盖封闭式小区162个，开放式小区17个，入户宣传3000余人次

---

① 李月琳、王姗姗：《面向突发公共卫生事件的相关信息发布特征分析》，《图书与情报》2020年第1期。

② 王艳丽、王黎明、胡俊平等：《新冠肺炎疫情防控中的应急科普观察与思考》，《中国记者》2020年第5期。

③ 张业亮：《美国应对突发公共卫生事件的机制及其启示》，《美国研究》2020年第2期。

④ 史安斌、戴润韬：《新冠肺炎疫情下的全球新闻传播：挑战与探索》，《青年记者》2020年第13期。

⑤ 《新冠全球流行，乐施会紧急援助》，https://dy.163.com/article/FAE3B6S205 12QCHU.html。

⑥ 傅平：《美国图书馆是如何应对新冠疫情暴发的?》，《图书馆杂志》2020年第3期。

续表

基层社区名称	社区类型	科普工作形式	科普内容
杭州市下城区社区	城市社区	本土志愿组织走访	充分发挥志愿组织"武林大妈"的本土优势,走东家串西家,挨家挨户做宣传,密切监测居民的健康情况
北京市西城区天桥社区卫生服务中心	城市社区	编排并录制疫情科普小视频;运用公众号、居民微信群进行线上科普解答	对辖区内养老院、派出所进行线上线下的疫情期间防护指导,编排并录制疫情科普小视频,采用多种形式宣传疫情防控知识、组织应急演练活动,运用公众号、居民微信群进行线上科普解答,提高居民自身防护意识,营造"全民防疫全民参与"的社区氛围
嘉峪关市绿化社区	城市社区	张贴各小区公告、致居民的一封信、防控知识手册、疫情排查流程、疫情相关通知;利用微信、QQ、美篇等网络平台每天推送、转发、发布疫情防控小知识和注意事项	科普防疫知识粉碎谣言,驳斥网络谣言和负面信息,教育引导辖区群众尽量减少外出活动、不聚集不扎堆;广泛开展与新型冠状病毒肺炎相关的健康教育公益宣传,普及疫情防控知识
盐城市射阳县新坍镇	乡村	发放科普知识宣传书和张贴宣传标语	针对农村中还有群众对疫情没有引起重视,仍然沿袭春节串门拜年以及打麻将等娱乐活动,有针对性地加强疫情知识科普宣传,挨家挨户发放科普知识宣传书,张贴宣传标语,将每一份宣传书能发放到位,让群众了解相关的疫情知识并且能够按照科学的方法进行自我保护

可以看出,基层社区的疫情科普工作具有如下特点。

形式多样。基层社区的疫情科普工作,采用线上线下相结合的形式,主要的方式有社区广播、电子屏、微信、QQ、短信等线上的形式,以及打印宣传册、横幅、上门宣传等线下的形式,发布健康提示和就医指南,有针对性地开展新型冠状病毒感染等传染病防控知识宣传。这种多元化的科普形式保证了疫情知识的多渠道传播。

传播高效。基层社区开展的防控工作能取得较好的效果,利用了基层社区工作人员的熟人优势。基层社区疫情科普工作的开展者和科普对象之间的关系相对较为亲密，具有人熟、地熟、情况熟的优势，因此科普的效果也更好。

因地制宜。对于城市和乡镇，基层社区的形式是不同的，城市里的基层社区面积小，人员密度大，一般有固定的出入口，基层社区工作者能方便地知道每个人员的状态，可以采用上门宣传、进出口放置横幅以及线上的宣传形式进行科普；而对于乡镇中的村庄，一般面积较大，人口密度较低，基础社区工作者逐一开展上门宣传工作较难，他们可以通过在乡村主要路段以喇叭的形式宣传防疫、辟谣的科普知识。

但是，基层社区的疫情科普工作也存在一些问题。首先，全国当前的基层社区差异性较大，难以形成统一的基层社区科普机制，科普工作参差不齐。经济发达的地区，基层社区中有居民物业费用的投入，因此人力、物力充足，科普的效果较好；而对于经济发展水平较低的地区，社区的疫情科普人手不足、宣传物资短缺、科普工作较滞后，社区的工作者较难开展科普的工作。在一些较老的城市社区以及乡村，居民年龄偏大，对于线上形式的科普以及宣传册上的文章科普难以接受，科普工作开展也因此变得比较困难。其次，社区中人员的流动性会带来基层社区科普工作的盲区。随着社会经济的飞速发展，流动人口和出租房屋的数量也随之不断增加，使得当前的许多社区，居住的人员不是常住人员，很多租赁的楼房，人员的流动性非常大，人员性质复杂，因此会造成科普工作的盲区，难以保证疫情科普工作的覆盖率。而目前对于流动人员科普工作的开展，也缺乏完善的机制、法规来指导。

三　国外新冠肺炎疫情科普现状

（一）美国疫情科普现状

美国新冠肺炎疫情依旧在肆虐，美国约翰斯·霍普斯金大学 2021 年 4 月 27 日的数据显示，截至美国东部时间 4 月 26 日 23 点 59 分，美国累计确诊病例超过 3216 万例，死亡人数超过 57 万人。很多专家表示美国政府缺乏统一的防控行动，使得整个疫情处于失控状态。

美国的重大突发公共卫生事件应对管理体系分为三级，分别是国家、州、地方。在国家层面，为美国疾病控制与预防中心（Centers for Disease Control and Prevention，CDC）；在地区层面，为医院应急准备系统（HRSA）；在地方层面，则以大都市医疗应对系统（MMRS）为主。此三级系统组成了分层、立体的综合应急管理网络。① 针对新冠肺炎疫情，美国也成立了应对工作组，负责美国政府的防疫工作。然而，美国经济与大选的考量束缚了政府的抗疫行动，各层级、各州之间缺乏协调，抗疫机制未能有效发挥作用。此外，政府对科普工作重视不够，无视卫生专家建议，甚至与科学家"唱反调"，也是导致抗疫失败的重要原因。尽管如此，美国一些负责任的政府部门、社会组织和媒体等机构也做了大量有价值的科普工作，有必要进行梳理总结，加以研究并借鉴。

1. 政府机构

美国的政府机构在科普工作中依然发挥着引导作用，相关机构主要为卫生与公共服务部（HHS）及其下属的疾病控制与预防中心（CDC）和美国食品药品监督管理局（FDA），职业安全与健康管理局与联邦紧急事务管理局。

（1）美国疾控中心

在美国，国家响应框架（National Response Framework，NRF）中界定联邦政府需履行的 15 项应急支持功能（Emergency Support Function，ESF），CDC 除了主要履行公共卫生及医疗服务的职责之外，还需要履行突发状况之下的公众信息及外部沟通职责，这也是美国的所有政府部门都需要履行的职责。

CDC 是美国卫生与公共服务部下属的主要机构之一，其主要职责是保护国民免受健康威胁，同时提供科学的健康信息。从 2020 年 1 月 3 日至今，CDC 针对 15 种不同对象发布了 365 项指导文件，如图 2 所示。

除了针对不同领域对象发布的政策性指导文件外，美国 CDC 还面向不

---

① 张业亮：《美国应对突发公共卫生事件的机制及其启示》，《美国研究》2020 年第 2 期。

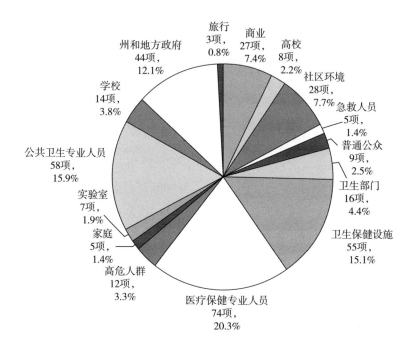

图2 美国 CDC 面向不同对象发布的指导文件统计

同受众发布了相关科普知识，兼顾普通民众与特殊群体的科普需求。具体如下。

其一，"一站式"工具包。具体见表8。

表8 美国 CDC 发布的"一站式"工具包类型

科普对象	主要内容
15～21 岁	网络资源、常见问题、海报、情况介绍
育儿计划和夏令营	指导和计划文件、常见问题、家长与教师清单、海报、情况介绍
青少年运动	指导和计划文件、网络资源、常见问题、教练清单、海报、情况介绍
K-12 学校	指导和计划文件、家长资源、网络资源、常见问题、父母清单、海报、情况介绍
商业与工作场所	指导和计划文件、网络资源、常见问题、设施评估清单、餐厅和酒吧经理每日清单、海报、情况介绍
工人安全与支持	指导和计划文件、网络资源、常见问题、海报、情况介绍、特定职业健康和安全指南

续表

科普对象	主要内容
社区和宗教组织	指导和计划文件、网络资源、常见问题、海报、情况介绍
普通公众	网络资源、常见问题、家庭清单、海报、情况介绍
国内旅客	网络资源、常见问题、海报、情况介绍
合住房屋	指导和计划文件、网络资源、常见问题、家庭清单、海报、情况介绍
公园和娱乐设施	指导和计划文件、网络资源、常见问题、海报、情况介绍
高校	指导和计划文件、网络资源、常见问题、海报、视频、情况介绍
部落社区	指导和计划文件、网络资源、常见问题、海报、视频、情况介绍、社交媒体
老年人和高危人群	指导和计划文件、网络资源、常见问题、家庭清单、海报、社交媒体、视频
退休社区	指导和计划文件、网络资源、常见问题、老人清单、家庭清单、海报、社交媒体
残疾人	指导和计划文件、网络资源、常见问题、家庭清单、海报、情况介绍
无家可归之人	指导和计划文件、网络资源、常见问题、社区重新开放期间无家可归服务提供商清单
惩教和拘留场所	指导和计划文件、网络资源、常见问题、海报、社交媒体、视频

其二，社交媒体工具包。美国 CDC 在 Facebook、Instagram、Twitter 等社交媒体平台均发布有新冠肺炎相应科普信息。

其三，图片和视频广告。美国 CDC 为公众或网站提供了疫情防控所需的图片和视频，内容包括新冠肺炎疫情基本知识及防控措施，人们可以根据需求以任何方式使用这些资源。图 3 为美国 CDC 制作的科普图片和视频示例。

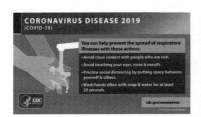 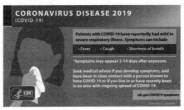

图 3 美国 CDC 制作的科普图片和视频示例

其四，公共服务公告。具体见表9。

表9　美国CDC发布的公共服务公告

类型	形式	内容
一般公告	音频、宣传单	日常预防措施、应对措施、切断传播、清洁和消毒、患病注意事项
血浆捐献	音频、宣传单	专家指导意见
高危人群	音频、宣传单	有重病风险的人、老年人注意事项
旅行	音频、宣传单	长短途旅行通告、州和地方政府指导、机场公告

（2）美国食品药品管理局（Food and Drug Administration，FDA）

美国食品药品管理局（FDA）是美国食品与药品管理的最高执法机关，是政府负责卫生管制监控的机构，一般由医生、律师、微生物学家、化学家和统计学家等专业人士组成，FDA致力于保护、促进和提高国民健康，同时FDA也会向公众发布药品相关的安全警报，以及健康信息咨询、建议和指南。疫情期间，FDA发布了309项疫情科普信息，主要包括医疗产品研发的指导文件、安全信息、消费者信息、药品信息等。具体如图4所示。

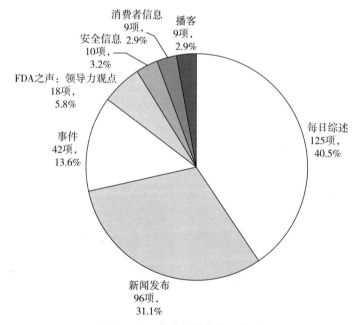

图4　FDA发布的科普信息类型

2. 科学机构

美国的科学机构凭借其专业技术优势和前瞻的洞察力为公众、医疗人员等提供了多种形式的社会服务，发挥了科技界在公共卫生危机治理中的科技支撑作用。

美国医院协会、药剂师协会、医学会、传染病学会等跟踪报道 CDC 关于遏制新型冠状病毒的工作动态及相关通知，同时对疫情发展历程进行回溯，为医护人员在确诊、测试、报告、预防、疫情变化等方面提供了指导。除了集中展示较为权威的科普知识和研究进展外，美国医学会还给出了应对疫情的各类培训方案，教学目标明确。

美国的科学机构积极推动有关新冠病毒及其防控的数据共享，促进研究工作和学术沟通。美国传染病学会期刊的出版商牛津大学出版社、美国医学会系列期刊，以及《新英格兰医学杂志》《柳叶刀》《科学》等期刊均表示免费提供冠状病毒和相关主题的资源。

此次疫情期间，约翰斯·霍普金斯大学开发的交互式全球疫情地图（见图5）汇总了新冠病毒最全面的公开可用数据，实时映射了此次疫情大流行，并在此基础上进行了流行病学建模研究，为全球公共卫生政策制定者提供了决策支持，成为公共卫生部门、研究人员和全球各地公众追踪新冠病毒突发及发展过程的重要资源。

图5　约翰斯·霍普金斯大学发布的新冠肺炎疫情"仪表盘"

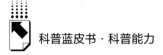

3. 媒体

皮尤（Pew）研究中心调查结果显示，对新冠肺炎疫情的关注在不同用户群体中有较大差别。例如在社交媒体用户中，关注新冠肺炎疫情有关报道的仅占37%；而在有线电视的主要用户群体中，关注新冠肺炎疫情的占比达65%。相关新闻报道中信息品质也参差不齐，数据表明受访者们曾获得过"误导性信息"，这其中，误导信息渠道来源有社交平台（57%）、新闻网站或App（49%）、电视（42%）、报纸（37%）。从数据中可以看出，传统媒体仍然有着不可替代的作用，新媒体的影响力和品质可能与传统媒体仍有差距，并且都存在误导性信息传播的风险。

由于一些政治因素，美国的主流媒体以政治化和情感化的手段掩盖了新闻报道的科学性与专业性的视角，淡化了新冠肺炎疫情对民众的风险性和威胁性，而新媒体则有不同的态度。[①]谷歌、脸书、推特等各大社交平台联合世卫组织以及美国的疾病预防控制中心，开展了信息治理的专项行动。谷歌使用专属服务向用户提供权威信息；建立了"谣言粉碎机"与算法优化机制，使得用户在搜索"新冠"等关键词时，首先能看到权威信息而非谣言。WHO以及英国、澳大利亚、印度等国家均在WhatsApp平台上合作推送专门的疫情权威信息，为方便世界各地的人民了解信息，该平台均以多国语言呈现。[①]

4. 社会组织

美国红十字会通过各种途径向公众科普新冠问题，开展生理和心理健康服务。乐施会则为贫穷和脆弱的社群提供应急支援，同时支援少年儿童在停课期间进行线上学习，尤其是来自基层家庭的学生。[②] 美国的公共卫生协会（APHA）则在辟谣方面积极发挥作用，通过其主办的《美国公共卫生杂志》、公共卫生新闻专线、新闻媒体向公众提供真实、科学的疫情信息。

---

① 史安斌、戴润韬：《新冠肺炎疫情下的全球新闻传播：挑战与探索》，《青年记者》2020年第13期。

② 《新冠全球流行，乐施会紧急援助》，https://dy.163.com/article/FAE3B6S20512QCHU.html。

面对突如其来的新冠肺炎疫情，美国的各类图书馆也在应急科普中发挥了突出作用，扮演了教育者的角色，教育公众学习健康卫生常识，同时通过各种方式提供相应的咨询服务和应急事件服务，以疏导民众的心理，缓解不必要的恐慌情绪。[①]

（二）日本疫情科普现状

截至 2020 年 11 月 8 日，日本国内新冠病毒感染累计确诊 108503 多例。自新冠肺炎疫情在日本蔓延以来，日本政府依据《传染病法》、《检疫法》及《新型流感等对策特别措施法》，在内阁设立新冠病毒对策本部，制定应对措施，并按照现行公共卫生危机管理体制进行疫情防控。

日本公共卫生危机管理体制分为"三级政府两大系统"，即形成了厚生劳动省、都道府县、市町村三级纵向突发公共卫生事件应急管理行政机构，建立了国家和地方突发公共卫生事件应急管理系统，如图 6 所示。[②]

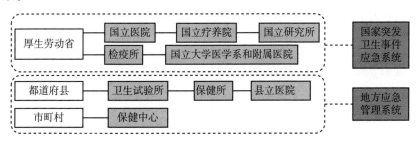

图 6　日本突发公共卫生事件应急管理系统

疫情发生以来，日本重视应急科普宣教工作，全方位、宽渠道、多形式地向日本国民宣传新冠肺炎疫情防控知识。其中，日本政府机构、医疗科研机构、社会组织和媒体在此次应急科普中发挥了重要作用，下面加以梳理总结。

---

① 傅平：《美国图书馆是如何应对新冠疫情暴发的？》，《图书馆杂志》2020 年第 3 期。
② 田香兰：《日本公共卫生危机管理的特点及应对》，《人民论坛》2020 年第 10 期。

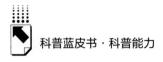

1. 政府机构

日本厚生劳动省是负责医疗卫生和社会保障的主要部门，是疫情信息发布的权威政府机构。新冠肺炎疫情突发以来，厚生省主要在以下三个方面展开了科普工作。

（1）面向公众的疫情信息

及时向公众发布政府紧急声明、政策和注意事项等；针对医疗机构发布诊断和治疗指南；针对公司和职员发布疫情防控和工作制度等方面的指导建议。此外，还涉及行业规范、边境防控、居家护理、口罩分发等社会各方面。

（2）面向地方政府、医疗机构和福利机构的信息

包括面向地方政府和医疗机构的防控信息、促进医药行业发展的信息、医疗机构信息（治疗指南和临床研究等）、社会福利以及就业信息、交通信息等。

（3）新闻稿材料

向媒体提供国内外疫情现状、包机、客轮等相关信息。

2. 医疗科研机构

在日本地方卫生应急管理体系中，保健所是其一大特色。保健所是专职、专业的公共卫生行政组织，在公共卫生的预防工作中发挥主导作用。保健所定期到辖区内的居民住所、大中专院校、中小学等地，进行卫生信息搜集、疾病预防通知的发布，开展公共卫生安全教育等工作。①

在日本此次新冠肺炎疫情的防控中，厚生劳动省和国立传染病研究所迅速启动新型冠状病毒最新信息和科学见解的资料搜集工作。收集途径广泛、信息内容细致，确保信息及时、准确。

3. 媒体

日本在《灾害基本法》和《灾害预防基本法》等法律基础上出台了各类应急机制，具体规定了日本各类商业媒体、公共广播电视机构在防灾体系

---

① 俞祖成：《日本地方政府公共卫生危机应急管理机制及启示》，《日本学刊》2020年第2期。

中的权利与义务。日本部分市、区级政府将原本用于灾害预警的全国瞬时警报系统加以利用，专门面向较少接触互联网的老年人以及生活困难人群传递重要信息。日本部分区县也尝试活用防灾广播系统服务人们的生活。为了给被限制出行的人们提供更多的活动与消解疲劳的方式，日本各地广播电台、社区广播通过应急广播大喇叭每日定时播放《广播体操》，鼓励居家民众参与体育锻炼。①

日本重视利用电视报道、纪录片等媒体，宣传引导民众正确认识疫情，主要目的就是消除民众的恐惧，正确冷静地认识新型冠状病毒，让民众积极配合政府对新冠肺炎疫情的应急处置。②

4. 社会组织

日本的科研机构也是此次疫情科普的主要参与者。日本国立传染病研究所防治宣传手册中将新冠病毒防护的科普对象分为两类：医疗保健及公共卫生专业人员；居家普通民众。科普宣传工作针对这两个不同种类的对象分别展开，并且科普工作格外注意细节，能够及时回应日本民众对新冠肺炎疫情多方面的困惑，缓解人们的心理压力。

日本图书馆也积极参与此次疫情应急科普工作。日本图书馆界在第一阶段积极为用户搜集整理外部权威、多元的信息源，便于用户查找疫情、诊疗、经营等可靠信息；第二阶段的信息服务重点是支援用户学习研究。日本图书馆协会重点是对图书馆运营进行宏观指导并做图书馆防疫举措信息搜集；医学图书馆协会、医学类大学图书馆则侧重搜集诊疗、研究信息；国会图书馆搜集国内外图情界新冠肺炎疫情综合信息；公共图书馆主要为民众整理政府渠道发布的信息，以满足民众防疫等信息需求；大学图书馆则侧重为本校师生服务，注重提供本大学防疫、电子资源与工具信息，以便师生及时了解学校安排、高效使用图书馆；师范性大学图书馆不局限于为本校师生服务，还为中小学教育类用户整理诸多在线教育资源与

① 陈佳沁：《日本广播应对新冠肺炎疫情观察》，《中国广播》2020年第7期。
② 宋晓波：《日本突发公共卫生事件应急管理体系借鉴及对我国新冠肺炎疫情应对的启示》，《中国应急救援》2020年第3期。

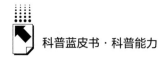

工具。①

为应对新冠肺炎疫情，日本的产业界也各尽所能。2020 年 5 月 9 日，由佳能、日产汽车等牵头组织日本国内的企业和团体宣言，为应对新型冠状病毒感染，对于以终结 COVID-19 蔓延为目的的行为，将无偿提供专利等知识产权，也可以看作一种特殊的科普形式。②

（三）欧洲应急科普现状

随着秋冬季节来临，欧洲多国新冠肺炎疫情单日新增病例创下 3 月份以来的新高。截至 2020 年 11 月 8 日，欧洲感染新冠病毒致死人数已逾 30 万，确诊病例超过 1200 万例。

欧盟第 1082/2013/EU 号决定（《严重跨境健康威胁决定》）规定了流行病监测、预警和应对跨境健康威胁的规则，是欧盟对紧急卫生事件采取行动的框架。欧盟理事会针对疫情启动了综合政治危机应对机制的"信息共享模式"。该机制通过在政治层面上进行共享信息，促进协作和协调危机应对，目的是促进成员国之间进行信息交流，确保成员国对局势有共同的理解。③

1. 政府机构

欧洲疾病预防控制中心密切监测并定期评估疫情的发展：第一，通过其官方网站，每天及时更新发布疫情发展的最新情况；第二，发布风险评估；第三，提供技术指导以延迟和减轻病毒的影响。

疫情突发以来，欧洲各国颁布的防疫政策并不一致，采取的具体防疫措施也不尽相同。欧洲有不少联邦制国家，其对应的公共卫生责任主要下放于联邦州或是地方的公共卫生部门，国家政府一般不加干涉，因此具体的措施

---

① 牛晓菲、李书宁：《日本图书馆界新冠疫情应对举措与特点分析》，《图书馆研究与工作》2020 年第 8 期。

② 《日企开放相关知识产权以支持应对新冠疫情》，http：//www.ciste.org.cn/index.php？m = content&c = index&a = show&catid = 72&id = 1166。

③ 张磊：《欧盟应对新冠肺炎疫情机制及其局限》，《国际论坛》2020 年第 4 期。

与执行主要依靠地方卫生部门，政府发布国家指南和建议之后，地方部门根据需求调整。德国联邦卫生部与内政部共同成立了危机应对指挥部，进行跨部门整合，在各州设立新型冠状病毒专用热线、新型冠状病毒专用科普与信息发布网站。

2. 科学机构

在权威机构的科普方面，政府机构与科学机构实际上几乎保持着同等的即时性和权威性。权威科学机构的研究结果往往为政府对形势的预判和决策提供科学支撑，而向公众进行科普的官方科学机构，其权威性往往得到政府的认证。

总体上看，科研机构有着很强的权威性，故其在应急科普中是"总指挥"的角色，其主要职责为指导应急科普工作，汇总相关数据，发布权威新闻，组织科学研究，从而更加准确地掌握疫情发展形势。科研机构这一稳定的科普渠道帮助政府以及地方公共卫生当局、卫生专业人员和居民在疫情突发时做出重要决定。与政府机构不同的是，科研机构是不能直接下达行政命令的，其功能主要在于发布指导意见，从而为医疗机构和社会各界提供公共卫生建议和规范。

3. 传统媒体

传统媒体一直承担着信息传播与知识科普的任务，其报道篇幅一般较长，内容相对客观严谨，有一定的专业性和权威性，能够在广大公民中产生较大的影响。

在此次疫情的时代背景之下，作为灾害要素的新型冠状病毒有着极大的不确定性和未知性。而疫情进一步突发的时候，由于病毒的相关性状尚在研究之中，大部分所获知的信息为经验总结的规律，几乎无法满足传统媒体所发布消息的专业性需求，在这样的情况下，传统媒体往往是以对人们的生活给出指导与建议的形式参与科普，当极具权威的研究结果发布时，传统媒体也会对其进行报道与转载，进一步扩大其影响力。但由于对其言语和内容的专业性以及准确性有着较高的要求，传统媒体也存在信息发布不够及时、受众面不广、传播效率不够高的情况。

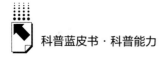

4. 新媒体

欧洲是世界上信息通信技术（ICT）最为发达的地区之一。目前，网络高速发展，基础设施建设完善，数字化及媒体融合技术先进，移动互联网技术成熟，媒体产业数字化革命进入了一个崭新的快速变革时代。相比传统媒体而言，新媒体的形式新颖，多种多样，在年轻公众中拥有庞大的受众，其中的社交媒体不仅仅作为一个单向的信息输出，更是主要的信息交换平台。如今新媒体已经在应急科普中扮演着较为重要的角色。

另外，新媒体与科研机构的结合也成为科普信息传播的强有力载体。在NDR播客平台上，柏林病毒研究所负责人、法兰克福大学医学院病毒学研究所所长克里斯蒂安·德罗斯腾（Christian Drosten）教授向大家进行病毒科普并实时辟谣。

5. 社会组织

一些社会组织可以通过访谈、咨询等手段联系到权威人士。一方面，代表着普通民众利益的它们能够准确地捕捉到居民们真正关心的问题，能够有针对性地向权威人士进行咨询。另一方面，凭借着自身在居民中的影响力，它们又能够将收集到的资料进行编辑、归纳、总结并分享给大众，从而提高普通居民对于新冠病毒的认知度，纠正民众的偏见，遏止谣言和恐慌的传播。

德国传染病学会（Deutsche Gesellschaft Furinfektiologie，DGI）在网站上设置了新型冠状病毒专栏，列出了WHO、欧洲疾病防治中心等国际卫生机构的最新动态消息以及《柳叶刀》等杂志的新型冠状病毒相关研究，如图7所示。

该专栏介绍了新型冠状病毒的相关信息，还对民众提出了降低感染风险的行为建议。在知识介绍之下，是问答部分。该网站列出了新型冠状病毒的常见问题，并对这些重要问题做出了回答。

英国基层技术倡议组织联合了支持英国应对新冠肺炎疫情的关键技术行业人士群体，组成了COVID-19技术响应联盟，旨在对民众进行科普，便于不同身份的人群快速查阅自己所需要的知识库以及相应的应急措施，并给有

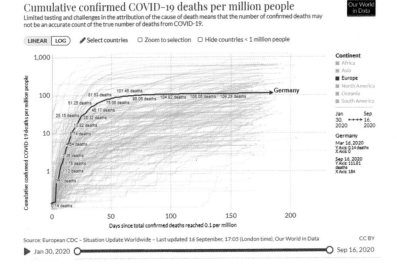

图7 网站专栏发布的新冠肺炎疫情动态消息

需要的人提供及时的帮助。①

6. 公众

当今世界，网络的发达为公众的发声和创作提供了一个良好的平台，公众的自发性科普行为在欧洲各国都较为普遍。在官方组织以及权威机构之外，普通民众也承担了部分科普职能。自疫情发生以来，Facebook、Twitter、YouTube 等流行的社交媒体平台上，一些拥有一定受众的自媒体也利用自己的影响力发布新型冠状病毒科普信息。简明易懂的科普内容和风趣诙谐的风格是自媒体的特点。随着关注事件的人越来越多，发表相关内容的创作者也越来越多，呈指数级增长。② 图8 为疫情早期在国外社交媒体上发布新冠相关消息的作者人数增长趋势。图9 显示了公众在国外社交媒体上发布的新冠相关内容数量。

---

① 《英国科技行业组建 Code4COVID. org 以抗击新冠病毒危机》，https：//www. cnbeta. com/articles/tech/961865. htm。

② Cinelli, M. , Quattrociocchi, W. , Galeazzi, A. et al. , "The COVID-19 social media infodemic," *Scientific Reports* 10 （2020）.

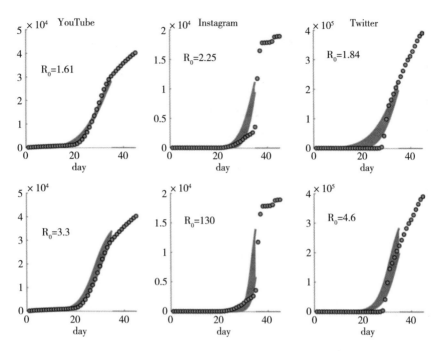

图8　疫情早期在国外社交媒体上发布新冠相关消息的作者人数增长趋势

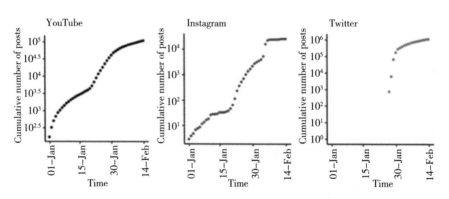

图9　公众在国外社交媒体上发布的新冠相关内容数量

值得注意的是，由于公众很大程度上缺乏权威性和专业性，即时性和快速性是公众作者发布内容的特点，但这些内容大部分是未经考证的，在达成科普目的的同时也可能成为谣言和恐慌的传播者，是新冠肺炎疫情信息传播中"推波助澜"的存在。

四 国内外应急科普机制与能力比较

公共卫生应急科普是应急管理体系和能力建设的重要组成部分，可以折射政府应对突发事件的理念，反映国家应急管理能力。通过对国内外应急科普机制与能力的比较研究，总结国外公共卫生应急科普工作的先进经验，对完善我国应急科普机制，更好地提高我国应急科普能力，乃至促进国家应急管理体系的完善，都有着十分重要的意义。

（一）应急科普运转机制

发达国家具有相对成熟的法律法规、完善的制度体系，在突发公共卫生事件的应对中，发达国家应急科普经常走在前沿。虽然国外的科普体系已经较为完善，但各个主体都有一定的专业性和主题方向，多用于日常情境下增长储备知识，在突发事件背景之下暂时没有建立完备的应急科普联动机制。国外的政治体制和意识形态也导致了在突发事件发生之后，各科普机构没有指导中心，无法迅速开展有组织有效率的应急科普工作，中央与地方政府之间存在协调障碍，面临一些严重的结构性缺陷和现实矛盾。①

我国在行政体制上与西方发达国家存在明显差别，公共卫生体系与应急科普的发展模式也不尽相同。我国应急管理相关法律法规明确，各级政府及相关部门是应急管理的重要主体。应急处置过程，也包括应急科普的方面。结合本次新冠肺炎疫情来看，卫生行业主管部门是应急科普的重要主体，在联防联控机制下，各部门形成了统一发声、联合行动、快速反应的动态机制。此外，卫生部门应急科普主体作用的发挥仍有待加强，在此情境下，中国科协及时补位，很好地发挥了应急科普的动员作用。但是通过此次疫情也可以发现，跨部门间制度化联动机制仍有待完善，尤其是疫情初期应急科普服务工作缺乏强有力的统筹和有序性，无论是政府、媒体与专家的联动合作

---

① 王聪悦：《美国公共卫生治理：沿革、经验与困境》，《当代世界》2020 年第 4 期。

机制，权威专家及时发声机制，还是优质科普资源向民众的推送等方面，经常会出现各自为政、分散发力、产品与服务供给零碎、缺乏系统规划和统筹协调的问题导致应急科普的媒介生态有机性和协调力均不够理想。

我国《科学技术普及法》中明确了执法主体是各级政府科技行政管理部门，科协作为群团组织是科普工作的主要力量。但在此次疫情应急科普中，二者职能交叉，机制不顺，政府在科普工作中定位不够明晰，科协参政议政的功能发挥得不到位，话语权和影响力不足。

（二）应急科普内容管控

结合本次疫情发展情况来看，过于宽泛的疫情信息认定及其管控，直接导致在疫情初期政府信息供给明显不足，在很大程度上引发了过于激烈的社会恐慌和群体性焦虑，挫伤和影响了政府防控疫情的公信力。

应急科普内容建设的另一个重要方面是增强规范性，疫情期间很多谣言对社会造成了严重影响。在国际上，英国颁布的《通信法》和美国的《电信法》都从法律层面上规定了通过互联网传播虚假信息要承担法律责任。我国的《刑法》也从法律条文上对编造、传播谣言的行为做了明确的惩罚规定。随着新媒体的出现，网络谣言也在不断发展，衍生出了各种变体，但我国的法律规定也在不断修正、调整、完善。在这次疫情中，中国科协除了组织科学家通过各种方式开展科学知识传播外，还联合国家卫生健康委员会、应急管理部和国家市场监督管理总局等部委，并动员全国学会、权威媒体、社会机构和科技工作者共同打造"科学辟谣平台"。一些公众认可度非常高的权威、硬核科学家如钟南山、张文宏等在这次疫情中的科普和辟谣，更是发挥出了社会"稳定阀"和"定心针"的作用。

鉴于这次疫情中的谣言信息众多，很多媒体、自媒体平台也都纷纷开设辟谣专区，开展辟谣行动。用户可以主动搜索关键词，查看相关内容。与此同时，启动"新型冠状病毒肺炎"谣言治理专项，针对此类内容，平台将进行下架、禁言甚至永久封禁的阶梯式处罚。同时，在"抗击肺炎－疫情问答"专区，提供源自专家的正确答案。

（三）应急科普传播效果

应急科普知识精准传播要求根据疫情防控的阶段性变化以及同地区、不同年龄、不同境况诉求的受众群体采取指向明确的传播方式。

国外的科普体系建设起步较早，经过多年的发展已经趋向于成熟，相比于国内，对其受众有着清晰的定位。而国内应急科普的主要目标受众直接定位为大众，不同的科普机构的目标人群存在重合交叉，资源利用效率不高。而国外往往针对不同群体明确目标受众。

我国的科普机制决定了科普内容及形式的高度统一性，这样有助于科普传播上下"一盘棋"，避免出现参差不齐的现象。但也应看到带来的"一刀切"负面效应，具体表现为，受众定位精准性、科普内容定位精准性、科普活动定位精准性存在欠缺之处。

（四）应急科普信息技术

在科普新冠肺炎疫情时，西方媒体结合了新媒体的平台以及新媒体的技术手段，将新闻报道进行了可视化，使得疫情相关的报道更加容易被用户所接受，形成了"互联网＋科普"的模式：由科普网站主导，移动端科普支撑，社交平台科普辅助传播。

我国的数字化传播技术在这次新冠肺炎疫情中爆发出显著优势。近年来，平台型媒体的内容分发技术、算法推荐技术和实时直播技术为传播活动提供了新的可能。职业自媒体制作的优质科普视频亦取得了良好的传播效果。

直播科普是一种极具传播力的科普途径，也是我国独具特色的科普新技术。以往，仅有诸如央视等传统主流媒体可以作为承办直播科普的媒介主体，且直播科普只能单向输出科普内容，较难进行科普者和受众间的互动。抖音、微博等具有直播功能的平台型媒体的出现，使在线疫情科普直播成为可能。更多数量与更大范围的科普者都拥有了直播科普的渠道，且公众可与科普者实时互动，实现受众对科普活动的反馈作用，帮助科普者时刻了解公众的疑问，及时回应公众关切。平台型媒体不仅提供了更多直播科普的机会，亦会帮助构建覆盖全社会的应急科普毛细网络。

五 结论

让"科普之翼"更加有力。新冠肺炎疫情防控实践充分说明，加强科普是经济社会发展中的重要工作。习近平同志指出："科技创新、科学普及是实现创新发展的两翼，要把科学普及放在与科技创新同等重要的位置。"这为加强科普工作指明了方向。大疫带来大考，大考推动大变局。此次疫情是对我国应急科普工作的一次重大考验，考验着我国应急科普体制机制、应急科普能力水平及科普工作者的战斗力。尽管从疫情防控结果来看我国交上了一份优秀的答卷，但应急科普工作仍任重道远。通过本次研究，拟为我国公共卫生应急科普机制及能力建设提出如下建议。

（1）完善应急科普法制体系。明确应急科普的重要地位，补充应急科普的具体工作预案，将应急科普纳入法制化轨道。"碎片化"的应急科普法律法规应充分整合，出台专项立法，明确应急科普工作主体、工作流程，规范应急科普信息发布监管机制。联合有关部门推动《科学技术普及法》的修订和完善，加强普法工作力度，加强执法工作力度。

（2）健全应急科普联动协调机制。建立健全跨部门间制度化应急科普联动机制，进一步完善政府与媒体、科学家开展应急科普的协同机制。发挥科协组织跨部门、跨学科、跨地域、跨行业、跨媒体等优势，积极参与国家应急管理体系建设。推动将应急科普机制明确纳入国家应急管理体系，制定应急科普预案，将中国科协纳入国务院联防联控等机制。积极构建应急科普绩效评估机制，通过评估提高主体参与积极性，及时纠错和总结经验教训。

（3）规范应急科普知识内容。在政府层面，一方面要加强国家层面的应急科普资源库和专家库建设，同时也需要与相关部门密切合作，建立并完善应急科普知识的发布和传播机制，并对应急科普内容进行严格的规范和引导。在社会层面，要充分调动广大社会组织的积极性，发展基层力量投入应急科普工作之中。各类媒体也应积极参与应急科普，利用自身传播优势协助应急科普知识传播。

（4）创新应急科普全媒体传播模式。"互联网＋"与"科普"深度融合能够打破时空限制，满足公众的科普需要。此外，新媒介已成为各类信息进入大众认知的主要通道或新兴通道，应以应急科普为抓手，通过优质内容的制作与传播，探索整合现有资源，并加强与电视、网络、报刊等主流媒体合作，建立全领域行动、全地域覆盖、全媒体传播、全民参与共享的科普工作体系，不断扩大和提升科普平台传播覆盖面和影响力。

B.5
国内外消防应急科普机制与能力比较

申世飞 疏学明 胡 俊 王 佳 吴家浩*

摘　要： 火灾是当今世界严重威胁人类生命健康和财产安全的多发性
灾害之一，对公众进行消防应急科普工作有着重大的意义。
本报告通过对比国内外消防应急科普工作机制与能力，借鉴
国外消防应急科普的可取之处，总结了我国消防应急科普的
不足之处。为进一步完善我国消防应急科普机制，提高我国
消防应急科普工作能力，特提出以下建议：（1）健全落实消
防应急科普法律法规；（2）整合消防应急科普人才力量；
（3）加强消防应急科普场馆建设和管理；（4）注重科普知识
的科学性与全面性；（5）保持消防应急科普活动常态化，注
重科普手段的有效性和吸引力；（6）建立完善的消防科普宣
传体系。

关键词： 消防　应急科普　机制建设　能力提升

---

* 申世飞，清华大学公共安全研究院副院长，教授，博士生导师，研究方向为公共安全；疏学
明，清华大学公共安全研究院副研究员，博士，研究方向为公共安全；胡俊，清华大学公共
安全研究院博士后，助理研究员，研究方向为公共安全；王佳，清华大学公共安全研究院博
士后，助理研究员，研究方向为公共安全；吴家浩，清华大学公共安全研究院博士后，助理
研究员，研究方向为公共安全。其他参与编写的作者还有：李碧璐、王维曦、梁光华、朱海
伦、姜雨朦、王憬琪。

一 火灾基础知识科普背景

（一）国内外火灾现状

火灾严重威胁着公众的生命和财产安全。火灾具有发生频率高、后果难以预料的特点，一些重特大火灾造成的人员伤亡和财产损失触目惊心。据美国消防协会（National Fire Protection Association，NFPA）估计，美国每个家庭成员一生中至少会遇到两次严重火灾。根据美国的统计数据，美国 2013～2017 年平均每百万人火灾亡人率为 9.9 人。①

近年来，我国在社会经济飞速发展的过程中，也发生了许多的事故灾难，其中火灾是最为常见的事故灾难之一。2019 年，全国共接报火灾 23.3 万起，死亡 1335 人、受伤 837 人，直接财产损失 36.12 亿元，火灾形势依然严峻。② 图 1 显示了 1998～2019 年我国火灾情况。

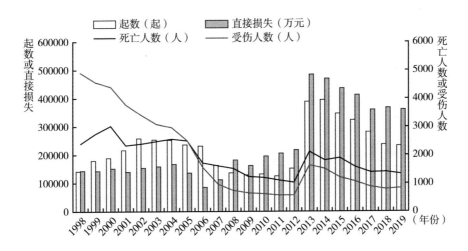

图 1　1998～2019 年火灾情况统计

---

① 李国辉：《美国火灾亡人率统计报告》，《消防科学与技术》2019 年第 11 期。
② 应急管理部消防局，https://www.119.gov.cn/article/3xBeEJjR54k。

（二）消防应急科普的必要性和现状

世界各国经验表明，在突如其来的火灾面前，许多人采取了一些不正确的逃生方式。在实际的火灾场景下，人们的行为不仅会受到火场环境条件的影响，而且受到个人生理、心理特征的影响，因而在突发火灾场景下的疏散和逃生行为会有较大的差别。[①]

通过分析近十年来较重大的火灾事故案例（案例来源：公安部），从人员行为的角度分析致灾的原因与后果，以期提高公众对消防隐患及安全风险的认识和辨别能力，引导公众行为。通过对 58 起火灾案例的分析发现，"人的不安全行为"是造成事故灾害损失的重要原因之一，具体如图 2 所示。

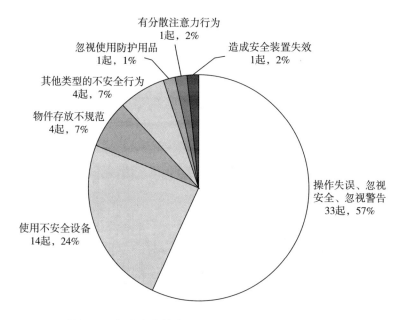

有分散注意力行为
1起，2%

忽视使用防护用品
1起，1%

造成安全装置失效
1起，2%

其他类型的不安全行为
4起，7%

物件存放不规范
4起，7%

操作失误、忽视
安全、忽视警告
33起，57%

使用不安全设备
14起，24%

图 2 58 起火灾事故案例中人的不安全行为类别占比

---

① 易亮、朱书敏、徐志胜等：《火灾影响下人员行为量化分析研究》，《中国西部科技》2010年第 8 期。

通过对 58 起案例的详细分析，我们初步得出以下结论。

（1）火灾自救逃生知识缺乏。

（2）楼梯间内违章堆放杂物，封堵逃生之路。

（3）疏散时未采取正确的保护措施。

（4）缺少灭火器材，小火成大灾。

基于案例分析，报告认为，通过积极的安全文化、消防应急科普教育，进行灾害事故预防，向公众传播消防安全与应急知识，培训演练，形成自救互救能力，引导民众树立正确的消防安全理念，形成良好的安全习惯，对提升人们的消防安全素质具有重大而深刻的现实意义。

二　我国消防应急科普现状

（一）基本概况

随着社会对消防安全的重视，我国各地为加强针对性和实效性的火灾宣传以及教育，开展了形式多样的科普活动。目前，我国承担火灾安全教育宣传和科普任务的主要是各级公安部门、政府工作部门、学校等，其精力和经费在安全教育的监督和救援上。

根据消防人员培训标准，我国消防员需持证上岗。[①] 根据四川省消防救援总队制定的《总队 2020 年新录用消防员入职培训方案》和《关于成立2020 年度消防员入职培训大队组织机构和临时党委的批复》，新录用消防员将经历三个阶段的训练：[②] 夯实基础阶段（3 个月）；全面提升阶段（6 个月）；下队准备阶段（3 个月）。

全国各消防救援总队实施"抗洪抢险专业编队"，对编队人员开展一系

---

① 《建（构）筑物消防员国家职业标准》，https：//wenku. baidu. com/view/87a61dbf09a
1284ac850ad02de80d4d8d15a01bb. html。

② 四川消防，https：//baijiahao. baidu. com/s? id = 1687135349488777161&wfr = spider & for
= pc。

列的抗洪抢险救援技术培训，尤其是专业岗位需要持证上岗，并组织应急拉动演练，还配备有齐全的救援设备，既包括冲锋舟、橡皮艇、气垫船等装备，也包括救援机器人、声呐探测仪等先进的仪器装备。

在承担宣传和科普工作上，人手明显不足。社会组织、志愿者、企业等成为火灾科普的重要力量。这些社会力量主要通过建设科普教育基地、组织科普教育活动和消防演习、开展线上线下消防专项会议论坛、培训等形式推动火灾科普，这类消防科普受众范围较广。

目前，社会力量多依托较为专业的团队，以消防安全科学和技术领域的最新科技成果，开展消防科普。消防科普的内容包括火灾基础知识、消防法规常识、消防系统和设备、火灾防护、消防救援组织机构及日常工作程序、认知心理学、风险评估、应急避险、紧急救护等。科普技术手段也逐渐多样化，除了传统的多媒体、现场演示和互动体验等教学模式外，通过VR消防科普系统，使受众人群在寓教于乐的过程中学习消防知识和技能，潜移默化地帮助公众养成良好的消防安全行为和习惯。

（二）机制分析

1. 管理与执行机制

国家设立应急管理部，统抓应急处置、应急管理、应急救援和应急科普等工作，明确与各政府部门的职责分工，并建立协调配合机制，必要时会同各相关部门共同应对突发性事件。在消防科普方面，应急管理部新闻宣传司负责开展科普工作；火灾防治管理司需要进行火灾预防和监督，指导城镇、农村消防工作的落实；应急管理部下属消防救援局除了承担组织指导城乡综合性消防救援工作外，还会组织指导消防安全宣传教育工作，进行应急科普。应急管理部中与消防相关的部门如图3所示。

在城市层面，与消防科普相关的政府机构主要有两类：一是公安消防机构的宣传教育部门，如消防局宣传处和教导大队；二是各级城市人民政府以应急管理部门牵头的安全生产委员会，会同以消防局牵头的防火安全委员会共同组织，按照街道各级消防管理网格进行公众消防科普

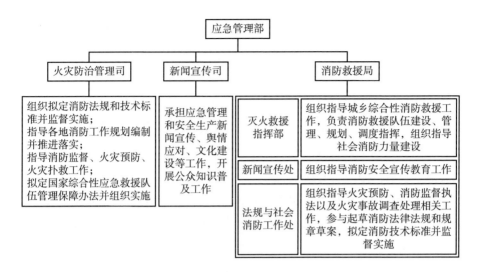

图3 应急管理部中与消防相关的部门

教育。公安消防机构和公安派出所自行组织或是配合并指导。图4为各地市消防组织机制。

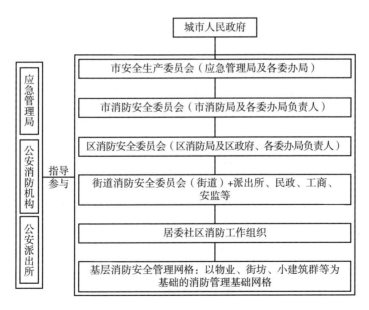

图4 各地市消防组织机制

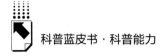
目前我国的消防应急科普体系涉及部门庞杂，且工作分配不清，导致推进效率略低。

2. 社会动员机制

学校、研究机构、社会组织、企业等是我国消防安全教育宣传和科普的重要力量。它们通过多样化的科普形式，面向政府部门、从业人员、社会公众、青少年、专业救援队伍等人群，汲取消防安全科学和技术领域的最新科技成果，开展消防教育与科普。

我国成立了许多与消防相关的社会组织。中国消防协会是我国最权威的消防社会机构，其中关于消防科普活动的展开主要由分支机构——中国消防协会科学普及教育工作委员会（以下简称"科普委"）组织。此外，我国其他民间救援队，如蓝天救援队、中国红旗救援队、壹基金救援队、中国蓝豹救援队、北京中安救援队、公羊队、北极星救援队、绿野救援队等社会组织也都自发组织消防安全科普活动。

近年来，随着政府对消防应急科普工作的日益重视以及人们对安全环境需求的日益增长，国内的一些私营企业也逐渐开始拓展安全宣教的业务，例如消防类安全体验场馆、设备以及培训等。一些民营企业看到应急科普、安全教育相关市场的潜力，正积极探索安全文化教育的业务。但是，从国内市场整体来看，目前仍处于初步的探索阶段，亟须政府开展技术引导和项目扶持。目前"互联网＋安全培训"模式得到国家的推广，国内涌现了一批提供科技性、创新性、实用性的安全教育培训服务新模式的企业。它们除了自营消防科普产品外，还为政府建设的消防科普场馆、社会科普活动提供产品和服务，形成了一个消防科普主题的生态资源圈。

（三）教育机制

消防科普教育应该是持续性、系统性的，实现对公众伴随式、循序渐进式的长期系统教育，才能最终促进公众消防安全素质的提高。

针对职业消防员，会有培训考核的要求，对于考核不合格或其他不宜从事消防救援工作的情况，予以淘汰。职业消防员还要求具备相关急救技能，以便能及时在现场处理伤员。①

针对专业消防技术人员，我国要求上岗人员具备"注册消防工程师"资格证，通过资格考核注册后，才能从事消防相关的技术咨询、安全评估、技术培训、消防设施检测、设施维护等专业技术工作。②

针对企业从业人员，各单位参照相关规范标准，形成安全教育培训制度，自行组织单位全体员工定期进行培训考核。重点工种人员需专门培训，持证上岗。单位、部门对其所组织培训的时间、内容及接受培训的人员进行记录并存档。

针对大学生的专业教育，消防工程作为一项综合性学科，培养具备消防工程技术和灭火救援等方面的知识和能力，为公安消防部队和企事业单位从事消防工程技术与管理和灭火救援指挥方面工作输送高级专门人才。目前，我国共有19个高校开设了消防工程专业，其中中南大学已获得消防工程博士学位授权点。

针对少年儿童，我国发行火灾科普题材的动画片、绘本等出版物，通过寓教于乐的模式传播消防知识。中小学校的消防科普教育，已经逐渐形成了伴随式教育机制，公安部消防局和中国消防协会科普教育工作委员会都牵头编制了中小学生消防安全读本。但针对成人的科普教育机制仍比较随机化、破碎化，主要利用消防科普活动、新闻媒体、艺术表演等形式进行阶段性的消防教育科普。

总体来说，我国目前专业性消防教育形成了较为完善的教育机制，但针对公众还是阶段性、随机性的，缺乏持续性和系统性。

（四）能力分析

1. 政策法规

相关法规政策的出台可以保证我国消防应急科普工作的规范化和制度

---

① 人力资源和社会保障部、应急管理部：《国家综合性消防救援队伍消防员招录办法（试行）》。
② 人力资源和社会保障部、公安部：《注册消防工程师制度暂行规定》。

化，并在人力、物力、财力方面给予支持和倾斜。近十年出台与消防相关的法规政策的部门，以国务院、公安部为主，还有民政部、发改委、工信部、住建部和教育部。政策文本以政策法规和标准规范为主，内容主题多为消防救援和监督。在科普政策方面，2002年通过并实施的《中华人民共和国科学技术普及法》、2006年制定的《全民科学素质行动计划纲要（2006－2010－2020年）》以及2021年国务院印发的《全民科学素质行动规划纲要（2021－2035年）》都对建设应急科普相关的基础设施做出了总体规划部署及政策性和制度性的保障。

消防应急科普方面主要集中在应急科普和安全教育的相关法规政策的小部分分类要求。比如，《中小学幼儿园安全管理办法》《中小学幼儿园应急疏散演练指南》《中小学公共安全教育指导纲要》等教育部出台的政策中对防火都提出了要求，科技部、中宣部联合制定的《"十三五"国家科普与创新文化建设规划》对环境污染、重大灾害、气候变化、食品安全、传染病、重大公众安全等群众关注的社会热点问题和突发事件提出了科普要求。此外，消防类专项法规，如《消防安全责任制实施办法》要求将消防法律法规和消防知识纳入公务员培训、职业培训内容。县级以上地方各级人民政府应当加强消防宣传教育，通过政府采购公共服务等形式，不断推进消防应急科普工作。有计划地建设公益性消防科普教育基地，开展消防科普教育活动。

总的来说，我国消防安全方面出台的政策法规、标准规范较多，但涉及的消防科普内容较少，主要集中于消防监督和救援上，缺乏单独的消防科普政策指导。《科学技术普及法》《消防法》等相关法律对公众消防科普教育均做出了相应规定，但这些规定并没有针对具体措施的要求，更没有监督检查规定，使得公众消防科普教育措施往往偏重形式，缺乏实效性。

2. 人才

目前，我国承担消防安全教育宣传和科普任务的人员较广，在政府机构，从国家应急管理部新闻宣传司、火灾防治管理司、消防救援局，到地方的消防安全管理委员会、应急局及各委办局，再到基层的街道消委会、派出所、居委社区工作组织等，都有专职人员负责组织安全教育科普，并有公安消防机构的消防专业人员指导配合其工作。

在社会组织方面，我国在 1984 年成立的中国消防协会，是由消防科学技术工作者、消防专业工作者和消防科研、教学、企业单位自愿组成的学术性、行业性、非营利性的全国性社会团体，是火灾科普的重要力量。它们通过消防协会的统一部署，投身社会科普教育。此外，许多公益紧急救援机构或者志愿者等，可随时待命应对各种紧急救援。

在科研领域方面，消防行业构建了以应急管理部所属的天津、上海、沈阳、四川消防研究所为骨干，涵括大学、企业和产业部门研究机构的消防科学研究体系，为智慧消防建设提供了技术保障。①

总的来说，政府部门缺乏专门的人员专职专干，消防科普教育活动经常是不连续的，缺乏系统性，专业人员的参与多为随机性，缺乏专门的人才保障。

3. 基础设施

消防安全教育场馆是消防科普宣教的重要载体。我国高度重视消防安全教育场馆建设。2004 年，公安部消防局、中国科协科普部和中国消防协会联合命名 29 家单位为首批"全国消防科普教育基地"。随后又连续开展了三批，评选出 260 个全国消防科普教育基地，在 2020 年全国消防宣传工作会议上，应急管理部消防救援局授予 8 家单位为首批国家级应急消防科普教育基地。这 8 个国家级应急消防科普教育基地与成百个省级以下消防科普教育基地一起，构成了我国的多层级消防科普教育基地体系，是消防科普宣传的主阵地。当然，除了消防类专业场馆外，多数综合类安全体验馆都设有消防安全科普板块。我国目前有 22 个省（自治区、直辖市）拥有综合应急科普场馆。

目前现有的消防类场馆相较于综合类安全场馆而言规模较小，科普内容主要涵盖消防安全系统发展史、消防系统的先进科技和前沿技术、消防安全

---

① 安防展览网，https：//www.afzhan.com/news/detail/76408.html。

教育等,如火灾疏散模拟、119报警模拟、家庭火灾隐患排查、火灾成因实验、火灾扑救模拟等。场馆运用声光电、多媒体、虚拟结合、场景模拟等技术,结合图文知识和实操设备、道具,实现消防知识的通俗化普及,并注重参观者的参与性、互动性。

总的来说,我国已形成多层级消防安全教育场馆体系,但布局不均衡,东部发达地区明显高于西部欠发达地区,缺乏专业的大型消防科普教育基地。展品更新慢,互动功能有待加强。与其他行业的科普教育基地相比,功能发挥不够全面,利用率有待加强。

4. 宣教资源

我国针对不同受众群体,采用线上、线下相结合的方式开展适应性消防安全科普。

针对少年儿童,我国发行火灾科普题材的动画片、绘本等出版物,将火灾的科普教育寓教于乐,利用动画片启蒙的形式让儿童在娱乐中学习必备的火灾应急知识。

针对中小学生,公安部消防局和中国消防协会科普教育工作委员会牵头编制了消防安全读本,部分学校还会定制安全教育读本。此外,多数中小学会在开学前开展安全教育第一课,在119消防日开展火灾疏散演练,举办消防安全知识答题、板报评选等活动,提升学生消防安全知识和技能。

针对成年人推出的消防应急科普资源则以报纸、电视、电影、广播、宣传册为主。我国消防类专业报纸较少,主要以在综合类报纸刊登消防板块为主。针对成年人的消防绘本以宣传册为主,以方便传播、发放。除传统资源外,还在微信公众号、微博、抖音等新媒体平台推送消防安全类图文信息、微视频、漫画、海报、竞答活动等,内容包括消防安全警示、火灾安全注意事项、火灾逃生技能、消防器材使用方法等。

总的来说,我国充分注意到消防科普过程中宣教资源的重要性,但目前多数绘本为自发编制,缺乏权威指导和审核,没有形成标准化体系,也没有国家权威消防宣教平台。

（五）社会活动

我国消防应急科普活动的形式多种多样。面向中小学生，组织诸如消防开学第一课、消防安全知识大赛等；面向公众，报道重大火灾事故和消防科学前沿动态，组织流动消防科普展、消防演习；面向各级应急管理干部、从业人员，依托国家行政学院、省委党校等，通过举办各类消防实务、专业培训等形式开展消防安全教育科普。

在基层社区，我国通过循环播放消防宣传视频、设立消防安全知识宣传展板讲解火灾知识，开展消防安全应急演练和紧急医疗救护教学，让参与的群众掌握消防灭火疏散技能。另外，还在微信公众号小平台开设围绕消防主题的有奖答题小程序。部分社区通过建设社区类体验馆和大篷车移动式体验馆开展消防科普活动。这类形式的应急科普活动贴近大众，有效弥补了大型综合体验馆普及率较低的不足，并极大地拓宽了消防应急科普的覆盖面。

在高校，各地区高校也积极开展"大培训、大演练、大排查"活动，贯彻落实《中华人民共和国消防法》和《高等学校消防安全管理规定》，按照"预防为主"的理念，开展极具互动性和针对性的消防知识科普宣传活动，普及消防安全常识，提高师生自救互救和逃生能力。

总的来说，我国针对城市公众开展的消防科普教育活动较为不连续，缺乏系统性。基层消防科普主要依赖社区居委会组织，形式简单，以理论科普为主，缺乏实操体验，缺少专业队伍指导，公众多停留在了解层面，并没有掌握相关技能，且由于科普时间难以惠及全民，受众多以少部分常住居民和物业职员为主，不能真正解决问题。

（六）作品传播

在当下的信息化时代，新闻媒介在信息传播的地位越发重要，依托各类传统媒体和新媒体，消防科普作品以通俗易懂的方式向公众传播，提高了公众的应急能力，给火灾应急科普工作带来了极大的便利。

在电视层面，央视和各省市卫视都制作了相关作品，通过消防火灾事故

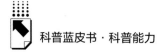

警示、真人秀体验等形式提高全民消防综合素质和技能水平。近几年来，还通过邀请影视明星拍摄消防类型的电影来引发全民关注。

微博是新媒体的代表，为了保障内容的权威性和科学性，我国各部委、各地市的消防部门均注册了官方账号，实时更新火灾警情、事故案例、消防知识等。

各省市消防部门也通过快手、抖音等平台发布科普短视频，部分消防短视频用户粉丝量超过百万。总体来说，科普领域的用户参与度逐步提升，科普类内容更加丰富。

总的来说，近年来我国在消防作品传播层面做了很多尝试，取得了一定成效。传统媒体具有权威性强、覆盖面广的特点，但存在受众针对性不足、时效性不强、内容形式过于单一等问题。新媒体科普具有便捷性、多样性、时效性、广泛性的特点，但受众阶层、素养差别较大，真假信息混杂，易对公众产生误导。

三 国外消防应急科普现状

（一）美国消防应急科普现状

1. 基本概况

美国消防队伍较为庞大，消防员综合素质高，消防装备先进，整体消防实力强大。在应急科普方面，美国政府机构的主要工作是组织消防安全基础研究和技术开发，组织展开全国性消防宣传教育。

在消防安全基础研究和技术开发方面，美国的政府和社会力量做了大量工作。1877 年创刊的美国《消防工程》杂志，始终为世界各地的消防和应急服务人员提供培训、教育和管理信息。2004 年，美国政府组织技术支持小组（TSWG）改进消防队员的装备，使之适用于救火和紧急救援环境。

在消防宣传教育方面，美国政府与非营利性组织协同开展各种宣传教育活动。如针对重点人群（老幼病残）开展全国性活动——"Fire is

Everyone's Fight"，美国消防协会为了纪念 1871 年芝加哥大火事件创办了
"消防周"活动。同时，政府通过设置具象化的形象来推动宣传，加强宣传
效果。例如，推出防火护林熊吉祥物、防火周吉祥物等。美国政府还通过幼
儿园、中小学阶段的消防科普教育普及消防知识，并在之后的学习和工作生
活中不断演练。

总的来说，美国消防应急科普工作在消防安全基本科学研究和宣传教育
两方面做得都很出色。虽然国内也有类似"119 消防宣传月"活动，但整体
宣传力度不够，形式和内容让人不易接受。国内消防应急科普应更加注重活
动的趣味性和可接受性，同时扩大受众范围并提高宣传力度。

2. 机制分析

（1）管理与执行机制

美国的消防管理体制为政府负责制，设有联邦、州/市、镇三级消防机
构，但相互之间没有直接的隶属关系。①

如图 5 所示，美国的联邦最高安全机构为国土安全部，在国土安全部之
下还设有联邦紧急事务管理署和美国消防管理局。美国消防管理局旗下设有
国家紧急事务培训中心、国家消防学院、国家消防项目等。各州设州消防部
门，规模较大的市、镇设消防组织（消防局）。

然而作为联邦制国家，美国在灾害应急救援上实行的是各州自行为政、
联邦政府协助的机制。在灾情发展过快的情况下，会存在程序烦琐、执行力
差、协调力弱，难以有效调动和集中资源适应应急救援需要的问题，有时还
会因为具体事项陷入利益纠结、责任推诿境况，导致救援效率大打折扣。

总的来说，应对大灾大难需要举国之力，有必要建立起权威、高效的应
急响应机制，包括事件监测、应急反应与评估、应急资源调度与分配、应急
救援工作、灾后重建规划等一整套体系和措施。

（2）教育机制

美国对中小学生的科普教育起步较早。美国将每年的 10 月 9 日所在周

---

① 美国消防局，https：//www.usfa.fema.gov/。

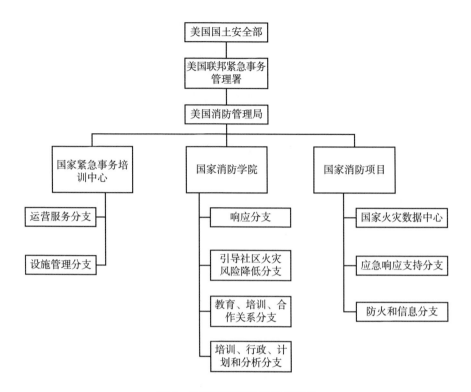

图5 美国国家消防局组织机构

作为美国全民性消防教育宣传活动周。各学校、社区、单位和组织会在活动周开展多种形式的消防知识宣传教育活动。美国家喻户晓的消防狗斯巴克（Sparky）卡通形象深受小朋友们欢迎。不同年代的斯巴克形象也在不断发生变化。斯巴克消防狗形象配合消防宣传活动，将消防安全知识教给少年儿童，走进了美国的千家万户。

美国政府重视儿童的消防安全教育。以美国消防协会为首的非营利性消防组织，将中小学和幼儿的消防安全知识普及教育放在消防科普工作的首位。美国消防管理局（U. S. Fire Administration）对0～4岁和0～14岁儿童在火灾中的伤亡情况进行专门统计[①]，分析调查14岁以下儿童在火灾中的

---

① 美国消防局，http：//www. usfa. fema. gov/。

伤亡情况，并制定相应措施，降低儿童在火灾中的死亡率。同时，各州政府还将消防知识普及教育通过法律形式纳入中小学的教育计划，并确保落到实处。

为了让消防科普知识生动形象、喜闻乐见，美国政府和消防安全组织通过编制教科书、开发 App 和电子游戏以及消防知识短视频、手工制品、儿童故事等，将与儿童生命安全相关的消防知识普及给广大少年儿童，使他们可以在学校、家庭或者在其他游戏活动场所，通过多种多样的形式掌握消防知识。① 比如与生命安全息息相关的家庭逃生计划，针对低年级学生，有数字连线、走迷宫等活动；针对高年级学生，则通过课堂讲解、读故事等方式让学生们掌握家庭逃生计划的要素，制订并演练家庭逃生计划，同时让学生们回家跟家人一起制订、演练家庭逃生计划，使学生在掌握家庭逃生计划的同时，也带动家庭其他成员掌握最佳逃生路线。

总的来说，美国的消防科普教育做得很有特色。国内可借鉴相关经验，建立针对不同年龄段的消防科普规则。同时适当构建或引入优秀的消防科普形象，结合中国传统文化特点，将消防科普形象本土化，提高消防科普的接受度和实际效果。

3. 能力分析

（1）政策法规

美国消防法律分为联邦法、州法、地方法三个层面。

①联邦消防法

《1968 年火灾研究和安全法案》（Fire Research and Safety Act of 1968）于 1968 年被美国国会通过，又被称为 90 - 259 号法案。事实上，该法案是对 1901 年 3 月 3 日法案的再修订。根据该法案，美国要成立一个消防安全研究委员会，该研究委员会的职责包括对火灾进行全面的研究和调查，并提供切实可行的措施来减少全国范围内的火灾可能造成的破坏性后果。该项研究和调查应包括但不限于对消防培训教育的当前需求和未来需求进行评估。

---

① 邱培芳：《看美国中小学消防安全教育》，《中国消防》2018 年第 9 期。

90 - 259 号法案通过 5 年后，国家消防委员会于 1973 年向美国总统和白宫提交了著名的报告——《燃烧的美国》。根据该报告，在当时的美国，火灾是一个普遍的公共安全问题，每年造成约 1.2 万人死亡，30 万人受伤，直接的财产损失超过 30 亿美元，同时造成的社会经济损失超过 110 亿美元。《燃烧的美国》深刻揭示了火灾对美国人员、财产的重大伤害，并讨论了消防工作存在的问题和改进的建议。

1974 年 10 月 29 日，总统杰拉尔德·福特签署了 93 - 498 号法案（Public Law 93 - 498），该法案又被称为《1974 年联邦消防法案》。它是美国第一部国家层面的、专门的消防法，这部消防法一直沿用至今。

②州消防法

以堪萨斯州和马萨诸塞州为例。堪萨斯州根据《1974 年联邦消防法案》的授权，制定了《堪萨斯州消防法规》。而马萨诸塞州针对居民出版消防法规，要求居民做到能够正确获知、接收紧急警报，制订家庭应急计划、制作应急包，参与社区的应急准备工作；同时制定了针对残疾人的应急准备和针对宠物动物的应急准备的法规规范。

③地方消防法

在地方层面，美国的市、县除了要执行所属州消防队颁布的消防条例以及联邦政府颁布的安全法规，还要执行当地颁布的建筑防火法规。

④消防标准

美国消防标准繁杂，不同机构均制定有不同的消防标准。

美国消防协会主要开展消防研究、教育和培训工作，目前已经推行了许多科学的消防规范和标准。

美国国家标准与技术研究所（NIST），主要从事测量技术和测试方法方面的研究等，并提供标准及有关服务等。

美国国家火灾研究实验室位于马里兰州盖瑟斯堡的美国国家标准与技术研究院，是专门研究火灾特性和建筑火灾响应的实验室。来自行业、学术界和政府的科学家及工程师能与 NIST 的研究员合作解决重要的技术问题，提高美国的创新能力和工业竞争力。

美国材料与试验协会（ASTM）的主要职责是制定材料、产品、系统和服务等领域的特性和性能标准，试验方法和程序标准，促进有关知识的发展和推广。

总的来说，在联邦制下，美国的各级政府有着很高的独立性，包括立法权、司法权、行政权的独立，但是联邦政府则相对较弱。因而，对于美国来说，想要出台全国统一的，且有强制约束力的法案十分困难。国内体制相对优越，关键在执行力。

（2）人才

①科学家

科学传播是科学家的一项很重要的工作。美国大部分研究资助机构都会要求其申请的项目中要包含科普工作。同样地，一些消防领域的科学家也会参与这些项目，传播消防知识。

②志愿消防员

志愿消防员是消防科普知识传播到基层社区的重要力量。美国志愿消防员定期走访居民家庭，帮助检查消除火灾隐患，如指导安装火灾报警器、鼓励儿童绘制家庭疏散逃生图等。

总的来说，志愿消防员是美国科普人才的重要组成部分，是科普实践的有力保障。国内这一方面做得不够，可适当借鉴经验，构建社区志愿消防队，为消防科普知识传播提供有力支撑。

（3）设施

在场馆认证方面，美国具有较成熟、规范的认证体系。自1971年起，美国博物馆协会就开始进行科普场馆认证，检验科普场馆是否专业化，是否能够持续健康运行。经过认证的科普场馆能够保证其专业性，为政府部门、公众提供科普服务，在其他场馆面前树立起专业形象。

在场馆评估方面，美国对科普场馆实行分类评估。宏观层面会对机构进行评估，微观层面会对展品进行评估；外围层面会对观众进行评估，内在层面会对管理进行评估。美国还专门对场馆评估设立奖金——"南希·汉克斯奖金"，用于奖励在领导和服务科普场馆中有突出贡献的年轻工作人员。

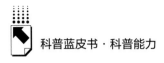

博物馆协会还设立了"布鲁金论文奖",每年一次奖励对博物馆运行创新的工作论文。另外,还有"博物馆协会多元性奖学金",奖励那些在保持科学馆多元文化特色方面有突出贡献的人。

总的来说,美国应急科普场馆建设主要依托于一般科普场馆。而从场馆认证到场馆评估的机制,保证了科普场馆的高效运营。

(4)资源

美国国家消防数据库。美国正开发一套可扩展的数据系统,旨在灵活地从消防部门采集数据。该数据系统将为美国采集、分析和利用消防数据提供支持,能接受并存储符合行业标准的所有类型数据。

目前来看,国内的消防数据库构建不完善,可建立国家消防数据库和平台,通过数据挖掘和分析,为政府决策提供支撑。

(5)活动

消防周。针对社区群众提供消防科普材料,民众结合生活实际学习相关知识。每年的消防周都有一个特定的主题,具有很强的针对性。

志愿消防员培训。针对志愿消防员以及有志成为志愿消防员的居民进行相对专业的培训。志愿消防员广泛存在,近几年的培训逐渐专业化。很多地区采用灭火救援区域合作机制,联合志愿消防队共用培训资源。美国国家消防学院和各个州的消防培训学校开发出网络在线培训课程。同时启动"消防人员援助""消防和应急救援人员补充配备"等项目,针对密集场所开展消防安全宣传教育。此外,志愿消防员也会定期走访居民家庭。

以地区为单位的消防员日、消防体育竞赛、嘉年华等活动。针对该地区的民众,通过举办体育竞赛、嘉年华等活动,鼓励居民参观消防站,邀请居民参加消防培训,加深民众对消防知识的了解。

总的来说,美国消防科普活动做得很好,国内亦可适当借鉴学习,提高活动的趣味性、扩大受众范围,对美国的一些活动形式和内容可以借鉴引入或者本土化。

(6)作品传播

美国比较注重消防宣传,针对传统媒体,美国会印制许多制作精良的宣传海报，传播高楼火灾防救、森林防火等内容。同时，也有许多以消防人员的工作内涵、英勇救灾事迹、平时训练情形为题材的宣传海报、防火影片、宣传片等，旨在提高美国民众的防灾素质。

新媒体方面，科普作家和社会团体比较早地认识到消防新媒体科普的先机与重要性。无论是从运营成本还是从编辑力量来说，开发以手机为载体的新媒体进行消防科普宣传都是一项不错的选择。①

通过漫画、视频等形式，在新媒体如推特、脸书、YouTube、Instagram等平台进行科普，指导民众科学应对火灾。

总的来说，好的作品传播需要两大基本要素：一是要有趣味性的原创作品；二是要有具有影响力的传播媒体。美国在这两个方面做得都不错，有好的作品以及大的平台。国内相关消防机构创建的消防科普作品质量也很高，具有可看性和好的科普价值，但传播范围往往较小。因此，可以在抖音、快手等平台建立官方账号，对消防知识进行传播，这是消防应急科普的一个不错的探索和实践。

（二）日本消防应急科普现状

1. 基本概况

日本是发达国家中拥有公众防火安全项目最多、运用最广泛、消防科普做得最好的国家。② 日本采取社区自治消防科普机制，能够细化到各个地区，开展适应性和针对性较高的工作；在此基础之上，日本鼓励全民参与的社会动员机制，能够保证日本的消防应急科普覆盖到家庭。日本非常重视消防应急科普在不同年龄层级与不同性别群体中的宣传教育，对在校学生实施分层分级防火科普教育机制，对老年人、行动不便的人、移民和外来人员，日本都有不同的针对性防火科普措施。在政策法规、人才培养、公共设施、宣教资源、社会活动和作品传播等方面，日本都做出了非常细致且落到实处

---

① 李刚：《构建新媒体时代的消防新科普》，《中国消防》2018 年第 10 期。

② 吴佩英：《国外住宅建筑防火措施调研》，《2019 中国消防协会科学技术年会论文集》，2019。

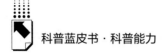

的工作，有许多经验值得借鉴。

2. 机制分析

（1）地方自治消防机制

日本的消防部门自 1948 年开始实施自治机制，[①] 其消防和宣教机构以国家消防机构为主导，都道府县消防机构具体实施执行。

日本消防厅（Fire and Disaster Management Agency，FDMA）主要负责研究制定国家消防制度与全国消防法规，对自治团体的消防机构有建议、指导和协调等辅助权力。依据消防组织法，总务省消防厅承担制定火灾预防、防火检查、防火管理等相关制度的职责，负责组织消防职员和消防团员的教育培训工作，负责普及宣传消防思想、提供消防帮助、组织和指导公民的自主消防组织。在这之中，与消防科普宣教有关的部门及其职务摘录如表 1 所示，其中的消防大学和消防研究中心为日本总务消防厅的附属机构，承担消防研究与消防教育的职责。

表 1　日本总务省消防厅机构设置

组织机构	职责	内部设置	
总务科	进行有关消防工作的企划	政策评估宣传室	
	对外宣传		
	表彰消防职员（团员）中为消防安全做出贡献的个人或单位		
国民保护和防灾部	制定应对地震、风灾、水灾等自然灾难的预案	防灾科	国民保护室
	指导各地的防灾预案		国民保护运用室
	拟定国民保护训练方案		应急对策室
	制定国民保护预案		防灾信息室
	涉及国民保护的其他相关工作		灾害对策室
			广域支援对策室
附属机构	进行消防研究与消防教育	消防大学校	
		消防研究中心	

资料来源：日本消防厅，https：//www. fdma. go. jp/。

---

① 《日本的消防体制》，https：//wenku. baidu. com/view/031ff482ac51f01dc281e53a580216fc700a5385. html。

在总务省消防厅之下，除东京都外，日本的 47 个都道府县消防机构均设在地方总务部或民生部。都道府县对市、町、村自治团体的消防宣教工作有指导和建议的责任，可以协调各个自治团体之间的相互关系，但无权干涉各个自治团体内的消防工作。市、町、村作为日本自治团体消防机制的核心，承担了大部分权力和事务，是直接为普通市民服务宣教的一线实体。①图 6 为日本消防部门的各级组织。

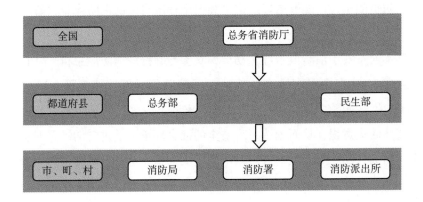

图 6 日本各级消防部门组织

总体而言，日本政府内部消防应急及宣传工作采取了以日本总务省消防厅为中心，以都道府县总务部与民生部为指导辅助，以市町村的消防局、消防署和消防派出所为实际执行机构的地方自治消防体制。

（2）社区动员机制

为更好地动员日本民众参与消防应急科普，扩大消防科普影响力，日本采取了兼职消防团员机制，针对妇女、老人、儿童等主要科普受众成立女子消防俱乐部、居民防灾教育中心等组织来进行消防应急科普。

日本消防部门和各地自治委员会在社区居民当中提倡"自己的社区自己保护"的理念，有计划地组织各类社区居民开展火灾预防、消防宣传，努力构建社区消防防灾体系，实现社区自治。日本国内还设立了"居民防

---

① 消防界：《值得我们学习的日本消防！》，https：//www.sohu.com/a/230172043_99992067。

灾教育中心"，针对社区家庭设计并组织人员走进家家户户发放有关家庭防火知识的各类读本、图册，指导社区居民开展火灾防范、扑救火灾等方面的训练。①

在"社区自治"的消防科普模式之下，日本形成了专职队员和兼职团员相结合的科普力量体系。日本全国现有消防团约2200个，全国消防团员数约85万人，常备专业消防员约16万人。兼职消防团员的存在大大缓解了专职消防员的压力，能够更好地推进和保证社区自治的消防应急科普覆盖到家庭。

日本通过女子消防俱乐部来动员妇女参与并推广消防应急科普。日本国内成立有5100多个遍布城乡各地的女子消防俱乐部，其成员总数已超过250万。女子消防俱乐部的宗旨是让现有家庭了解火灾的预防知识，提高社区的整体防火意识，从而创造一个安全的社会环境；其主要活动是对各个家庭进行防火诊断，组织妇女进行基本的灭火训练。会员们被晓以日常家务活动安全的重要性，强调她们对家庭安全的责任。女子消防俱乐部每3个月对附近的民宅进行一次防火检查，及时协助排除安全隐患。此外，她们还经常深入居民家中，对不同阶层的家庭妇女进行具体的防火安全教育；还定期邀请一些家庭主妇讨论家庭防火工作，并借机开展防火知识讲习，通报近期重大火灾案情，引起人们的警醒。

社区科普的另一个主要受众是高龄老人。据日本消防部门统计，日本每年火灾死亡人数中高龄老人与少年儿童占近七成。② 早在21世纪初，日本总务省消防厅就出台了有关规定，鼓励以社区高龄老人和少年儿童为重点对象，扎实对高危群体进行火灾科普教育，还要求国内志愿者群体每两年对辖地的孤寡群体开展重点慰问与指导帮扶。

总体而言，日本采取了专业消防队员与兼职消防团员的社区动员机制，

① 浦天龙、柳安然、原志红：《基于社会教育层面的中日消防教育对比研究》，《2017中国消防协会科学技术年会论文集》，2017。
② 李彦军、王宝伟、吴华等：《对日本消防工作考察的启示》，《消防科学与技术》2012年第5期。

壮大了消防应急科普力量，并通过对社区内的妇女、高龄老人的科普，保证社区应急科普落实入户。

（3）针对性教育机制

日本的消防应急科普采取了针对性教育机制。对于不同的受众群体，日本根据主体的特征制定相应的针对性科普内容，采取对应的科普宣教方式。

针对中小学生，日本会根据不同年龄层级进行火灾科普。对幼龄的儿童、青少年，防火安全教育有两个"不为"。① 其一，不带领他们进入真实的火灾现场参观，不搞"恐怖教育"。其二，不允许他们参与灭火活动，不宣扬儿童救火英雄事迹；对幼龄儿童只传授自救与逃生技能，有关救火灭火等技能则要等他们年龄成长、力所能及时才进行教授。

针对成年人推出的防灾宣传手册，内容简洁明了、体积小、页面少、不占位置，恰好可以装在衣服口袋里，方便随时取出阅读。考虑到在日本的外国人，防灾手册还用日文、英文、中文、韩文四种文字编印。

日本消防局定期有组织地派专人对幼儿园的儿童、家庭妇女、中小学生、企事业单位的工作人员以及暂住的外国人开展火灾体验式教育活动。

总体而言，日本针对不同的应急科普受众群体，制定对应的分层分级应急科普教育内容，采取相应的应急科普宣教措施。

3. 能力分析

（1）政策法规

日本政府重视消防法规的制定，在1948年颁布《消防组织法》，将日本的消防机构和功能从警察机关独立出来，建立了以总务省消防厅为核心、都道府县为指导、市町村自治的消防体系，承担对全日本国民消防应急科普宣教的职责。

除《消防组织法》外，日本还有一套健全的消防法规体系，其对火灾与消防的科普工作落实有着明确的规定。日本《消防法》规定，高层建筑要有专职的防灾管理员，要有由物业人员组成志愿消防组织，定期对楼内人

---

① 范强强：《值得借鉴的日本中小学生防火安全教育》，《生命与灾害》2019年第4期。

员开展防灾自救演习。相关法律法规还规定了中小学校每年都应开展火灾预防实地模拟演习。①

在日本，所有人都必须依法接受防灾逃生教育。日本政府将防火防灾科普内容列入了国民小学生教育范畴。1934 年 10 月 31 日，日本文部省颁布《学校防火法规》，把防火教育列入教学大纲。1964 年 4 月 24 日，文部省又颁布《学校防灾业务教育计划大纲》，明确规定各中小学校必须对学生进行防火逃生教育，定期举行训练。同时还规定学校里必须准备相应的防火设备，用于对学生的科普教育培训，及发生火灾时用于救火。

日本的消防法规最显著的特点是持续更新。其优势是这些消防法律可以根据不断变化的实际情况，针对国民素质以及火灾消防科普水平不断调整，针对不同群体受众做出适当修改。

总体而言，日本的法律法规体系中对消防应急科普有详细的规定，能够让消防科普落到实处，也能够根据国民素质以及科普水平不断调整、修订。

（2）人才培养

日本的各级消防部门均设有专门的消防宣传机构，有专人从事消防宣传。有些消防部门还有专项或兼职的消防音乐队，可以在诸如大型消防活动或其他重要场合进行演出宣传。

日本消防厅于平成 21 年（2009 年）开展了"地域防灾学校"活动。地域防灾学校是指地方公共团体以消防职员、消防团员为指导者，针对儿童、学生及自主防灾组织等的地域居民，大量教授有关防灾活动和消防方面的基础知识及基本技能，培养未来可担当地域防灾的人才。消防厅还于平成 22 年（2010 年）在全国范围内选出 33 个市町村作为地域防灾学校模范单位。通过鼓励地域防灾学校的组建，带动其他地区，谋求全国范围内的展开和普及。②

兼职消防团员是日本消防应急科普的重要力量。日本的消防团员属于特

---

① 王荷兰、吴美文、吴佩英：《我国城市公众消防科普教育问题及对策》，《中国软科学》2011 年第 1 期。

② 孙金香：《中日两国消防科普知识普及教育方法的比较》，《2011 中国消防协会科学技术年会论文集》，2011。

殊公职人员,大多是各个社区的志愿加入者,熟悉社区内的人员情况。由于日本的社区文化,消防团员通常人际关系良好,在各自的社区内有很强的号召力,能动员社区居民参与火灾科普活动。

总体而言,日本有专门的消防宣传人才,并以地域防灾学校、兼职消防团员不断补充、培养消防科普力量。

(3)公共设施

日本的消防教育采用了先进的科学技术,且有完善的公共设施。场馆消防教育是以消防博物馆、防灾教育馆等作为教育场馆,采取课堂以外的教育方式,让公民能够深入教育馆、博物馆、科技馆等场馆学习相关火灾知识的非正式教育。

日本共有 100 多个消防博物馆,均全天免费向市民开放。消防博物馆利用实物、模型、影响、图片、文字等展示日本消防的历史和现代消防知识。市民可以在此参观、看电影及录像、查阅图书、学习消防知识,还可检查自己的消防知识水平。同时,消防博物馆非常重视少年儿童的防灾教育,突出消防历史的知识性,用科教片、消防游戏、消防新装备等方式吸引少年儿童前来参观学习。

市民防灾中心在日本各都道府县实现了全覆盖,其中设有各类具有体验性的设施,如灭火训练区、逃生疏散训练区、家庭防灾知识演示区等实用性技能学习场所。另外,设有消防报警、灭火救援设备、烟雾情景下的逃生体验设施等,在专业的服务人员指导下,公众可无偿亲身体验灾害条件,熟练了解和掌握火灾报警、扑救和火场逃生方法。①

总体而言,日本以消防博物馆、市民防灾教育馆以及校园防火设施等公共设施对日本民众进行了覆盖面广、趣味性和实用性皆强的消防应急科普教育。

(4)宣教资源

针对不同受众群体,日本科普宣教的载体也会进行适应性调整,以更好

---

① 范强强:《值得借鉴的日本中小学生防火安全教育》,《生命与灾害》2019 年第 4 期。

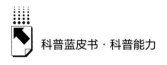

地普及有关防灾的知识和基本技能。

1979 年，文部省出版了《学校防灾手册》，这是对中小学生进行防火教育的工具书。平成 22 年（2010 年）3 月，日本总务省消防厅组织编制了可以在许多防灾教育现场灵活运用的火灾科普指导教材《挑战！防灾！》，并全国推广，以供科普活动指导者使用。该教材的内容也在网络上公开发布。消防厅还派遣消防职员到全国 23 个地方，开展对《挑战！防灾！》科普教材使用的教学研修。

针对儿童群体，日本有许多 Q 版、漫画出版物，将火灾的科普教育寓教于乐，利用启蒙漫画让儿童在娱乐中学习必备的火灾应急知识，对日本的火灾宣教普及起到了巨大的推动作用。

针对成年人推出的消防应急科普资源主要是火灾预防与自救宣传海报以及宣传手册，并在地铁等公共场所张贴、发行或是供人取阅。这类宣传手册内容往往简单明了，多用漫画形式表达，形象而有趣味，避免了冗长、单调乏味的文字叙述和长篇大论，让市民在碎片化的时间里，既欣赏了趣味的漫画艺术又学到了防灾知识。

总体而言，日本针对儿童推出科普启蒙趣味读物，针对青少年推出火灾科普指导教材，针对成年人推出宣传海报与手册，有着丰富有趣且具有针对性的消防应急科普宣教资源。

（5）社会活动

日本消防应急科普活动的形式多种多样，不但有防火活动周、纪念日，还举办作品征集活动，开展表彰活动、学校 – 消防队联动活动，还设计有消防应急游戏等，覆盖面广。

在日本，与防火有关的纪念日、活动周几乎贯穿全年。各地消防机关都会开展声势浩大的宣传活动。另外还有全国性的火灾预防及防灾活动周。[①]日本每年都会在春秋两季组织全国性的火灾预防活动，被称为防火周。政府组织并利用防火周、119 宣传日等所有机会宣传防火自救逃生知识，在防火

---

① 马玉河主编《中日消防管理比较研究》，天津科学技术出版社，2011。

周期间，日本的 41 个都道府县、619 个市町村会举办防火照片展、防火讲习会、灭火救助逃生训练等。

日本高度重视对普通民众的火灾科普和消防安全教育。日本各级消防培训学校会定期开展消防应急科普工作，对社会单位和普通民众进行科普教育培训。地方公共团体通过举办防火教室、成立自主防火组织等形式，向居民和企业宣传防火逃生自救的常识。每年的 10 月份，日本各市、街道等会举办各种灾害对策训练活动，公众会积极参加，日本的总理大臣和地方长官也会一起进行训练。

另外，一些城市的消防局会面向全体市民进行每年一次的防火宣传标语和火灾科普宣传画征集活动。参与这类活动能提高公众参与消防科普的意识，深化公众对消防安全的认识与了解，并进一步促进消防应急科普工作。

每年消防厅长官都要表彰在安全防火防灾方面的立功人员，功劳显赫的还会得到日本内阁总理大臣的表彰，通过这样的形式和表彰手段激励火灾预防科普工作推进。

日本学校也常与消防队联合举办活动。学生会走进消防队实地参观学习，通过观看实战演示，了解火灾危险性，掌握逃生自救的方法。学校还会开展火灾科普题材作文、绘画作品征集活动，让学生在艺术创作中潜移默化地增加消防安全意识。①

为对社区内的少年儿童进行更具趣味性的火灾科普教育，日本早稻田大学早稻田社会创新研究会（WSIC）的易思实验室（EASI Lab 项目）、社区防疫互助网络（CAN 计划）合作推出日本防灾教育系列活动 + arts（plus arts），通过设计消防应急游戏，将火灾科普和防灾训练融入其中。除了运动会外，防灾还与体验式戏剧结合，让大人和小孩都可以参与进来。以"有趣的事情比正确的事情更容易让大家理解"为理念，+ arts 常常将"防灾"的概念融入本就很受欢迎的活动，让人们更容易接受和理解火灾科普教育。

总体而言，日本开展了防火活动周、纪念日，作品征集活动，优秀科普

---

① 代志鹏：《浅析日本中小学防灾教育》，《外国中小学教育》2009 年第 2 期。

工作者表彰活动，学校－消防队联动活动，消防应急趣味游戏等多种多样的应急科普教育活动，在覆盖面、趣味性和实用性三个方面都落实得非常不错。

（6）作品传播

日本火灾科普采用了多种作品传播手段，利用多重媒体传播，是全方位、立体化的。

在日本总务省消防厅、东京消防厅等官网上均可找到动画、模型、真人演示等形式的火灾消防逃生急救科普视频，以供国民学习。除了总务省消防厅每年通过报纸、新闻、电视、广播等进行的一般性科普宣教外，传统媒体，特别是出版物，在火灾科普中得到了充分的利用。如针对儿童的启蒙漫画读物，针对成年人的消防应急科普宣传海报和宣传手册等。

但日本各类媒体均为公司化运作的营利性单位，没有播出消防公益广告的义务。消防部门开展的宣传主要采取邀请影视、体育明星作为嘉宾或体验者参加各类消防活动，再通过媒体进行报道，利用明星效应达到宣传科普的效果。

日本作为发达国家，同样重视新媒体的运用，利用社交媒体提高防火科普的影响力。日本推出东京消防厅App，在对紧急信息和通知进行即时发布的同时，也会定期更新推送一些火灾科普知识。日本对于社交媒体的利用更是十分重视。众所周知，日本人对于柴犬有着狂热的喜爱，而在日本京都市下京区消防团永松分团就有一名"柴犬团员"，名叫可可，在2015年以消防犬的身份红遍了日本各大网络。日本消防厅利用可可的网红效应进行防火安全科普，效果斐然。

总体而言，日本对消防应急科普的传播是全方位、立体化的，充分利用了传统媒体、新媒体等渠道，发挥明星效应、网红效应，消防应急科普做得越来越好。

（三）欧洲消防应急科普现状

欧洲有着世界上数量最多的发达国家，因而拥有较为完备的消防应急机制与消防科普体系，也拥有一定的先进经验。多数欧洲国家的消防工作由内务部统筹，内务部下设消防总局作为全国最高消防当局，独立的市或乡村设有消防最基层当局。另外，"地方自治"是欧洲各国消防体系的共性制度安排。这部分国家在全国范围内拥有自上而下的消防系统，能促使各地消防部门接受地方政府的监督，形成双重管理的机制。

欧洲各国均将涉及消防安全科普的机制、路径及具体事项等内容纳入消防安全法规。以社区为单位匹配消防科普资源并开展消防科普活动是欧洲多国在"消防地方自治"制度下的重要特色之一。基层专职科普人员和大量志愿消防队员的存在使得基层科普的质量能得到良好保障。对于火灾易发处，针对性地提供材料防火、建设逃生通道并提供咨询服务。同时，注重为学生、老人等群体及非英语母语等群体匹配特殊消防科普资源。

1. 英国

（1）消防科普机制

消防应急科普是消防工作的重要组成部分，消防工作的开展机制决定了消防应急科普的主体、触发机制和联动机制。英国《消防法》明确了各政府部门在防火、灭火中所应承担的主体责任。英国内务大臣统筹灭火、防火工作，内务部消防局具体承担消防职责。其中，一处负责消防队伍的组织、培训和灭火研究，二处则负责防火工作和火灾统计。[①] 以英国为代表的许多欧洲国家都采取"地方自治"模式，即各郡市自行设置消防机构，开展消防工作。

英国将消防科普工作划分到防火工作范畴，缘于英国的"地方自治"消防管理模式，各地消防科普机构的组建运营、人员结构和经费来源等问题皆由属地政府自行决定。[②] 在英国，很多地区的消防部门都专门设置有社区消防安全教育部，制订专门的公众消防应急科普计划，并负责组织实施。[③] 可见，英国消防安全科普的具体执行主体为各地消防机构和各个社区。

在消防安全科普内容的确定上，英国各地政府针对当地火灾发生的历史

① 《揭秘历史悠久的英国消防制度》，《中国消防》2015 年第 13 期。
② 吕春：《英国消防教育见闻》，《中国消防》2009 年第 4 期。
③ 倪再义：《英国的消防宣传教育》，《中国消防》2007 年第 19 期。

规律和区域地缘特点，因地制宜、有针对性地面向消防安全科普的主要受众生产特定科普内容。

英国有多家以"消防协会"为名的民间机构试图成为串联起消防机构的非政府组织，其中不乏以营利为目的的组织。其成员来自各行各业，协会理事会由各区自由选举产生，由公共消防队、职业消防队和私人消防队的代表共同组成，提供消防业专家咨询服务。

（2）消防科普能力

在政策法规方面，英国对消防救援专业人士进入校园开设消防安全课程有明确规定。英国政府对青少年的消防科普教育是分年龄、分阶段的。其中尤为关注小学阶段的消防教育。针对11岁及以下学生，校园科普的主要任务是教会儿童如何及时、有效地报警和应急逃生，并明确告知儿童不要试图点火、放火、玩火。而对于12~17岁的学生，校园科普活动的任务则转向防火、火灾危害性、人身安全知识及逃生灭火技能的传授上。[①]

在人才储备方面，英国以社区为主导的基层消防科普机制使得基层专业化消防科普人才的储备较为丰富。与此同时，社区志愿者中的人才储备为基层消防科普教育提供了坚强技术支持和丰富形式保证。英国社区安全教育中心采用由大学生志愿者设计的消防知识学习和测试程序软件。如果青少年想到该中心电脑室活动，那么需要先进入该程序，达到合格标准后才可上网。

在消防科普设施的配备上，十余年前，英国便开始注重为社区匹配消防科普资源，在社区建立正规的安全教育中心。许多社区建设了火场模拟演示室，并有灭火救援及消防装备训练的用房，设置了模拟逃生走道等。[②]

在消防科普资源方面，消防救援专业机构组办的行业性媒体兼具专业知识和传播能力。然而，行业性媒体的受众范围存在局限，其他高影响力、高传播力的媒体既是重要科普资源，也是制作者和传播者。英国广播公司（British Broadcasting Corporation，BBC）是英国也是全世界规模最大的新闻

---

① 王荷兰、石水中：《发达国家的公众消防科普教育（下）》，《劳动保护》2009年第12期。
② 王荷兰、石水中：《发达国家的公众消防科普教育（下）》，《劳动保护》2009年第12期。

媒体，以擅长制作科普视频著称。BBC 在消防安全科普专栏通过图文结合的方式梳理了常见火灾原因、易燃品清单、英联邦防火法条、遇到火情后的应急反应和注意事项以及不同种类型火灾的处置方式等数十项科普内容，为面向全社会的消防安全科普提供了极大参考和宝贵资料。

在消防科普活动方面，欧洲各国都会在每年的特定时期组办全国范围内消防安全科普日（周）活动，且有较充足的科普资源长期面向公众开放。英国的职业制消防站平时都会对公众开放，[①] 设有常规科普展览及定期消防科普讲座。

在消防科普作品的传播上，英国针对不同受众群体有定向化科普内容。伦敦市消防部门针对外籍居民和流动人员多的情况，发放直观图画的科普活页，并配有多种语言翻译版本。

部分英国社区活动室墙壁上绘有消防科普宣传图画，展现消防队从接警到出警的全过程，帮助公众了解专业救援队伍在火灾中所能提供的支持和所需要的条件。[②] 校园科普受众在年龄与认知层面存在特殊性，英国拥有专业团队生产校园科普内容，形式主要包括消防卡通画、消防科普视频等。[③] 对不同年龄群体，消防机构亦会基于其差异化认知能力提供适合的科普作品。

2. 俄罗斯

（1）消防科普机制

在消防科普工作的统筹上，俄罗斯对不同主体、不同性质机构的消防科普责任进行明确界定，使得全国性消防科普机制得以建立。《俄罗斯联邦消防安全条例》要求，消防科普工作由国家政权机关、地方自治机关、消防部门和企事业单位组织进行，企业职工的消防训练则由企业的行政管理部门（业主）组织进行。[④]《俄罗斯联邦消防安全条例》还指出，学龄前的幼儿

---

① 倪再义：《英国的消防宣传教育》，《中国消防》2007 年第 19 期。
② 吕春：《英国消防教育见闻》，《中国消防》2009 年第 4 期。
③ 李国辉：《英国针对青少年的消防宣传教育》，《消防科学与技术》2016 年第 4 期。
④ 潘立标、〔苏联〕尼古拉·斯米尔诺夫：《俄罗斯消防安全教育从娃娃抓起》，《消防技术与产品信息》2014 年第 8 期。

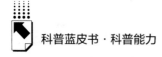

教育机构和义务教育机构需要在国家消防部门的协助指导下，向学龄前儿童和接受义务教育者施以义务消防训练。教育管理机关和消防部门可组建少年志愿消防团，对其进行系统培训与训练，实现深层次的全民消防科普。

（2）消防科普能力

在推进消防科普进入立法内容的层面，以俄罗斯为代表的部分欧洲国家也有针对这一问题的完整思路，并形成了良好成果。在俄罗斯，消防科普工作需根据《俄罗斯联邦消防安全条例》的要求组织进行，对不同行为主体的消防科普责任进行界定，以期实现对不同行业、不同年龄阶段的民众的全覆盖愿景。

在消防安全科普设施的配备上，职业消防学校和消防博物馆是欧洲国家普遍具备的消防科普场所。实体科普场所的优势在于，除印发消防科普材料外，还可以通过举办消防专题展览、讲座等形式开展科普活动。在讲座、展览等科普活动中通过结合既往火灾案例和科普知识介绍的形式，向公众传递应对火灾和疏散逃生的知识技能。

3. 德国

（1）消防科普机制

拥有联邦自治体制的德国没有国家层面的统一的消防行政管理机构，亦没有统一的消防法律法规对全国消防科普体制进行明确，但每个州的法律相差不大。德国设置有专业消防教育培训机构，一方面对志愿消防队队员开展业务培训，另一方面对公众开展消防安全科普。德国庞大的志愿消防队伍规模使得面向大量百姓开展深入消防安全科普成为可能。此外，在德国，房屋建成后需通过消防与建筑部门的共同验收才可投入使用，消防局和消防站还会对各类建筑进行定期检查。在开展此类消防监督工作时，消防机构会同时对被检查场所的民众进行相应消防安全知识的普及。

（2）消防科普能力

志愿消防队伍的存在极大地促进了欧洲消防科普的广度和质量。欧洲国家消防队伍的组成复杂，通常包括公共消防队、职业消防队、私人消防队和志愿消防服务队。在德国，志愿消防队队员的工作属于兼职服务，志愿消防队队员是完全自愿、无偿地开展消防救援工作。志愿消防队队员需要接受过专业消防院校长达 18 个月的消防官培训才能入职，志愿消防队队员一方面通过接受专业训练获得消防知识与消防技能，另一方面通过对周围亲人、朋友的影响实现更大范围的消防科普传播。

此外，德国还设有青少年志愿消防队作为消防人才队伍的"预备役"。青少年志愿消防队成员在业余时间会参加一些消防演习及专业训练，虽然暂时不参与救火工作，但演习及训练实现了对他们的消防科普教育，帮助他们掌握专业的消防知识，成为消防救援和消防科普的新生力量。

四　消防科普体制机制建设建议

消防科普在提升公众应对火灾突发事件的处置能力、心理素质和应急素养方面发挥着重要作用，能最大限度地减少火灾对人民生命健康、财产安全以及经济、社会的冲击。为进一步推进消防科普工作高质量规范化发展，亟须加强消防科普机制建设，构建政府、社会、市场协同推进，日常科普和应急科普互为补充的消防科普工作格局，形成跨部门、跨单位、全社会共同参与的消防科普体系。针对目前我国应急科普存在的问题，从法制建设、协调联动机制、科普资源保障机制、消防科普服务机制等方面提出以下建议。

（一）加强法制建设

当前，我国消防应急科普相关规定散见于《消防法》《中华人民共和国科学技术普及法》《中华人民共和国突发事件应对法》《全民消防安全宣传教育纲要（2011－2015）》等法律法规。这些法律文件都规定了相关机构配合消防部门开展消防公益宣传的责任和义务，但是可操作性不强，在实施过程中难以奏效。因此，为适应消防科普内涵、机制和形式等产生的新变化，亟须整合"碎片化"消防科普法律法规，完善消防科普配套法规和落实办法。

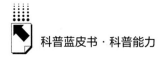

（二）完善协调联动机制建设

建立健全跨部门制度化消防科普联动机制，进一步完善政府部门与媒体、科学家开展应急科普的协同机制。推动将科协作为主导力量的应急科普机制接入应急管理机制，发挥科协系统在科普领域的平台作用、科技人才资源优势与组织优势，与消防部门合作建立科普资源共享平台，与科研机构建立消防科普内容生产平台，与宣传部门建立舆情监管机制，与教育部门、媒体平台分别建立消防科普精准传播模式，与基层社区建立消防科普教育培训机制。构建起横向到边、纵向到底、平战结合的消防科普工作体系。

（三）推进科普资源保障机制建设

充分发挥科协组织人才荟萃、智力密集的优势，将高等院校、行业学会、科研院所、全国学会专家、知名企业纳入消防应急科普机制，建立并完善国家级应急科普专家库和国家级应急科普资源库，打造权威消防应急科普资源集成共享平台。充分发挥科协组织优势，建立并完善涵盖领域广、专业素质高的消防应急科普专家库，形成权威科学家、科普从业人员、科普志愿者等在内的多层次科普人才梯队。搭建信息化平台，建立全方位、多灾种、多领域的消防科普数据资源库，加强应急科普资源生产供给，建立消防科普资源开发与共享体系。

（四）创新消防科普服务机制

消防科普专业性较强，单纯依靠政府开展科普还存在很多难题。因此，让专业的人做专业的事，引入社会力量，依托专业机构开展社会化托管式教育服务，可以有效解决消防教育谁来教、教什么、怎么教、何时教、怎么评等突出问题。以校园科普为例，目前校园消防安全教育托管服务机构以课堂教学、安全主题日活动、应急疏散演练、安全主题研学、安全教室搭建、在线学习、线上测评、绩效可视等为内容，实现了"教、学、练、测、评、管""六位一体"的校园安全教育托管式服务。在全国范围内推广安全教育托管服务模式，面向更多公众开展好消防安全教育，提升广大群众安全素质水平，实现从"要我安全"到"我要安全、我会安全、我能安全"的提升。

五　消防应急科普能力提升对策建议

火灾是严重威胁人们生命和财产安全的多发性灾害之一，通过积极的安全文化、消防应急科普教育，进行灾害事故预防，向公众传播消防安全与应急知识并进行培训演练形成自救互救能力，引导民众树立正确的消防安全理念，形成良好的安全习惯，提升人们的消防安全素质。

通过对国内的消防应急科普现状进行调研和分析可以看到，目前我国各地在火灾宣传和教育培训方面做了较多的工作，开展了形式多样的科普活动。但我国幅员辽阔、人口众多，消防应急科普的人才较为短缺，开展消防应急科普的主要是各级公安部门、政府工作部门、学校，社会组织整体较少，开展的消防科普活动不多；消防应急科普相关企业整体尚处于起步阶段，需要政府的引导和扶持。在科普教育方面，我国目前专业性消防教育已经形成了较为完善的教育机制，但针对公众的消防科普还是阶段性、随机性的，缺乏持续性和系统性。另外，尽管《中华人民共和国突发事件应对法》《中华人民共和国科学技术普及法》等相关法律对公众消防科普教育均做出了相应规定，但这些规定都是粗线条的行政性规定，并没有针对具体措施的要求，更没有关于公众消防科普教育措施实施情况、实施效果的监督检查规定，因而使得公众消防科普教育措施往往偏重形式、缺乏实效性。

而对比国外一些发达国家开展的消防应急科普工作，可以发现值得借鉴的地方。美国的消防应急科普工作，无论是对大学生的专业教育还是对中小学生的消防科普教育，整体都做得很有特色，如构建卡通形象宣传消防知识；对于消防科普场馆，从场馆认证到场馆评估都有较为完善的管理机制，保证了科普场馆的运营能力。日本的消防应急科普工作采取了社区自治消防

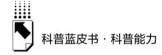
科普机制，能够细化到各个地区，开展适应性和针对性较高的工作，日本鼓励全民参与的社会动员机制，能够保证日本的消防应急科普入户覆盖到家庭，并且日本非常重视消防应急科普在不同年龄层级与不同性别群体中的宣传教育，对在校学生实施分层分级防火科普教育机制，对老年人、行动不便的人、移民和外来人员，日本都有不同的针对性防火科普措施。欧洲各国将涉及消防安全科普的机制、路径及具体事项等内容纳入消防安全法规，以此作为消防科普的执行保障，以社区为单位匹配消防科普资源并开展消防科普活动是欧洲多国在"消防地方自治"制度下的重要特色之一，基层专职科普人员和大量志愿消防队员的存在使得基层科普的质量能得到良好保障。在这些国家中，值得借鉴的一个共同点就是对于消防志愿者队伍的建设。志愿消防员是国外消防应急科普人才的重要组成部分，也是科普实践的有力保障，是消防科普知识传播到基层社区的主要传播力量。

具体到提升消防应急科普能力，《关于加强国家科普能力建设的若干意见》中指出，国家科普能力表现为一个国家向公众提供科普产品和服务的综合实力，主要包括科普创作、科技传播渠道、科学教育体系、科普工作社会组织网络、科普人才队伍以及政府科普工作宏观管理等方面。[1] 国内相关研究对科普能力的评估主要包括科普人员、科普场地、科普经费、科普传媒、科普活动等方面，通过构建指标体系来综合评估科普能力。[2][3][4][5] 本课题借鉴了这种分类，根据消防应急的特征进行完善，将消防应急科普的能力提升分为政策、人才、设施、资源、活动、作品传播六个方面。

---

[1] 科学技术部、中共中央宣传部、国家发展和改革委员会、教育部、国防科学技术工业委员会、财政部、中国科学技术协会、中国科学院：《关于加强国家科普能力建设的若干意见》（国科发政字〔2007〕32号）。

[2] 李婷：《地区科普能力指标体系的构建及评价研究》，《中国科技论坛》2011年第7期。

[3] 任嵘嵘、郑念、赵萌：《我国地区科普能力评价——基于熵权法-GEM》，《技术经济》2013年第2期。

[4] 张慧君、郑念：《区域科普能力评价指标体系构建与分析》，《科技和产业》2014年第2期。

[5] 赵艳君、谢铭：《陕西省科普能力指标体系构建与评价》，《中国科技信息》2019年第23期。

（一）政策

形成具体实施层面的消防应急科普法律。发达国家已经形成了较为完备且可操作的消防应急科普法律体系，国内也有了和消防应急科普相关的法律，即《科普教育法》和《消防法》，但其中对于消防应急科普的规定都是粗线条的行政性规定，对于具体科普工作的开展形式、监督检查要求等并没有具体的规定，使得当前的消防应急科普工作实效性并不高。为提高消防应急科普的能力，需要健全相关的法律体系，更加明确对消防应急科普工作的实施规定，具体来说，可以在《科普教育法》和《消防法》的基础上，各级政府根据地区的实际情况制定具体的消防科普条款。

落实消防设施的完整性保障法规。当前的许多建筑单位在进行消防应急能力科普的时候都强调了火灾自动报警器、灭火器的使用，但实际上许多建筑单位并没有配套完整的、合格的自动报警器和灭火器等消防设施设备，导致消防应急科普工作只是"纸上谈兵"。因此，需要消防部门落实对建筑单位消防设施的监督。

（二）人才

整合消防应急科普的人才。国内消防部门既要负责消防监督和灭火救援，又要负责公共消防宣传和教育任务。当前消防部门的工作重心还是在消防监督和灭火救援上。按照《消防法》修订版中"政府统一领导、部门依法监管、单位全面负责、公民积极参与"的原则，对应到消防应急科普工作，可以整合政府、部门、单位、公民四个方面的人才资源，形成一支高效、专业的消防应急科普队伍。整合消防部门的人员、高校消防安全专业研究人员、消防安全培训机构学员、社区消防安保人员、志愿团体等力量，打造一支专常兼备的人才队伍，完善消防应急科普的专家库、人才库。

增加消防志愿者队伍。对比国外发达国家的消防应急科普现状，不难看出，国外的消防志愿者在消防应急科普工作中发挥了较大的作用。要壮大消

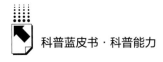

防志愿者队伍，完善对消防志愿者的培训、考核和奖励机制，加速消防应急科普知识的传播，扩大消防应急科普知识的覆盖面。

（三）设施

加强对消防应急科普场馆的管理和考核。国内已经建成了越来越多的消防应急科普场馆，但在实际的管理中，所覆盖的人群相对较低，科普教育形式化较严重，公众在场馆内体验的时间较短、频率较低，并没有真正达到科普教育的目的。应该细化对消防应急科普场馆的管理和考核，真正落实应急科普场馆的科普教育职能。

（四）资源

注重科普知识的科学性。进行消防科普时一定要注意科普知识的科学性，应组织权威专家对科普知识进行审核和更新，保证消防应急科普的知识在应对火灾场景是有效的。在进行消防应急科普时，对象不同科普的知识也应该不同。

注意消防知识的全面性。当前的许多消防应急科普工作，科普的知识主要是如何在火灾之前降低火灾发生的概率、火灾场景下如何救火（火灾初期）及自救（疏散逃生），但对于如何在力所能及的范围下去救助别人缺乏足够的科普。另外，当前的消防科普也主要是对于建筑物内火灾的科普，而对于交通工具火灾（车辆、地铁等）、森林火灾等缺乏足够的应急科普。在建筑物之外的火灾类型和建筑物内部的火灾，其应急科普知识是不一样的，为了更全面地保障人员的消防安全，加强应对及处置建筑物外部的火灾也是很有必要的。

（五）活动

保持消防应急科普活动的常态化和吸引力。当前，国内对于消防应急知识的科普工作，主要集中在几个固定的时间点，许多地方的活动流于形式，缺乏足够的评价、考核和激励机制。活动形式较为单一，对公众缺乏足够的吸引力和互动性。可以尝试构建具有中国特色的消防吉祥物、宣传动画，具有较高知名度和亲和力的消防形象大使等。

注意科普手段的有效性。目前的科普宣教手段大多是课堂宣教，人们是理性的状态，但在真正的火灾下人员并不是理性的状态，对于掌握的"理性"知识并不会很好地应用。① 因此，一方面，需要加强科普频率，让消防安全行为和消防应急能力成为下意识行为；另一方面可以通过新的科技手段进行科普，例如采用虚拟现实（VR）、增强现实（AR）等手段模拟火灾场景，通过场景沉浸式交互体验的科普实践，让公众真正体验到火灾场景下该如何应对。

（六）作品传播

建立各级政府领导、公安消防部门指导，以有关部门为主干，以其他社会力量为辅助的消防应急科普宣传体系，并完善相关的监督和指导机制。当前，消防应急科普宣传工作并未得到各级部门的足够重视，消防科普工作未建立有效的运行机制，各部门履行消防安全科普宣传义务的自觉性不高，也没有建立有效的监督机制。② 另外，对于消防科普宣传教育作品的推广不足。除了对优秀消防科普宣传教育作品进行表彰外，还应该加强对作品的推广，真正发挥消防应急科普作品的作用，提高制作者们的积极性，不断产生新的科普宣教作品。

加大对弱势群体的消防应急科普。消防应急科普能力的短板，是对弱势群体的科普。根据统计，妇女、儿童、老人、残障以及城市外来民工等弱势群体占全国每年火灾伤亡人数的60%。③ 提高弱势群体的消防安全素质将有利于减少火灾伤亡。对于妇女、老人的消防科普可以通过加强基层社区对这

---

① 刘亚民：《消防素质教育 任重道远——访中国消防协会科普教育工作委员会委员王荷兰》，《现代职业安全》2020年第11期。

② 蔡传化：《注重消防科普教育 提高国民安全素质》，《淮南职业技术学院学报》2006年第2期。

③ 蔡传化：《注重消防科普教育 提高国民安全素质》，《淮南职业技术学院学报》2006年第2期。

两类人群的消防科普工作来提高他们的消防安全素质，而针对城市外来民工，由于其居住点较为分散且具有流动性，很容易成为消防应急科普的盲点，对这类人群的消防应急科普工作可以借助劳动部门，将消防应急科普教育纳入岗前培训内容，从而提高城市外来民工的疏散逃生能力和安全防范意识。

科普能力篇

Case Reports

B.6

"十三五"时期我国科普工作
能力建设与发展

刘娅 汪新华 赵璇 赵帆*

摘　要：　本研究以2016～2019年全国科普统计数据为主要支撑,从综合
　　　　能力、科普资源能力、科普效率能力和科普公平能力四个方
　　　　面对我国科普工作能力进行了测度,分析了针对科普资源、
　　　　科普效率、科普公平和科普效果的不同科普工作影响因素。
　　　　研究显示,"十三五"以来,我国科普工作能力发展整体表
　　　　现为波动上升态势,多项科普工作稳定向好,经济发达地区
　　　　领先优势明显,不同部门科普工作各有侧重。同时,也存在
　　　　科普工作理念有待更新、科普经费筹集渠道狭窄、科普基础

* 刘娅,中国科学技术信息研究所研究员,研究方向为科技政策与管理;汪新华,中国科学技
术信息研究所硕士研究生,研究方向为科技政策与管理;赵璇,中国科学技术信息研究所编
辑,研究方向为情报管理;赵帆,中国科学技术信息研究所硕士研究生,研究方向为科技政
策与管理。

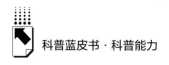

设施建设力度有待加强等问题。在此基础上，本研究提出了科普事业发展要秉持高质量全面发展理念、科普工作布局要更多采取差异化策略、科普工作要加大对"老、少"两个群体的关注、巩固和发展科普工作联席会议等科普协调制度等九条工作建议。

关键词： 科普工作能力　科普资源　科普效率　科普公平

　　21 世纪上半叶是科技革命和产业变革推动全球创新版图重构的关键时期，全民科学素质作为国家或地区综合实力的重要体现，是我国实施创新驱动发展战略的基石，也是人民实现美好生活的重要前提。与"十二五"时期相比，我国"十三五"期间的发展更加强化社会发展目标，以提升全民科学素质为己任的科学技术普及工作也更加受到重视。2016 年，国务院发布《"十三五"国家科技创新规划》，提出我国科普工作要"围绕夯实创新的群众和社会基础，加强科普和创新文化建设。深入实施全民科学素质行动，全面推进全民科学素质整体水平的提升；加强科普基础设施建设，大力推动科普信息化，培育发展科普产业；推动高等学校、科研院所和企业的各类科研设施向社会公众开放；弘扬科学精神，加强科研诚信建设，增强与公众的互动交流，培育尊重知识、崇尚创造、追求卓越的企业家精神和创新文化"。2017 年 5 月，科技部、中央宣传部发布《"十三五"国家科普与创新文化建设规划》，对"十三五"期间科普工作的重点任务进行了安排。因此，为了更加清楚地把握"十三五"以来我国科普工作发展状况，需要围绕科普能力的监测评估开展更多研究与探讨，以形成对我国当前科普工作更多维度、更加深度的理解。

一　研究内容

（一）研究框架

　　科普工作在我国是一项公益性事业，受到政府和社会各界的高度重视。

国家设立了不同层级的科普管理和协调机构，并系统性地投入公共财政资源进行长期支持。这些投入经过以政府为主体的不同部门的作用，通过各类科普资源建设和科普传播活动的实施，转化成为向社会大众输出的、主要体现社会效益的公共服务和公共产品产出。因此，科普能力是完成科普工作任务所体现出来的综合素质，是达成科普工作目标所具备的各类条件和水平，覆盖了科技传播、科学教育、科普创作、科普工作社会组织网络、科普人员队伍以及政府科普工作宏观管理等不同方面。这种能力一方面应当覆盖科普工作的过程，另一方面也需要反映科普工作的成果。从测度评价的视角来看，应当既包含过程性要素，也包含结果性要素。

　　鉴于此，本研究参考科普工作评价相关研究成果以及新公共服务"4E"绩效评价框架的思想，设计了如图1所示的科普能力测度框架，包括四个维度。（1）资源。该维度聚焦科普能力的经济性，通过衡量对科普工作的资源投入状况来反映成本问题。该维度又细分为"人力资源"、"物力资源"和"财力资源"3个子维度。"人力资源"指科普工作的各类从业人员数量；"物力资源"指科普工作的各类基础设施建设，包括固定科普场所和移动科普设施等；"财力资源"指各种渠道的经费支持。（2）效率。该维度反映在给定的资源条件下，科普的人力、物力和财力资源得到利用的情况，即资源配置效率。该维度细分为"人力效率"、"物力效率"和"财力效率"3个子维度。"人力效率"通过测度从业人员角色和结构来间接反映人员的能动性以及在工作中的效率；"物力效率"主要测度场馆的使用效率和对受众所产生的效益；"财力效率"重点考察的是经费的主要流向和配比情况。（3）效果。该维度反映科普工作在多大程度上达到政策目标、运营目标以及其他预期结果。科普工作的目标是通过提高人的科学文化素质，来增强人类认识自然和改造自然的能力。这种能力能够对国家未来的潜绩或是对社会整体的长期福祉发挥作用，因此很难用一些短期、直接、可量化的经济收益类指标来反映。但鉴于科普工作是推进全民科学素质整体水平提升的重要力量，因此效果可以考虑采用"公民科学素质水平"等影响类指标来间接表征。（4）公平。该维度反映社会成员是否在科普资源配置和科普服务方面

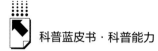

得到平等对待，可细分为"机会公平"和"结果公平"两个子维度。"机会公平"通过测度人均科普资源拥有情况来反映社会公众是否拥有能够提供科普公共产品或公共服务的均等资源；"结果公平"通过人均科普传播产品和科普服务的拥有情况，来反映社会公众在享受公共产品和公共服务方面是否结果均等。

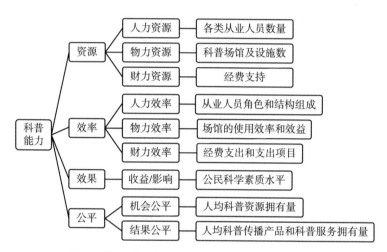

图1 基于"4E"绩效评价的科普能力测度框架

基于上述测度框架，研究组梳理了与科普统计相关的数据，发现"中国公民科学素质抽样调查"中仅2018年调查是在"十三五"期间开展的，因此无法支撑"十三五"时期基于国家层面的时间序列研究。鉴于此，研究组对研究思路进行了修正。首先，开展国家科普能力的综合能力以及科普资源、科普效率和科普公平三个分能力测度，不进行科普效果测度。其次，开展科普能力的影响因素分析。包括：（1）综合能力以及科普资源、科普效率和科普公平三个分维度能力的影响因素测度；（2）以"中国公民科学素质抽样调查"的地区截面数据为科普工作效果表征的科普效果影响因素测度。

（二）指标体系

指标体系设计遵循科学性、综合性、公平性、可操作性原则。通过文献调研和专家调查，建立科普能力评价指标体系（见表1），包括3个一级指

表 1　科普工作能力评价指标体系

一级指标	二级指标	三级指标	单位	指标描述	综合权重
A 资源 (9)	A1 人力 (3)	A11 科普专职人员数	人	统计年度中从事科普工作时间占全部工作时间 60% 及以上的人员	0.030
		A12 科普兼职人员数	人	在非职业范围内从事科普工作,以及科普工作时间不能满足科普专职人员要求的人员	0.020
		A13 科普创作人员数	人	专职从事科普作品创作的人员	0.027
	A2 物力 (4)	A21 三类主要科普场馆个数	个	科技馆个数 + 科学技术类博物馆个数 + 青少年科技馆站个数	0.025
		A22 三类主要科普场馆展厅面积	平方米	科技馆展厅面积 + 科学技术类博物馆展厅面积 + 青少年科技馆站展厅面积	0.020
		A23 公共场所科普宣传设施数	个	城市社区科普(技)专用活动室个数 + 农村科普(技)活动场地个数 + 科普画廊个数	0.022
		A24 科普宣传专用车数	辆	包括科普大篷车及其他专门用于科普活动的车辆数	0.017
	A3 财力 (2)	A31 科普经费投入	万元	年度科普经费筹集额	0.052
		A32 科技活动周经费筹集额	万元	用于科技活动周的经费筹集总额	0.049
B 效率 (11)	B1 人力 (4)	B11 科普专职人员占比	%	科普专职人员数/(科普专职人员数 + 科普兼职人员数)	0.018
		B12 科普创作人员占比	%	科普创作人员数/科普专职人员数	0.028
		B13 科普人员中中级职称及本科学历以上人员占比	%	(科普专职人员中中级职称及本科学历以上人员数 + 科普兼职人员中级职称及本科学历以上人员数)/(科普专职人员数 + 科普兼职人员数)	0.029
		B14 科普兼职人员年平均工作时间	月/人	科普兼职人员投入工作量/科普兼职人员数	0.024
	B2 物力 (4)	B21 三类主要科普场馆单位建筑面积的展出使用率	%	(科技馆展厅面积 + 科学技术类博物馆展厅面积 + 青少年科技馆站展厅面积)/(科技馆建筑面积 + 科学技术类博物馆建筑面积 + 青少年科技馆站建筑面积)	0.022
		B22 三类主要科普场馆单年累计免费开放天数	天/个	(科技馆免费开放天数 + 科学技术类博物馆免费开放天数 + 青少年科技馆免费开放天数)/(科技馆个数 + 科学技术类博物馆个数 + 青少年科技馆站个数)	0.033

科普工作能力

续表

一级指标	二级指标	三级指标	单位	指标描述	综合权重
		B23 三类主要科普场馆单位展厅面积年接待人数	人次/米²	（科技馆年参观人次数+科学技术类博物馆年参观人次数+青少年科技馆站年参观人次数）/（科技馆展厅面积+科学技术类博物馆展厅面积+青少年科技馆站展厅面积）	0.019
		B24 三类主要科普场馆年接待人数	人次/个	（科技馆年参观人次数+科学技术类博物馆年参观人次数+青少年科技馆站年参观人次数）/（科技馆个数+科学技术类博物馆个数+青少年科技馆站个数）	0.023
	B3 财力（3）	B31 科普经费使用额占比	%	科普经费使用额/科普经费筹集额	0.034
		B32 科普活动支出占比	%	科普活动支出/科普经费使用额	0.044
		B33 科普基建支出占比	%	科普基建支出/科普经费使用额	0.069
		D11 每万人拥有科普专职人员数	人/万人	科普专职人员数/万人口数	0.044
	C1 社会机制（4）	C12 每千万人拥有三类主要科普场馆数	个/千万人	（科技馆个数+科学技术类博物馆个数+青少年科技馆站个数）/千万人口数	0.041
		C13 每千万人拥有三类主要科普场馆展厅面积	米²/千人	（科技馆展厅面积+科学技术类博物馆展厅面积+青少年科技馆展厅面积）/千人口数	0.044
		C14 人均科普经费筹集额	元/人	科普经费筹集额/人口数	0.095
C 公平（9）	C2 结果（5）	C21 每万人拥有三类主要科普活动举办次数	次/万人	（科普讲座举办次数+科普展览举办次数+科普竞赛举办次数）/万人口数	0.034
		C22 每十万人拥有重大科普活动次数	次/十万人	重大科普活动次数/十万人口数	0.038
		C23 人均期刊年出版册数	册/人	期刊年出版总册数/人口数	0.025
		C24 人均图书年出版册数	册/人	图书年出版总册数/人口数	0.027
		C25 每百万人拥有科普网站数	个/百万人	科普网站数/百万人口数	0.050

204

标、8 个二级指标、29 个三级指标。总量类规模指标为 9 个，效率类比值指标 20 个。

（三）资料来源

我国自 2004 年开始开展全国科普统计调查工作，形成的数据是国内外政府部门和研究机构普遍引用的权威数据，本研究以 2016～2019 年数据为研究对象开展分析。其他所用数据为国家统计局统计数据以及中国科协 2018 年"中国公民科学素质抽样调查"数据。

（四）研究方法

本研究采用主客观组合法对指标进行赋权。利用层次分析法和专家调查法计算主观权重，采用熵权法计算各指标客观权重，并根据专家建议选择主观权重占比 70%、客观权重占比 30% 进行综合权重计算，各指标权重如表 1 所示。

在此基础上，采用逼近理想解排序法对各年度科普工作能力进行测度。贴近度划分为 4 个等级标准，表示科普工作能力表现的优劣程度，如表 2 所示。

表 2　科普工作能力水平评判标准

贴近度	[0,0.30]	(0.30,0.60]	(0.60,0.80]	(0.80,1.00]
成效水平	较差	中等	良好	显著

采用灰色关联分析法分析科普能力发展中不同因素的相关程度。灰色关联度划分为 4 个等级标准，表示各因素对科普工作开展的影响程度，如表 3 所示。

表 3　科普工作影响因素的影响程度评判标准

灰色关联度	[0,0.30]	(0.30,0.60]	(0.60,0.80]	(0.80,1.00]
影响程度	轻度关联	中度程度	较强度关联	强度关联

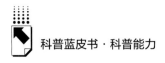
采用相关分析法来把握影响因素对科普效果的影响。相关系数 r 采用 Pearson 相关系数计算，具体判断标准为：$|r| \geq 0.75$，两变量之间具有非常强的相关关系；$0.75 > |r| \geq 0.5$，两变量之间存在较强相关关系；$0.5 > |r| \geq 0.25$，两变量之间存在一般的相关关系；$|r| < 0.25$，两变量之间的相关关系较弱。$r > 0$，两变量之间为正的线性相关关系；$r < 0$，两变量之间为负的线性相关关系。显著性检验采用双侧检验，设定显著性水平 α 为 0.01。

二　主要研究结果

（一）科普工作能力

1. 综合能力

2016～2019 年全国科普工作综合能力贴近度值测算结果如图 2 所示。数据显示，2016～2019 年我国科普工作能力整体态势表现为由中等向良好水平发展，但同时具有较为显著的不稳定特征。2016～2018 年，综合能力贴近度值在 0.4 上下浮动，各年度表现全部处于中等水平。2018 年贴近度值为 0.337，说明该年度综合能力接近较差水平，需要引起关注。2019 年贴近度值大幅提升至 0.670，表明该年度综合能力发展达到良好水平，在 2018 年基础上实现了较大提升。

2. 资源能力

2016～2019 年全国科普工作资源能力贴近度值测算结果如图 3 所示。数据显示，2016～2019 年贴近度值呈现先升后降再升的态势，波动幅度较大。2016～2017 年贴近度值均接近 0.45，表现处于中等水平的中间状态。但 2018 年贴近度值下降至 0.339，表明该年度资源能力接近较差水平。2019 年贴近度值提升至 0.572，说明该年度资源能力发展达到中等接近良好水平。基于 4 个年度的表现，可以看出 2016～2019 年我国科普工作资源能力表现为一直在中等水平区内波动，并具有较为显著的不稳定特征，这在一

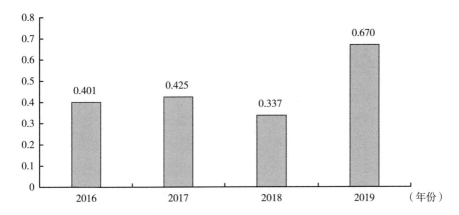

图 2　2016～2019 年科普工作综合能力贴近度表现

定程度上反映出我国科普工作资源对科普工作能力建设的支撑作用有待继续加强。

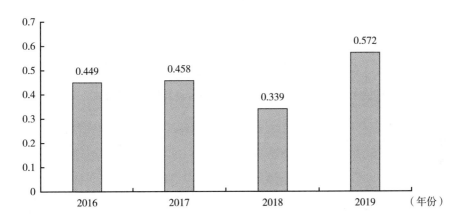

图 3　2016～2019 年科普工作资源能力贴近度表现

资源维度中人力资源、物力资源、财力资源的权重比较接近，三者共同支撑科普工作的有序开展。2017～2018 年科技活动周经费筹集额、公共场所宣传设施数、科普兼职人员等多项资源指标均呈下降态势，因此这两年科普资源成效贴近度出现一定波动。2019 年除公共场所科普宣传设施、科普宣传车等少数指标外，其余多项资源指标均出现较大幅度增长，故该年度资源成效贴近度明显上升。

（1）人力资源

科普工作发展离不开科普人才队伍的支撑。从全国范围来看，我国从中央到地方基层的科普体系规模庞大，工作点多面广，需要大量科普人员来发挥其关键作用。2016～2019年全国科普专职人员及兼职人员规模如图4所示，科普创作人员规模如图5所示。

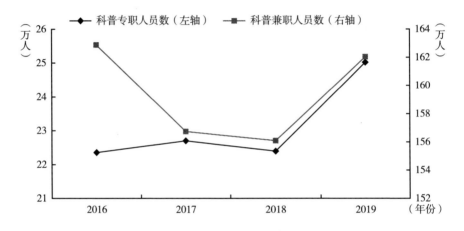

图4　2016～2019年全国科普专职人员及兼职人员规模

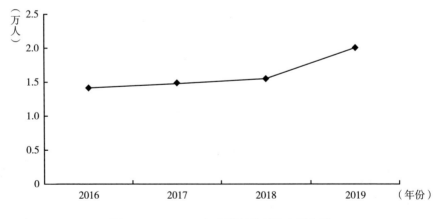

图5　2016～2019年全国科普创作人员规模

中国科协制定的《科普人才发展规划纲要（2010－2020 年）》（以下简称《纲要》）提出："到 2020 年，全国科普人才总量达到 400 万人，其中专职人才 50 万人，兼职 350 万人（含注册科普志愿者 220 万人）。"由图 4 可知，2016～2019 年，我国专兼职科普人才队伍规模大致在 180 万人上下浮动，其中专职人员规模为 22.35 万～25.02 万人，与《纲要》设定目标相比存在不小差距。

2016～2019 年科普专职人员规模总体呈现上升态势，但数量变化不大。专职人员数量仅为科普兼职人员数量的 1/7 左右，说明科普专职人员规模较小且为较为稳定的状况。科普兼职人员在 2016～2018 年处于持续减少的状态，2018 年降至最低 156.09 万人，2019 年增长至 162.03 万人，反映出兼职人员队伍不稳定的现状。科普作品是科普工作的源头活水，科普作品的繁荣离不开科普创作人员。作为科普专职人才队伍中的基础人才，科普创作人员在 2019 年数量最多，达到 2.01 万人，2016 年仅有 1.41 万人，这表明科普创作人员数虽然在 4 年内持续小幅增长，但总体规模仍然偏小。

（2）物力资源

2016～2019 年全国三类主要科普场馆个数及展厅面积情况如图 6 所示，公共场所科普宣传设施和科普宣传车情况如图 7 所示。

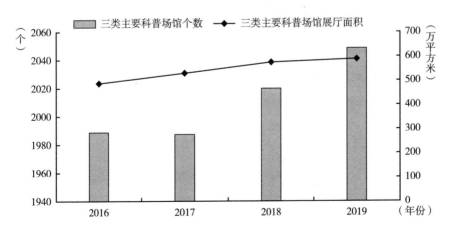

图 6　2016～2019 年全国三类主要科普场馆个数及展厅面积

科普基础设施是科学技术知识普及的主要阵地，是为公众提供科普服务的重要平台。从20世纪80年代起，我国科普场馆开始大规模建设。从图6可知，2016～2019年三类科普场馆的数量处于持续增长的状态，2019年已达到2049个。与之相对应的是，科普场馆展厅面积也在不断增加，2019年达到590.59万平方米。场馆的增加，增大了吸引和容纳更多的公众参观与学习、接触科学技术实践的机会。

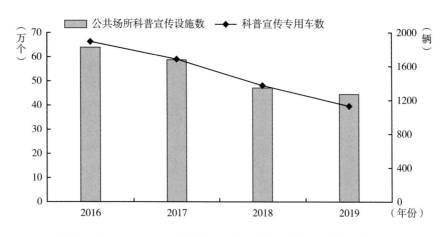

图7　2016～2019年全国公共场所科普宣传设施数和科普宣传车数

公共场所科普宣传设施的引入是将科普知识融入公众日常生活和加强基层科普能力的重要手段。对于经济不发达地区和偏远少数民族地区来说，移动式科普宣传设施是普及科学知识的重要途径。从图7可知，2016～2019年公共场所科普宣传设施和科普宣传车在4年内均呈持续下降的趋势。2019年公共场所科普宣传设施数为44.69万个，比2016年下降30.35%；科普宣传车数量为1135辆，比2016年下降40.20%。主要原因应当在于我国多年来的政府扶贫攻坚行动和信息化基础设施工程丰富了基层民众和偏远地区公众参与科普的方式，因此公共场所科普设施和科普宣传车的作用出现了一定程度的弱化。

（3）财力资源

2016～2019年全国科普经费投入与科技活动周经费筹集情况如图8所

示。科普经费是科普工作持续发展的根本保障。2016～2019年科普经费投入在总体上呈现持续上升态势,2019年科普经费投入达到185.52亿元,比2016年增长22.07%。由于科普工作具有鲜明的公益性特点,4年中我国科普经费主要来源仍然是政府财政投入,科普经费筹集渠道较为狭窄的局面并未出现明显变化。科技活动周是我国群众性科普活动的品牌代表,因其能产生广泛影响而备受社会关注。2016～2019年科技活动周经费筹集额呈现下降态势,2019年全国经费为4.19亿元,比2016年减少16.77%。

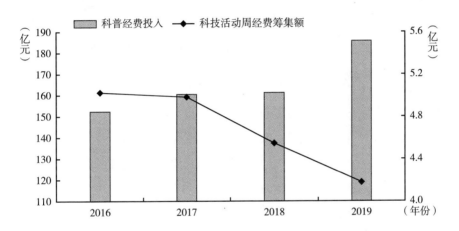

图8   2016～2019年全国科普经费投入与科技活动周经费筹集额

3. 效率能力

2016～2019年全国科普工作效率能力贴近度值如图9所示。数据显示,2016～2019年其贴近度值呈现波动幅度较大的先升后降再升态势。2016～2018年贴近度值介于0.3～0.60,效率能力表现均处于中等水平状态。其中,2017年贴近度值接近0.60,说明该年度效率能力接近良好水平。2019年贴近度值增加显著,达到0.664,说明该年度效率能力发展达到良好水平。基于4个年度的表现,可以看出2016～2019年我国科普工作效率能力表现为由中等向良好水平发展,但同时波动明显。

效率维度中财力资源效率权重较人力资源效率权重和物力资源效率权重更大,其在科普工作效率中发挥了更多作用。2017年,科普人员中中级职

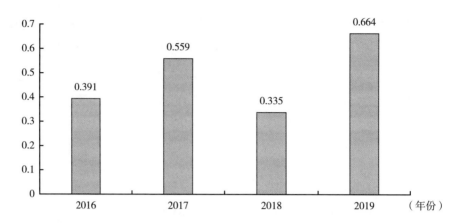

图9 2016～2019年全国科普工作效率能力贴近度表现

称及本科学历以上人员占比、三类主要科普场馆单位展厅面积年接待人数、场馆单馆年接待人数增加，而其他资源指标变化波动幅度较小，因此该年度效率能力比2016年有所上升。2018年，科普财力效率指标均出现下降，且科普人员中中级职称及本科学历以上人员占比继续下降，因此效率能力明显下滑。2019年除科普活动支出占比下降外，其余效率指标均上涨，因此该年度效率能力大幅上升。

（1）人力效率

科普工作发展不仅对科普人才队伍规模有要求，科普人员的素质水平也会直接影响科普工作开展的效率。2016～2019年全国科普专职人员占比、科普人员中中级职称及本科学历以上人员占比、科普创作人员占比如图10所示，科普兼职人员年平均工作时间如图11所示。

相对于非专职人员来说，科普专职人员在科普工作开展过程中拥有更多专业知识、工作经验和职责要求，因此在高质量地完成工作和解决科普工作过程中遇到的问题方面具备更多优势。2016～2019年我国科普专职人员数量最高只占科普人员总数的13.38%（2019年），4年内占比基本稳定在12%左右，呈现以专职人员为中坚引领，兼职人员为外围补充的"小核心＋大网络"的格局。2016～2019年我国科普人员中中级职称及本科学历以上人员比例在53.76%～55.14%，处于基本稳定态势，但离中国科协

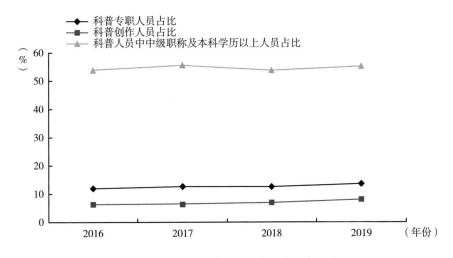

图10　2016～2019年全国各类科普人员构成占比

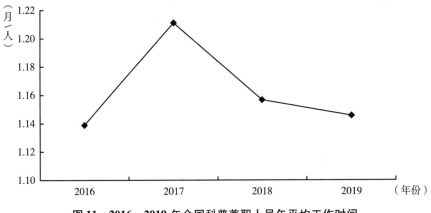

图11　2016～2019年全国科普兼职人员年平均工作时间

《纲要》提出的"到2020年实现全国科普中级职称及大学本科以上学历的科普人员占科普人员总数的75%"的目标差距依然较大。全国科普创作人员占比在4年期间呈小幅度上升态势,但最高也仅达到8.03%(2019年)。对于兼职人员来说,科普工作是在本职工作之余完成的,因此在工作时间上没有较为固定的保障。由图11可知,我国科普兼职人员平均每年每个人的科普工作时间在1个月左右,2017年最多,也仅为1.21月/人,与科普专职人员工作时间相比有很大差距。

从上述数据可以看出，我国科普专职人员、科普创作人员以及科普人员中级职称及本科学历以上人员队伍的相对稳定规模与当前社会公众日益增长的科普需求是不完全相称的，队伍长效培养和输送机制的建设迫在眉睫。同时，科普兼职人员作为科普专职人员的储备力量，社会还要鼓励和倡导他们更积极地参与科普事业，并不断着力发掘新的兼职科普人才资源。

（2）物力效率

2016～2019年全国三类主要科普场馆单位建筑面积的展出使用率如图12所示，三类主要科普场馆单馆年累计免费开放天数及接待人数如图13所示，三类主要科普场馆单位展厅面积年接待人数如图14所示。

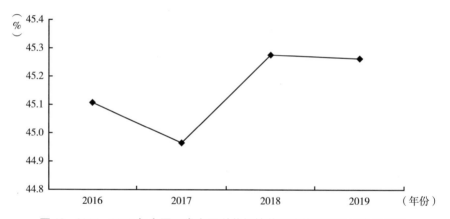

图12　2016～2019年全国三类主要科普场馆单位建筑面积的展出使用率

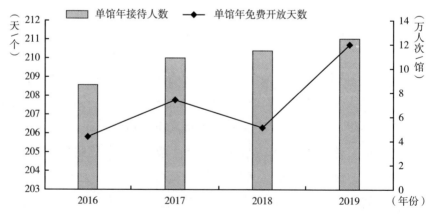

图13　2016～2019年全国三类主要科普场馆单馆年累计免费开放天数及接待人数

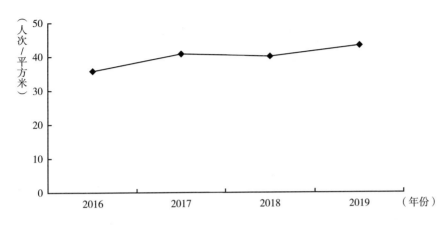

图14 2016～2019年全国三类主要科普场馆单位展厅面积年接待人数

展厅面积与建筑面积的比例可以在一定程度上反映科普场馆的功能比例和建设投资的公众受益程度,是科普场馆利用率的反映指标之一。由图12可知,2016～2019年我国三类主要科普场馆单位建筑面积的展陈利用率在45%左右,基本保证了科普场馆的建设效率。从图13可知,2016～2019年全国三类主要科普场馆单馆年累计免费开放天数保持在205～210天,约占到全年天数的56%,总体符合2015年中国科协等三部门发布的《关于全国科技馆免费开放的通知》要求:"2015年,结合科技馆的运行状态,原则上常设展厅面积1000平方米以上,符合免费开放实施范围的科技馆实行免费开放。2016年以后,鼓励和推动符合免费开放实施范围的其他科技馆实行免费开放"的规定。场馆免费开放力度加强带来了观众量的持续上升,2016～2019年我国科普场馆单馆年度参观人数从2016年的8.70万人次增加到2019年的12.48万人次。在使用效率上,4年期间三类主要科普场馆单位展厅面积年接待人数整体处于小幅上升状态,达到35.67～43.32人次/平方米(见图14)。我国《科学技术馆建设标准》要求"科技馆常设展厅单位面积年观众量可按30～60人预计",可见我国科普场馆单馆实际接待人数虽然整体达到国家要求,但与设计最高接待能力相比还有较大差距,因此场馆使用效率仍有待进一步提升。

（3）财力效率

2016～2019年全国科普经费使用额占比如图15所示，科普活动支出占比和科普基建支出占比如图16所示。

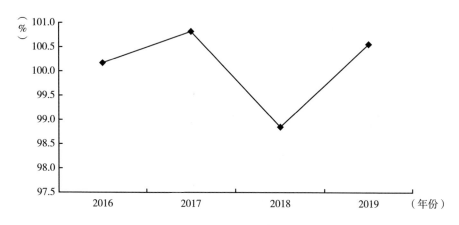

图15　2016～2019年全国科普经费使用额占比

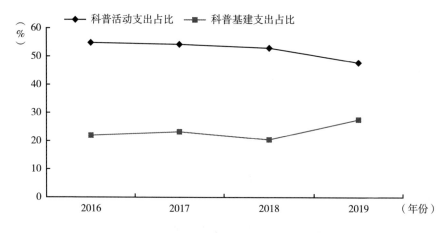

图16　2016～2019年全国科普活动支出占比和科普基建支出占比

科普经费使用额占比反映了科普工作对科普经费的需求度以及科普工作是否充分开展。由图15可知，2016～2019年我国科普经费使用额占比在100%上下小幅波动，说明科普工作经费使用效率处于收支较为均衡的稳定状态，经费应收尽支，收支结构较为合理。在经费使用项目中，科普活动与科普基建占较大比例。科普活动是面向公众进行科学传播的主要方式，包括展览式、体验式和互动式等在内的各种活动具有可观性、参与性和通俗性，满足了社会不同人群对科普服务的不同体验要求。2016～2019年，尽管科普活动支出占比持续下降，从 2016 年的 55.01% 下降到 2019年的 47.40%，但基本达到当年科普经费使用额的 50% 左右，说明科普活动仍是我国科普事业发展中最主要的投入方向。科普基建支出占比在 4 年间一直保持在 20% 以上，2019 年由于基建支出明显增长，占比达到27.69%，反映出科技基础设施建设持续进行，科普工作开展离不开科普基础设施的支撑。

4. 公平能力

2016～2019 年全国科普工作公平能力贴近度值测算结果如图 17 所示。数据显示，2016～2019 年贴近度值呈现先降再升的态势，变化幅度较大。2016～2018 年贴近度值均介于 0.30～0.40，全部处于中等水平区间的偏低状态。2017 年贴近度值为 0.315，表明该年度公平能力接近较差水平。2019年贴近度值提升至 0.735，说明该年度公平能力达到良好水平，较前 3 年有了很大改善。4 个年度的表现说明 2016～2019 年我国科普工作公平能力多为中等偏下水平，但 2019 年度进步显著。

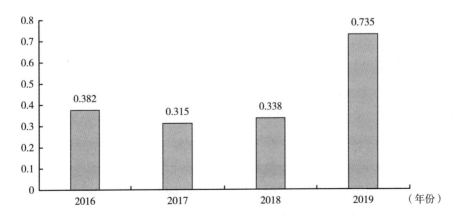

图17 2016～2019 年科普工作公平能力贴近度表现

公平维度中机会公平权重较之结果公平权重更大，可以理解为资源占有平均化会更多地促进科普工作结果的公平性。2017 年公平贴近度下降的原因主要在于每万人拥有三类主要科普活动举办次数、每百万人拥有科普网站数的减少。2018 年公平贴近度微幅增长主要是由于每千人拥有科普场馆展厅面积上升。2019 年公平贴近度增长较快的原因在于，除每十万人拥有重大科普活动次数略有下降外，其余公平指标值均比上年有所上升。

（1）机会公平

2016～2019 年全国单位人口拥有科普专职人员数、科普场馆资源、科普经费筹集额的表现分别如图 18、图 19 和图 20 所示。

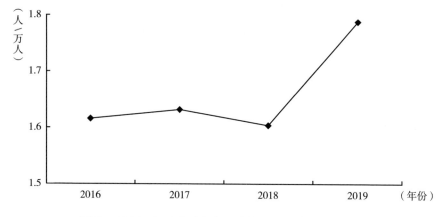

图 18　2016～2019 年全国每万人拥有科普专职人员数量

机会公平是每个公民能够获得公平服务的基础。科普的机会公平即为人人都有机会获得资源来参与科普，即平等地给予每个人以相同的物质资源——科普资源平均化。由图 18 可知，2016～2018 年我国每万人口拥有科普专职人员数基本保持在 1.60 人／万人左右，2019 年上升到 1.79 人／万人，说明全国范围内社会大众能够接受科普专职人员服务的机会基本平稳并有所改善。由图 19 可知，2016～2019 年我国每千万人拥有三类科普场馆数大致维持在 14 个左右，整体处于小幅度上升态势。科普场馆设施规模的持续扩大带来场馆展厅面积的增加，2016～2019 年全国每千人拥有三

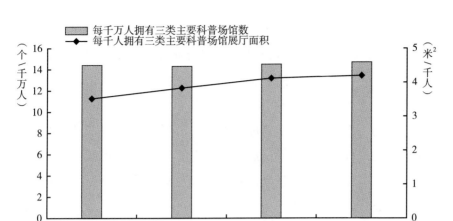

图19　2016～2019年全国单位人口拥有科普场馆数量和场馆展厅面积

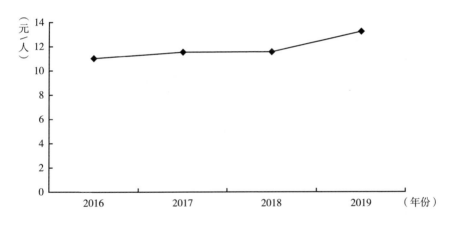

图20　2016～2019年全国人均科普经费筹集额

类科普场馆展厅面积从3.51平方米持续增长到4.22平方米。由图20可知，2016～2019年我国人均科普经费筹集额由10.99元增加至13.25元，这表明全国范围内人均科普经费投入在不断增加。综上所述，"十三五"时期以来在我国人口总量增加的情况下，人均拥有科普资源量整体均呈现小幅增长态势。这一方面反映出近年来国家科普资源配置总量在不断增加，另一方面也说明国家为每个公民创造的接触科普教育和享受科普服务的机会在不断增加。

（2）结果公平

结果公平指的是人们参与社会活动之后得到的待遇和分配等具有公正性。结果公平是衡量最终公平与否的重要指标。单位人口科普活动服务和科普传播产品的拥有量显示了公众享受科普公共产品和公共服务的结果公平。

科普活动不仅能让公众学到科学知识，而且能增强公众的动手能力和表达能力，是促进科普工作有效开展的重要手段。由图 21 可知，2016～2019年全国每万人可参与的科普活动次数为 7.55～8.83 次，处于先小幅下降后明显攀升的态势。人均科普活动次数稳中有变的实现，一是通过全国科技活动周、中国科学院"科学节"和"公众科学日"、中国科协"全国科普日"、上海科技节等大型系列活动，点多面广地为全社会公众参加科普活动提供了便利；二是在不具备实地举办的条件下，通过微信、微博以及电脑客户端等渠道开展的科普活动扩大了受众面。四年间每十万人拥有重大科普活动次数为 1.68～2.00 次。虽然整体来看处于下降态势，但其基数小且受众范围相对较小，因此对全社会人群的影响并不大。由图 22 可见，2016～2019 年全国范围内每百万人拥有科普网站数 1.85～2.15 个，变化不明显，但可以反映出公众参与科普活动的渠道和方式更加多样化。

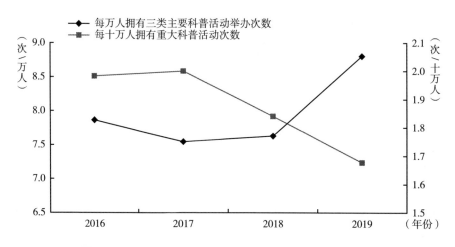

图 21 2016～2019 年全国单位人口可参与的科普活动数量

图 23 显示，2016～2018 年人均科普图书出版数和期刊出版数下降趋势较为明显，尤其是人均科普期刊出版数降速较大，2019 年开始有所回升。出现此情况部分原因在于 2018 年国家机构改革后新闻宣传系统机构划归宣传部门管理，而宣传部门 2020 年才纳入全国科普统计调查工作的统计范围。但不可否认的是，在互联网不断蓬勃发展的当前，新媒体影响力在日益扩大，科普纸质传媒和其他类型纸质传媒一样，都遭受了较大冲击。

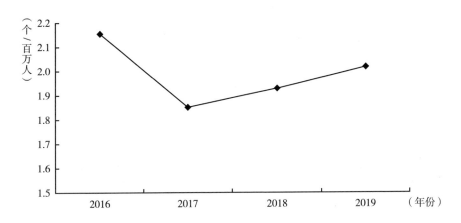

图 22　2016～2019 年全国每百万人拥有科普网站数量

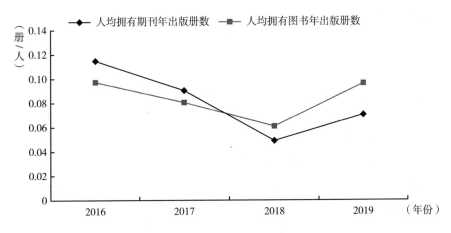

图 23　2016～2019 年全国人均拥有期刊、图书的数量

（二）科普能力影响因素

根据前述"十三五"期间国家科普能力的评价指标，拆解出 23 个基于全国科普统计调查工作的基础数据指标，如表 4 所示。这些基础数据覆盖了科普经费、科普人员、科普基础设施、科普活动、科普传播等方面，贯穿了我国科普工作的各个工作链条，是影响我国科普工作能力发展的因素。因此，采用灰色关联分析来进一步挖掘这些基础指标与科普能力的关联关系，揭示不同因素在"十三五"期间科普工作能力发展中的作用，从而为未来科普工作部署提供更为精确的关注重点。

表 4　科普工作能力的影响因素指标

序号	因素指标	序号	因素指标
1	科普经费筹集额	13	三类主要科普场馆建筑面积
2	科技活动周经费筹集额	14	三类主要科普场馆展厅面积
3	科普经费使用额	15	三类主要科普场馆年累计免费开放天数
4	科普基建支出	16	三类主要科普场馆年参观人数
5	科普活动支出	17	三类主要科普活动举办次数
6	科普专职人员数	18	重大科普活动次数
7	科普创作人员数	19	科普图书出版册数
8	科普兼职人员数	20	科普期刊发行册数
9	科普兼职人员年工作量	21	科普网站数
10	专职中级职称及本科学历以上科普人员	22	公共场所科普宣传设施数
11	兼职中级职称及本科学历以上科普人员	23	科普宣传车数
12	三类主要科普场馆个数		

1. 综合能力影响因素分析

（1）分维度能力关联度分析

基于贴近度的灰色关联分析显示，科普工作综合能力与资源能力、效率能力、公平能力的关联度值均在 0.679 以上，如表 5 所示，全部达到较强关联程度。其中，综合能力与效率能力和资源能力的关联更加紧密。这说明随着科普工作覆盖范围的扩大、渠道延展以及工作方式的转变，我国当前以优化资源结构、提高效率和加大资源投入支撑为特征的科普工作范式对科普工作综合能力形成具有显著影响。同时，由于国家对公益性科普工作和经营性科普产业协调发展的政策导向，加上社会公众科普意识的逐渐增强，社会对科普公平的关注也会随之强化，未来科普工作推进中资源公平享有对科普能力建设发挥的影响作用可能会更加明显。

表 5　科普工作能力分维度关联度

	资源能力	效率能力	公平能力
综合能力	0.714	0.793	0.679

（2）影响因素关联度分析

23 个影响因素指标与科普工作综合能力的关联度值区间范围为 0.641～0.885，其中 5 项指标关联度值>0.8，如表 6 所示，因此表现为较强程度关联或强度关联，故 23 个因素指标在科普综合能力建设中均发挥了较强的影响作用。按照关联度的高低顺序，前 5 位指标分别为：科普基建支出>科普创作人员数>科普经费使用额>科普经费筹集额>专职中级职称及本科学历

表 6　科普工作综合能力影响因素关联度

影响因素	关联度	影响因素	关联度
科普基建支出	0.885	三类主要科普场馆年累计免费开放天数	0.782
科普创作人员数	0.836	科普兼职人员数	0.777
科普经费使用额	0.817	三类主要科普场馆个数	0.777
科普经费筹集额	0.810	三类主要科普场馆展厅面积	0.774
专职中级职称及本科学历以上科普人员	0.805	三类主要科普场馆建筑面积	0.773
科普活动支出	0.799	科普网站数	0.763
科普专职人员数	0.796	三类主要科普场馆年参观人数	0.748
科普兼职人员年工作量	0.796	公共场所科普宣传设施数	0.746
科技活动周经费筹集额	0.792	科普宣传车数	0.728
重大科普活动次数	0.791	科普图书出版册数	0.718
兼职中级职称及本科学历以上科普人员	0.791	科普期刊发行册数	0.641
三类主要科普活动举办次数	0.786		

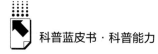

以上科普人员。因此，这些因素具有更为明显的主导作用。相比较而言，科普期刊发行册数关联度值靠后，其关联度值也明显小于其他影响因素，因此在科普综合能力建设中所起作用并不突出。

基于影响因素指标关联度的上述表现，我国科普工作体系中科普经费投入和使用、科普人员队伍规模、素质和不同角色在科普工作能力建设中重要性凸显。充足的资金是科普工作赖以运行的最基本物质基础，我国科普事业发展中政府财政资金长期发挥着主导作用，并不断吸引社会资金的投入。在资金使用上，科普基建支出和科普活动资金占比在 70% 及以上，说明基础设施建设是科普工作开展的基本支撑，在此基础上科普活动才能得以顺利开展。而各类科普活动是我国开展科普工作落实的抓手，通过多样化形式作用于不同受众，才能不断打造全民科普的社会氛围。此外，科普工作的开展离不开科普人才队伍的支撑，科普人才队伍不仅在规模上有要求，科普人员的素质水平同样重要。中级职称或本科学历以上人员数、科普工作量、科普创作人员等科普专职人员均是提高科普工作效率、提升科普服务水平不可或缺的基础。因此，优化科普人才队伍内部结构，会更有利于满足公众日益增长的科普文化需求。

2. 资源能力影响因素分析

科普资源能力影响因素共 9 个，关联度值区间范围为 0.742 ~ 0.824，其中两项指标关联度值 > 0.8，如表 7 所示。9 个影响因素与科普资源能力均形成较强程度及以上关联，说明这些指标所表征的科普资源在科普工作中

表7　科普资源能力影响因素关联度

影响因素	关联度	影响因素	关联度
科普经费筹集额	0.824	公共场所科普宣传设施数	0.773
科普专职人员数	0.813	科技活动周经费筹集额	0.762
三类主要科普场馆展厅面积	0.779	科普兼职人员数	0.757
科普创作人员数	0.776	科普宣传车数	0.742
三类主要科普场馆个数	0.773		

均起到较好支撑作用。尤其是靠前的科普经费筹集额、科普专职人员数两个指标，分别涉及了科普经费和科普人员，说明财力资源和人力资源在科普资源能力形成中发挥了重要作用。

3. 效率能力影响因素分析

科普效率能力影响因素共 15 个，关联度值区间范围为 0.612～0.745，如表 8 所示。影响因素与科普效率能力全部形成较强程度关联。其中，排在前 5 位的是：科普基建支出 > 三类主要科普场馆年参观人数 > 科普创作人员数 > 兼职中级职称及本科学历以上科普人员 > 科普经费使用额，但仅有科普基建支出的关联度 > 0.7，因此整体而言 15 个影响因素对科普效率能力形成的作用比较均衡。鉴于科普基建支出和科普经费使用额可统归为科普经费，科普创作人员数、兼职中级职称及本科学历以上科普人员可统归为科普人员，因此相对而言，科普经费和科普人员在科普效率能力形成上发挥的作用更加明显。三类主要科普场馆的 4 个指标中，除年参观人数以外，其他 3 个指标与科普工作效率关联度相对靠后，说明场馆自身建设在科普工作效率方面发挥的作用并不突出。

表8　科普效率能力影响因素关联度

影响因素	关联度	影响因素	关联度
科普基建支出	0.745	专职中级职称及本科学历以上科普人员	0.635
三类主要科普场馆年参观人数	0.675	科普兼职人员数	0.634
科普创作人员数	0.658	科普活动支出	0.631
兼职中级职称及本科学历以上科普人员	0.643	三类主要科普场馆年累计免费开放天数	0.623
科普经费使用额	0.641	三类主要科普场馆个数	0.620
科普兼职人员年工作量	0.637	三类主要科普场馆建筑面积	0.612
科普专职人员数	0.636	三类主要科普场馆展厅面积	0.612
科普经费筹集额	0.635		

4. 公平能力影响因素分析

科普公平能力影响因素指标共 9 个，关联度值区间范围为 0.715～0.829，如表 9 所示。影响因素与科普公平能力均形成了较强程度及以上关联。其中，仅科普网站数的关联度 > 0.8，因此，相对而言，对公平能力的影响作用更大。从排在前 3 位的科普网站数、三类主要科普活动举办次数、科普图书出版册数可以看出，三个影响因素分别涉及科普传媒和科普活动，一定程度上说明了通过传统媒体和新媒体进行科普传播，以及通过科普活动的举办可以有效地拓宽公众接触和参与科普的渠道，从而促进我国科普工作的公平性提升。

表9　科普公平能力影响因素关联度

影响因素	关联度	影响因素	关联度
科普网站数	0.829	三类主要科普场馆个数	0.761
三类主要科普活动举办次数	0.787	科普经费筹集额	0.753
科普图书出版册数	0.783	三类主要科普场馆展厅面积	0.718
重大科普活动次数	0.773	科普期刊发行册数	0.715
科普专职人员数	0.768		

5. 效果影响因素分析

科普工作的重要目标是通过提高公众科学文化素质来增强人类认识自然和改造自然的能力，故公民科学素质水平在一定程度上反映了科普工作效果。23 个与科普综合能力存在关联关系的科普统计调查工作基础指标数据覆盖了科普经费、科普人员、科普基础设施、科普活动以及科普传媒五个方面，反映了科普工作的不同侧面，是科普工作构成的基本要素。下面基于这五个维度，将 2018 年第十次"中国公民科学素质抽样调查"的"公民科学素质水平"地区截面数据作为科普工作效果的表征，通过相关分析方法分析这些要素与公民科学素质水平的关系特征，以在一定程度上间接地反映不同科普工作要素对科普效果能力的影响。考虑"公民科学素质水平"的表现应当滞后于科普工作的开展，但工作实践中却难以切分产生影响的准确时间，因此参考北京交通大学的相关研究结果，本部分设定科普工作开展后第二年能够开始对公民科学素质建设发挥影响作用，故科普工作基础数据选用 2017 年数据。

（1）科普经费

科普经费类指标包括科普经费筹集额、科技活动周经费筹集额、科普经费使用额、科普基建支出、科普活动支出。

表10显示，5个科普经费类指标与"公民科学素质水平"的相关关系检验概率都近似为0，因此当显著性水平为0.01时，拒绝相关系数检验的零假设，认为5个科普经费类因素均与"公民科学素质水平"存在相关关系。基于所有r值均>0.6，因此，5个科普经费类因素与"公民科学素质水平"为较强的正相关关系，也就是各类科普经费投入对我国公民科学素质水平的改善都具有推动作用。其中，科普经费筹集额、科普经费使用额、科普活动支出这3个因素的r值均>0.8，表明科普经费无论是投入还是使用都将很大程度地提升社会公众吸纳科学文化知识的能力。尤其是在这些经费支持下开展的各类科普活动，其组织方式较为多样和灵活、内容也能够顺应社会需求而动态调整，因此能够最直接和最广泛地作用于受众，由此对公民科学素质的提升发挥最突出的作用。相比较而言，5个科普经费类因素中科技活动周经费筹集额、科普基建支出的r值略小，原因可能为：一是与科技活动周本身频次相对较少，因而受众覆盖面相对有限有关；二是科普基建投入主要用于科普工作开展的各种物质基础的建设与改造，尽管这对科普工作发展非常必要，但其发挥的作用是通过场馆、设施、设备等间接地与社会公众建立联系且可能需要较为缓慢的过程，因此相关性表现不是特别明显。

表10 科普经费类指标的相关性表现

		公民科学素质水平	科普经费筹集额	科技活动周经费筹集额	科普经费使用额	科普基建支出	科普活动支出
公民科学素质水平	Pearson 相关性	1	0.841 **	0.737 **	0.831 **	0.628 **	0.846 **
	显著性（双侧）		0.000	0.000	0.000	0.000	0.000
	N	31	31	31	31	31	31

注：** 表示在0.01水平（双侧）上显著相关。

（2）科普人员

科普人员类指标包括科普专职人员数、科普创作人员数、科普兼职人员数、科普兼职人员年工作量、专职中级职称及本科学历以上科普人员、兼职中级职称及本科学历以上科普人员。

表11显示了对6个科普人员类指标与"公民科学素质水平"的相关分析结果。显然，仅有科普创作人员相关关系检验的概率近似为0，因此当显著性水平为0.01时，拒绝相关系数检验的零假设，认为该因素与"公民科学素质水平"存在相关关系。由于r值>0.75，该因素与"公民科学素质水平"之间的关系是一种较强的正相关关系。这在一定程度上可以理解为专职科普人员中科普创作人员队伍规模的扩大，使科普作品、科普产品的产出数量增多且质量得到改善，社会大众从这些作品和产品中所获得的知识和技能也因此而增加，相应的公民科学素质水平得到提升。但值得注意的是，其余5个科普人员类因素相关关系检验的概率均明显高于0.01，因此，当显著性水平为0.01时，不能拒绝相关系数检验的零假设，所以分析表明，5个因素与"公民科学素质水平"均不存在明显的相关关系。从一般性认识角度而言，科普专职和兼职人员队伍的规模和结构会影响开展的科普工作内容和方式，由此在帮助社会大众获取信息、知识和技能方面能够发挥较大作用。但本部分研究并未得出能够明确支持该观点的直接结论。分析原因，一方面可能在于本节的研究假设是基于非常有限的时间序列数据而得出的，因此未来还需要在数据支撑可获得的情况下，对于关系的构建和数据对象选择开展更多研究工作；另一方面也可能在于除少数讲解人员直接与受众接触以外，大多数科普人员的工作更多体现在制作科普作品、展品、产品以及组织各种形式的科普活动中，因此这种投入和受众的体验之间难以建立起一种可直接明确计量的影响关系。尽管如此，研究组发现上述结果与研究设计中通过专家调查法和层次分析法获得的科普能力评价指标的主观权重表现出了一定程度的吻合性。专家们对指标重要性的主观判断也认为，与科普经费等指标相比，科普从业人员队伍的规模和构成对科普能力形成的作用会相对薄弱。因此，上述分析结果一定程度上是可以接受的。

表 11　科普人员类指标的相关性表现

		公民科学素质水平	科普专职人员数	科普创作人员数	科普兼职人员数	科普兼职人员年工作量	专职中级职称及本科学历以上科普人员数	兼职中级职称及本科学历以上科普人员
公民科学素质水平	Pearson 相关性	1	0.192	0.771 **	0.210	0.206	0.330	0.282
	显著性（双侧）		0.300	0.000	0.257	0.265	0.070	0.124
	N	31	31	31	31	31	31	31

注：** 表示在 0.01 水平（双侧）上显著相关。

（3）科普基础设施

科普基础设施类指标包括三类主要科普场馆个数、三类主要科普场馆建筑面积、三类主要科普场馆展厅面积、三类主要科普场馆年累计免费开放天数、三类主要科普场馆年参观人数、公共场所科普宣传设施数、科普宣传车数。

表 12 的分析结果表明，不同类型的科普基础设施类因素与"公民科学素质水平"的关系表现存在较大差异性。5 个覆盖科技馆、科学技术类博物馆、青少年科技馆站三类主要科普场馆的科普基础设施类指标与"公民科学素质水平"的相关关系检验概率都近似为 0，因此当显著性水平为 0.01 时，拒绝相关系数检验的零假设，认为 5 个科普场馆类因素均与"公民科

表 12　科普设施类指标的相关性表现

项目		公民科学素质水平	三类主要科普场馆个数	三类主要科普场馆建筑面积	三类主要科普场馆展厅面积	三类主要科普场馆年累计免费开放天数	三类主要科普场馆年参观人数	公共场所科普宣传设施数	科普宣传车数
公民科学素质水平	Pearson 相关性	1	0.665 **	0.821 **	0.840 **	0.649 **	0.863 **	0.117	0.304
	显著性（双侧）		0.000	0.000	0.000	0.000	0.000	0.531	0.096
	N	31	31	31	31	31	31	31	31

注：** 表示在 0.01 水平（双侧）上显著相关。

学素质水平"数据存在相关关系。5个科普场馆类因素的 r 值均 > 0.6，故它们与"公民科学素质水平"均是较强的正相关关系，也即是三类科普场馆的建设数量、建设规模以及使用情况都能够对我国公民科学素质水平提升产生积极的影响。其中，三类主要科普场馆年参观人数、三类主要科普场馆展厅面积、三类主要科普场馆建筑面积3个因素的 r 值均 > 0.8，说明它们发挥的影响作用更加明显。公众参观科普场馆是其获得知识、改善认知的一种非常重要的途径。同时，场馆馆舍自身建设规模的增加和有效利用都能提高其知识供给的物理空间能力，因此对社会公众吸纳科学文化知识能力的提升也会产生正面的影响效果。与科普场馆类因素相比，其他两个科普基础设施类因素相关关系检验的概率均明显高于 0.01，因此当显著性水平为 0.01 时，不能拒绝相关系数检验的零假设，两个因素均与"公民科学素质水平"不存在明显的相关关系。分析原因，一是可能在于公共场所科普宣传设施展示的科普内容很多比较泛化，在特色和针对性方面不突出，内容更新的频度也落后于网络化等新媒体传播手段，因而受众对其的体验感受也并不明显；二是我国绝大多数地区的科普宣传车数量都不多，因此其开展移动式科普工作的内容比较局限，且受众数量也较为有限，通常只是在科普工作开展中作为相对辅助和针对偏远地区等特殊场景的应用手段。

（4）科普活动

科普活动类指标包括三类主要科普活动举办次数、重大科普活动次数。

表13的分析结果表明，两个科普活动类指标与"公民科学素质水平"的关系表现存在较大差异性。三类主要科普活动举办次数相关关系检验的概率近似为 0，因此当显著性水平为 0.01 时，拒绝相关系数检验的零假设，认为其与"公民科学素质水平"存在相关关系，且表现为较强的正相关关系（ r 值 > 0.6）。三类主要科普活动包括科普讲座、科普展览和科普竞赛。它们是广大民众所熟悉和能够普遍接触的科普活动实施手段，通过正规和非正规的不同方式，向公众提供满足实际需求和贴近生活的基本科学知识，因

此会对公民科学素质水平的提升起到较明显的正向助推作用。分析也显示，
参与人数在 1000 人次以上的重大科普活动虽然可以有较大规模的受众群体，
但毕竟这类活动受制于经费、场地以及组织复杂性等各方面影响，无法经常
性地开展，因此受众范围也存在不少局限性，故从宏观视角来看对公民科学
素质水平的改善作用不是很明显。相关性分析证实了以上判断，相关关系检
验的结果不能拒绝零假设，因此重大科普活动次数与"公民科学素质水平"
之间不存在明显的相关关系。

表 13　科普活动类指标的相关性表现

		公民科学素质水平	三类主要科普活动举办次数	重大科普活动次数
公民科学素质水平	Pearson 相关性	1	0.625 **	0.186
	显著性（双侧）		0.000	0.315
	N	31	31	31

注：** 表示在 0.01 水平（双侧）上显著相关。

（5）科普传媒

科普传媒类指标包括科普图书出版册数、科普期刊发行册数、科普网
站数。

表 14 的分析结果表明，3 个科普传媒类指标与"公民科学素质水平"
相关关系检验的概率都近似为 0，因此，当显著性水平为 0.01 时，拒绝相
关系数检验的零假设，认为 3 个因素均与"公民科学素质水平"具有相关
关系。3 个因素的 r 值结果中，仅有科普网站 r 值 > 0.8，因此该因素与"公
民科学素质水平"具有很强的正相关关系，即科普网站建设对提升我国公
民科学素质具有非常明显的推动作用。而科普图书和科普期刊的 r 值结果表
明，两个因素和"公民科学素质水平"之间存在比较强的相关关系。"十三
五"以来，我国互联网发展延续了"十二五"的蓬勃态势，2019 年上半年
我国网民规模达 8.54 亿人次，互联网普及率达 61.2%，比 2015 年的
50.3% 提升了约 10 个百分点。在这样的大环境下，通过科普网站等进行科
学技术知识传播成为科普工作开展的新手段。网络化科普更符合当代读者的

碎片化阅读习惯，且信息容量大、更新速度快、受地域限制少，因此能够广泛地影响和作用于社会公众，从而促进我国公民科学素质的改善。相比较而言，科普图书和科普期刊近年来的发展整体表现出日渐式微的态势，这说明科普传播中的传统阅读习惯正逐渐被数字化阅读方式所替代。但阅读科普图书和科普期刊可以避免网络化"浅阅读"之困以及信息参差不齐等弊端。因此，将线下和线上结合起来，实现"深阅读"与"互联网＋"的融合，是需要科普传媒发展进一步探索的。

表 14　科普传媒类指标的相关性表现

		公民科学素质水平	科普图书出版册数	科普期刊发行册数	科普网站数
公民科学素质水平	Pearson 相关性	1	0.652 **	0.542 **	0.835 **
	显著性（双侧）		0.000	0.002	0.000
	N	31	31	31	31

注：** 表示在 0.01 水平（双侧）上显著相关。

三　"十三五"以来我国科普工作形势判断

"十三五"时期是我国全面建成小康社会决胜阶段，该时期国民经济稳步发展，脱贫攻坚成果卓著，民生保障不断加强，生态环境日益改善。科普工作作为我国公共服务的组成部分，四年来各项工作大力推进，整体处于稳中有升态势，公众参与积极性不断提高，在全国范围内产生了广泛的社会影响。

（一）全国多项科普工作呈现稳定向好发展态势

2016～2019 年全国科普经费投入、科普场馆数量规模、科普工作人力资源、科普活动参加人数等整体上稳中有升。以公共财政为主导的科普工作经费保障机制持续加强。多数地区科普经费执行效率普遍较高，能够做到应收尽支。科普场馆建设力度不断加大，多数地区的场馆使用效率和接待效率出现了一定程度的提升。各地区科普人员队伍建设呈现以专职人员为中坚引领、兼职人员为外围补充的"小核心 + 大网络"的格局，且人员科学文化素质较高。部分地区科普创作人力资源发展不充分的问题有所改善。科普活动作为我国绝大多数地区科普经费支出中最主要的支出渠道，通过科技活动周、科普（技）讲座、科普（技）展览、科普（技）竞赛等多种形式惠及社会大众，以微博、微信为代表的网络化科普传媒手段更加丰富，在全国范围内产生了广泛社会影响。

（二）国家科普工作能力发展整体处于波动上升状态

2016～2019 年我国科普工作能力表现为由中等水平向良好水平发展，同时具有较为明显的不稳定特征。资源能力在中等水平区域内波动；效率能力表现为由中等向良好水平发展；公平能力前 3 年表现为中等偏低水平，2019 年度进步显著。三个分能力中，以优化资源结构、提高效率和加大资源投入支撑为重点的建设范式对科普工作综合能力形成具有显著影响。考虑国家"十四五"发展目标对人民科学文化素质明显提高的要求以及社会公众科普意识的不断增强，未来科普工作推进中资源公平享有对科普能力建设的影响作用可能更加明显。

（三）科普能力和效果的影响因素既存在共性也具有差异

科普经费投入、科普基建支出、科普活动支出、科普人员的规模和素质水平、科普创作人员规模等因素在我国科普能力形成中发挥了较强的主导作用。相比较而言，科普期刊和图书等科普媒介以及科普宣传车等科普设施在科普能力建设中的影响作用并不明显。同时，科普经费投入、科普经费的主要用途、科普场馆的建设和使用情况以及科普网站建设对"公民科学素质水平"形成了非常明显的正向影响关系，科普期刊、图书、活动举办等对"公民科学素质水平"有一定正向影响关系，但科普人员队伍和构成以及宣传车等科普宣传设施并未对"公民科学素质水平"形成直接影响。

（四）经济发达地区领先优势明显，西部地区后发优势不容小觑

2016～2019年我国科普工作开展中地区发展的不均衡性明显，整体呈现东高西低的态势。京津冀、长三角、珠三角等经济发达地区在人员队伍、场馆建设、经费投入等多项规模指标表现上具有更明显优势。其中，北京和上海的头部效应非常显著，在科普经费、科普活动、科普设施、科普人员等的规模、效率和公平方面，起到了"领头羊"的作用。同时，尽管大部分西部地区省份在资源规模的多数指标表现上较弱，但在单位人口拥有的科普专职人员数、三类主要科普场馆个数、三类主要科普场馆展厅面积等效率和公平表现方面，不少地区明显领先于中部地区省份。

（五）不同部门科普工作各有侧重，部分部门主导作用明显

2016～2019年各政府部门和人民团体的条块结合型全国科普工作网络比较完备。总体来看，科协组织、科技管理部门和教育部门在我国科普工作开展中发挥了主导作用。同时，不少部门的工作也各有千秋。文化和旅游部门、卫生健康部门的科普经费投入较大；卫生健康部门、农业农村部门的科普人员队伍培养较为突出；文化和旅游部门、自然资源部门的科普场馆建设优势较为明显；卫生健康部门、农业农村部门科普活动开展较为活跃；宣传部门、卫生健康部门、文化和旅游部门等在各类科普传媒利用上较为积极。

研究也发现，近年来我国科普服务与产品的供给与公众的现实需求以及社会发展之间存在不平衡不充分等问题，突出反映在以下方面。

第一，科普工作的理念有待更新。从世界范围看，科学普及工作的内涵在不断扩大，从"公众理解科学""科学家与公众对话"延伸到"公众参与科学"等众多内容。近年来，欧盟、美国、英国等基于"来源于所有人，并为所有人服务"理念所形成的让普通民众参与科学研究，通过正式与非正式结合、线上与线下结合的科研工作新范式来传播科学思想和弘扬科学精神的做法不断引起科普界和科学界的关注。目前我国科普工作更多集中在以"缺失模型"为基础的科学知识和科学方法传播这一范畴。这种仅关注书本

知识或技术方法细节的做法更强调科学技术的现实功用价值，而不是社会的科学文化塑造。同时，我国当前科普工作的实际学科内涵也基本局限于自然科学范畴，很少涉及社会科学的科普问题。上述认识上的局限，显然会阻碍通过鼓励社会参与主体在科研工作中发挥作用，以更好地将科学思想和科学精神深度根植于公众的心中，从而反哺式地推动全社会形成主动性、原发性的科学技术探索、自发创新的氛围。

第二，科普经费筹集渠道狭窄局面未得到明显改观。2016～2019 年我国科普经费筹集渠道较为狭窄的局面并未出现明显变化，通过捐赠、其他收入等获得的经费支持只占约 5%。调查显示，英美等国科技馆、科技类博物馆中大多数场馆来自财政的收入未超过 50%，社会捐赠和自营收入是其重要收入来源。由此可见，我国科普机构自我造血的功能仍然非常有限，自我发展的能力和空间无法有效支撑和匹配社会科普需求。

第三，科普基础设施建设力度有待加强。我国科普基础设施建设经过前几年较快扩张后，近年来发展速度有所放缓。卫生健康、应急管理、气象等与民生密切相关部门的科普基础设施建设相对薄弱且存在明显地区不均衡性。同时，不少地区场馆使用效率并未达到较优状态，接待能力仍有较大提升空间。再者，四年期间我国 50% 以上地区的公共场所科普宣传设施数量持续减少，发展式微。因此，无论是资源视角还是效率视角，我国科普基础设施资源建设供给侧能力仍有不足。这势必影响我国科普公共服务的可达性，也可能造成科普服务质量难以保证。

第四，科普人才队伍建设急需重视。2016～2019 年我国科普专职人员建设规模与《纲要》设定目标相比存在不小差距，也与当前社会公众日益增长的科普需求不相适应。不少地区科普兼职人员队伍数量波动较为明显。同时，全国科普队伍的人员结构仍有待优化，主要表现为：科普人员队伍中级职称及本科学历以上人员占比远低于《纲要》目标的要求，人员存在较明显的地区不平衡问题，科普创作人员队伍规模偏小。

第五，部分地区发展缓慢的洼地现象需要关注。2016～2019 年我国地区科普事业发展中出现的洼地现象需要引起重视。一是山西、河南、吉林等

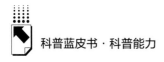

部分中部地区的科普工作较弱，造成中部地区洼地现象。二是区域内部洼地现象。各个区域内部也都存在一些洼地，例如东部地区的海南、西部地区的西藏等。

第六，科普工作开展手段亟待拥抱社会发展新变化。我国一些部门和地区在网络媒体利用方面表现落后于时代发展。例如，卫生健康、应急管理、气象三个与民生密切相关的部门，在全国范围内仍有 8 个地区没有将网站作为传播渠道来开展科学技术信息普及工作。再如，科普期刊、图书、光盘、音像制品等科普传播媒介由于自身使用场景以及承载资源的局限性，目前在不少地区应用中被替代的趋势在明显扩大。因此，加速科普传播的数字化转型工作，进行泛在、及时的科普数字化服务创新，是增强科普工作与社会发展贴近度、扩大用户群体范围的必需之举。

四 未来发展建议

当今时代，科学技术各个门类的交叉与贯通不断加速，新一轮科技革命和产业变革不断突飞猛进，科学技术与社会、文化的连接也不断加强与深入。2016 年 5 月发布的《国家创新驱动发展战略纲要》明确提出，到 2020 年我国进入创新型国家行列，到 2030 年进入创新型国家前列，到 2050 年建成世界科技创新强国的"三步走"目标。在此目标下，我国的创新能力、科技实力以及社会文明程度都要实现大幅提升。中国共产党第十九届中央委员会设定的我国"十四五"时期经济社会发展主要目标中，"人民科学文化素质明显提高"被明确列入。基于上述目标，我国科普事业发展依然任重而道远，需要针对当前整体形势和面临问题，从理念、资源、平台、方法等不同侧面发力，不断凝练面向新发展时代的科普工作新思路。

（一）科普事业发展要秉持"站高一格、向前一步"的高质量全面发展理念

下一阶段我国科普事业发展要立足于"站高一格、向前一步"的高质

量全面发展理念。"站高一格"指科普事业发展的格局要更大，要基于覆盖自然科学和人文社会科学的"大科普"定位，以更好地履行国家赋予的促进新时代公民科学素质建设的使命，并及时、有效地回应社会关切，从而以求知、求真、求实的精神来支撑我国科技创新发展，推动实现人的全面发展和社会的可持续发展。"向前一步"指行动上要更加主动、全方位地推进科普工作，支撑实现科研导向和社会导向的结合与融通（见图24）。下一步的科普工作，一是要将"公民科学"作为重要目标，各项行动要切实由单一向度的"理解科学"向多向度的"理解科学+对话科学+参与科学"转化。在普适性知识传播和方法传授基础上，促进人们形成能更多吸纳科学知识的认知框架，强化非专业人士对未成形的知识创造的贡献价值，以及对包括科学议题和议程在内的科学事务的参与。二是全社会要形成更强大的、有效的资源供给能力和服务能力。以科技、科协、教育为主的各参与方要融通合作，使社会各界更好地参与科学、技术、工程的研究开发及其应用。三是中国在科学传播领域要担负起大国责任，在更大范围、更

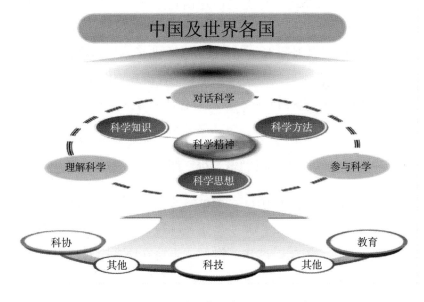

图24　科普事业高质量全面发展理念

广领域、更高层次上，更加积极主动地将中国科普工作的思路与积累的丰富实践经验与其他国家分享，为人类命运共同体构建贡献自己的力量。

（二）科普工作布局要更多采取差异化策略

下一步我国科普工作布局要精准定位，形成具有层次性、复杂性和发展性的差异化策略。一是科普内容要因需施策。当前我国社会生产力水平总体上显著提高，社会结构在由工业社会向信息与知识社会转变。科普内容既要进一步满足公众对科学、技术、工程和信息等不同领域的知识需求，也要求不断回应人们在健康、安全、环境、法治、公平等方面的诉求。二是要根据工作目的选择采用"接受式"或"治理式"不同类型工作实施策略。"接受式"主旨在于改善"民生"、促进"民富"、实现"民谐"。而"治理式"科普则是强调公众以平等协商和参与的方式，更好地融入科学技术研究开发事业和社会治理进程，以"民智"和"民创"的方式，在科学技术自身的形成与进步以及社会整体的发展中更好地发挥作用。三是各地区和各部门在发展路线设计上要因地制宜。要针对产业结构、人口结构、地域分布以及城镇化水平等不同要素，形成有针对性的布局。四是通过构建"固定服务＋流动服务＋互动服务＋自助服务"的多业态体系，以"以物为本""物人并举""以人为本"等不同模式，构建更智能、泛在、友好的科普服务环境，从而延展受众的各种认知方式，不断扩大社会受众的参与度。

（三）科普工作要加大对"老、少"两个群体的关注

《国家人口发展规划（2016－2030年）》预测，到2030年全国总人口将达到14.5亿。其中，0～14岁少儿人口约2.5亿，60岁及以上老年人口将达到3.6亿。因此，科普工作下一步要在服务全民终身学习中更加发挥主动性，通过广泛的非正规、非正式渠道与广大青少年群体和老年群体进行对接。针对青少年群体，科普工作要进一步推动基于对话协商型的科学交流活动以及鼓励介入型的公众参与科学研究活动，在正规

化科学教育体系之外更进一步强化培养和激发青年一代对科学发展的参与意识,从而更好地为我国由高速度向高质量的转变提供持续不断的发展动力。针对老年群体,考虑其教育水平整体相对较低、知识结构层次不健全,加上社会信息化发展越来越快速等特点,则要更多地以信息技术、健康、医疗、生活方式等主题为重点,进行基础知识传播和适应性技能培训,从而使老年群体形成科学的生活态度,不断适应新时代社会结构与生活方式的重大变化。

(四)进一步着力推进县(区)基层科普工作

县(区)是我国统筹城乡、城区(镇)服务均衡发展,实现城乡、城区(镇)一体化的基本单元。未来应将县(区)级科普工作作为重点,按照"精简、效能、实用"原则,强化县(区、镇、村)级基层科普工作与其他公共管理工作的融通性。同时,县(区)科普工作中需要进一步强化科普资源的共建、共知与共享工作。国家/地方/部门应当制定和出台相关的引导性政策措施,鼓励各类/各级有条件和能力的机构或者通过对负有科普法定义务机构的约束性要求,推动建立各方参与科普资源共建共享的网络,从而让社会科普资源更加有序、充分地流动,形成覆盖面广、辐射面大的基层科普可持续发展模式。

(五)促进形成"小中心+大网络"的轴辐式全社会科普工作投入机制

未来科普工作应当在引导和吸纳更多社会资本进入科普领域方面多下功夫。相关管理部门要充分利用政策工具,激励推进健全"小中心+大网络"的轴辐式全社会投入机制。例如,可以考虑按照"鼓励发展、严格审查、信息公开"的原则,出台社会组织和个人向科普工作捐赠可以以捐赠资金1~3倍数额进行税前抵扣政策或者大幅度税收优惠政策;出台鼓励境内外的社会组织和个人设立非营利性科普基金的政策;鼓励文化、旅游、教育、自然资源等行业作为突破口和示范单元,通过搭建科普协同工作平台、创立

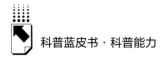

科普产业园或者开展政府采购等措施，主动带动这些行业的民间企业、社会团体、个人共同推动科普产业发展。

（六）以更加主动的姿态承担对全球科普事业发展的责任

考虑时代发展趋势和全球需求的多样性，我国科普工作下一步要以更加主动的姿态承担对全球科普事业发展的责任。一是要更积极参与联合国教科文组织（UNESCO）、世界卫生组织（WHO）等国际组织的科学传播工作，宣扬我国科普事业发展的政策主张并宣传相关的思想理念，不断增强我国在国际社会的话语权和思想地位。二是配合国家"一带一路"建设、《区域全面经济伙伴关系协定》（RCEP）等对外发展战略，通过以惠民为目的的学习、应用或共享，帮助"一带一路"沿线大量岛屿国家和山地国家以及 RCEP 成员国等应对在不平等、贫困、卫生保健、技能发展等方面面临的诸多挑战。这种强化我国软实力举措的影响力可能不如经济手段那样快速、直接和显在，但国家输出的效果会更长远，应被视为具有深远国家战略意义的一项潜绩。

（七）进一步加强我国科普人才队伍建设工作

高质量的科普活动和科普项目开展离不开高水平的科普人员支撑。相关部门/机构要本着筑巢引凤、用好用活的思路，以北京市科学传播专业职称评审政策等创新举措为借鉴，切实建立一套具有刚性约束的科普人才培养、引进、培训、交流、考核、晋升制度，使外部优秀人才能够"引进来"和"留得住"，高水平人才也能够"走出去"。同时，要充分利用和搭建纸媒与网络等多种平台，发现、培养、支持和鼓励正式和非正式各类科普创作人员，通过队伍数量壮大、创作环境改善和人才有序流动，促进科普作品和产品的增量提质。此外，还要不断挖掘兼职科普人才资源，并建立适当的激励机制来吸纳更多人群成为科普兼职工作者。

（八）建立以成果为导向的科普工作公共资源配置模式

我国科普工作需要建立以成果为导向的资源配置模式。这种配置模式包含目标、预期成果、成果指标、产出四个要素。目标作为各项活动的指南，设定长期愿景，预期成果反映工作周期内的成果，成果指标明确界定衡量成果的实现程度，产出反映执行中开展的具体活动。科技管理、教育、科协组织等科普工作主导部门应将这种思路反映在科普工作的规划和计划中，将任务、预算、成果、监测和评价各部分进行衔接和贯通，要求具体且以数据支撑。由此，科普工作得以形成闭环，保证使命职责、预期成果、工作实施和资源匹配的有机结合。

（九）巩固和发展科普工作联席会议等科普协调制度

《中华人民共和国科学技术普及法》要求"县级以上人民政府应当建立科普工作协调制度"。地方层面上，包括北京、深圳、重庆、上海、黑龙江、西藏等部分省市设立了本地区科普联席会议或者科普基地联合会等制度。但同时，仍有一些地区并未启动相关工作。下一阶段各地科普工作实施中，要加大覆盖不同机构和组织的科普工作联席会议等协调工作机制的建设力度，并充分发挥其效能。协调工作制度要通过对本地区科普工作规划和实施方案的审定，对科普发展政策措施、科普场馆建设、经费安排等重大事项的审议，以及科普工作执行情况的评估，来达成对本地区科普工作发展的共识，从而指引科普工作的发展方向，促成部门间的统筹协调和资源共享，并切实解决本地区科普工作中存在的基础性问题。

参考文献

王康友主编《国家科普能力发展报告（2006～2016）》，社会科学文献出版社，2017。

翟杰全：《国家科技传播能力：影响因素与评价指标》，《北京理工大学学报》（社会科学版）2006年第4期。

李倩：《科普服务能力提高区域创新能力了吗？——基于省级面板数据的实证研究》，《科普研究》2018年第4期。

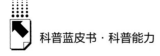

李健民、杨耀武、张仁开等：《关于上海开展科普工作绩效评估的若干思考》，《科学学研究》2007 年第 S2 期。

邱成利：《推进我国科普资源开发与建设的若干思考》，《中国科技资源导刊》2015 年第 3 期。

李婷：《地区科普能力指标体系的构建及评价研究》，《中国科技论坛》2011 年第 7 期。

任嵘嵘、郑念、赵萌：《我国地区科普能力评价——基于熵权法 – GEM》，《技术经济》2013 年第 2 期。

John Fenwick, *Managing Local Government*（London：Chapmon and Hall, 1995）.

江易华：《新公共服务理论对建立政府绩效评估体系的启示》，《广西社会科学》2007 年第 1 期。

中国互联网络信息中心：《第 45 次中国互联网络发展状况统计报告》，2020 年 4 月 28 日。

White House, *Open Science and Innovation*：*Of the People*, *By the People*, *For the People*, September 9. 2015, https：//obamawhitehouse. archives. gov/blog/2015/09/09/open – science – and – innovation – people – people – people.

European Commission, *Open Innovation*, *Open Science*, *Open to the World*, May 17, 2016, https：//op. europa. eu/en/publication – detail/ – /publication/3213b335 – 1cbc – 11e6 – ba9a – 01aa75ed71a1/language – en.

黄磊、何光喜、赵延东等：《建议尽快推动开放科学在我国的落地和发展》，《科技中国》2020 年第 2 期。

王丽慧：《欧盟公众科学白皮书及其行动建议》，2019 年 1 月 18 日，http：//www. crsp. org. cn/m/view. php? aid = 2424。

Institute of Museum and Library Services, *Museum Data Files*, 2018.

The Association of Science-Technology Centers, *2013 Science Center and Museum Statistics*, 2014.

Science Museum Group, *SMG-Annual-Review* – 2017 – 18, July 16, 2019, https：//group. sciencemuseum. org. uk/wp – content/uploads/2018/06/SMG – Annual – Review – 2017 – 18. pdf.

Natural History Museum, *Annual-Report-Accounts* – 2017 – 18, July 16, 2019, https：//www. nhm. ac. uk/content/dam/nhmwww/about – us/reports – accounts/annual – report/annual – report – accounts – 2017 – 18. pdf.

国务院：《国务院关于印发国家人口发展规划（2016 – 2030 年）的通知》，2016 年 12 月 30 日。

北京市科普基地的科普能力研究

丁若愚　詹　琰　张增一*

摘　要：　本文以北京市276个教育、传媒、培训、研发类科普基地为研究对象，以2016~2018年的科普统计调查数据为基础，对北京市各类科普基地的科普能力进行分析和研究。各项研究均在总结以往研究的基础上建立评估指标体系，辅以专家访谈，对各类基地的科普能力进行定量和定性分析，并提出针对性建议。

关键词：　科普基地　科普能力　北京

一　绪论

（一）研究背景

自《全民科学素质行动计划纲要（2006－2010－2020年）》颁布以来，我国公民科学素养水平整体提高，科普资源不断丰富，基础设施建设持续推进，人才队伍不断壮大。及时、准确、全面地把握科普工作的开展状况、水平及不足，对于国家或者地区的整体发展能力提升具有重要作用。

---

* 丁若愚，中国科学院大学人文学院硕士研究生，研究方向为科学与文化研究等；詹琰，中国科学院大学人文学院教授，研究方向为科学与艺术、视觉与科学传播等；张增一，中国科学院大学人文学院党总支书记兼副院长、新闻传播学系主任，教授，研究方向为科学传播、科技舆情分析等。

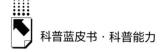

北京作为全国科普工作较好的地区，科普基地发挥了重要作用，截至2017年12月底，北京市累计认定科普基地370家，其中教育基地313家、培训基地10家、传媒基地30家、研发基地17家。科普基地在北京地区的大型科普活动、日常科普活动、针对中小学生的科普教育、科普知识传播、科普人员培训中都发挥了不可替代的作用，是北京地区重要的科普资源。因此，研究北京地区科普基地的科普能力具有重要意义。

本报告以北京市科普基地为研究样本，以实证方法，在总结已有研究的基础上建立针对不同类型基地的科普能力指标体系，对现有的科普基地进行科普能力评估，并尝试发掘科普基地扶持政策、科普能力、科普效果等问题之间的关系，为相关实务和理论研究活动的开展、改良提供建议。定量分析、对科普能力进行评估的目的是通过"治标"达到"治本"，即为国家科普能力建设提供方向性意见、为整体科普建设方针的布局提供抓手，从而促进我国公民科学素养提升，使"爱科学、学科学、用科学"的观念真正走入百姓心中、使科学文化在我国进一步发展壮大，为建设科技强国提供软实力支撑。

（二）研究意义与研究问题

由于研究对象为北京市的科普基地，根据《北京市科普基地管理办法》，"科普基地是开展社会性、群众性、经常性科普活动的有效平台，是普及科学技术知识、倡导科学方法、传播科学思想、弘扬科学精神的重要载体，是向公众提供科普产品与服务的组织与机构。市科普基地分为科普教育、科普培训、科普传媒和科普研发四类基地"。

而在管理办法中，也针对四种不同类型的科普基地提出了相应的要求：教育基地为社会组织或公众提供学习科学技术知识、开展科普活动；培训基地针对科普工作者开展科普培训、提升科普工作者科学素质和科普能力；传媒基地以电子媒介、印刷媒介等为载体进行科普宣传，为公众获取科学技术知识和信息提供渠道；研发基地从事用于科普活动的设备、作品、教具等科普产品的研究开发。

自 2007 年北京市科委认定首批科普基地以来，北京市的科普基地已由最初的 100 多所发展至如今的 370 多所，门类较为齐全，形成了一定的规模。但是在这个过程中，科普基地是否达到政府认定和管理的要求，其科普能力如何、科普效果如何、科普受众如何，都是值得探讨和研究的问题。同时，科普基地"履行向社会公众开放、服务的功能，接受社会监督"，科普基地在接受政府和社会帮扶、支持的同时，是否达到其向公众提供科普产品与服务、普及科学技术知识、倡导科学方法、传播科学思想、弘扬科学精神的目标，也是本报告要探讨的重点问题。

综上，本报告的研究问题如下。

第一，对北京市科普基地的科普能力进行评估。

第二，对北京市四类科普基地的科普能力和效果进行评估。

第三，北京市科普基地发展存在的问题。

第四，对北京市乃至全国科普基地的科普能力建设提出建议。

（三）国内外有关"科普基地的科普能力"的研究

1. "科普基地"的定义

因"科普基地"尚无统一、完全达成共识的定义，本报告试图从各地的科普基地管理办法中提取相关解释。

《北京市科普基地管理办法》规定，科普基地是开展社会性、群众性、经常性科普活动的有效平台，是普及科学技术知识、倡导科学方法、传播科学思想、弘扬科学精神的重要载体，是向公众提供科普产品与服务的组织与机构，包括科普教育、培训、传媒和研发四类。在《上海市科普基地管理办法》中，"重要载体"的字样被改为了"活动场所"，科普基地具体包括示范性场馆、基础科普基地和青少年科学创新实践工作站三种。《天津市科普基地认定管理办法》规定，科普基地指依托科普专业设施从事科普活动的机构或组织，是我市居民参与体验科普活动的重要平台，是针对全市科普管理人员、科普业务人员、科普志愿人员开展科普培训的机构；对全市科普工作具有示范、带动和辐射作用，包括科普教育、旅游、传媒与培训四类。

此外，李婧等认为科普场馆、广义的非场馆式科普场所（高校、企业、科研机构、青少年宫等教育基地）、科普传媒和人才培训以及研发创作类科普机构均可归入科普基地范畴。

综上所述，科普基地的含义是比较宽泛的，其要点在于：首先是一般具有实体场所，能够以其为依托开展科普、具有向广大民众传播科学知识并使其思考科学内涵的能力；其次是有能力开展同科普相关的多样化活动；最后是具有引领和为大众科普提供示范的效果。

2. 关于科普基地的综合性研究

这部分研究数量较少，大致可归纳为如下三方面：科普基地的评价标准，科普基地的功能，现有科普基地的不足与改进、发展思路。更多研究关注的是具体领域、类别的科普基地。

（1）科普基地的评价标准

李婧等以上海市科普教育基地宝贝探索馆、苏州河梦清园环保主题公园为案例，提炼了科普基地的评价标准，包括传播效果（范围、影响力），用于开展科普的设施、条件和人力资源、创新能力（是否创新了科普模式、方法等），根据不同基地的独特性制定差异评估标准。延续其思路，王利等以天津市科普场馆类、主题公园类、科普活动站类科普基地为案例，设计了评估科普基地的一级指标，包括传播成效、保障机制、创新成效和现场得分，二级指标则因科普场馆、科普活动站（少年宫、图书馆）、主题公园和专题科普展览这四类基地的差异而有所不同。

（2）科普基地的功能

覃朝玲等以针对农村人口、城镇人口及青少年的科普基地为案例，认为科普基地的功能包括有助于产学研结合、科研项目应用和助力科技创新、吸引并吸收社会各方对科技产品的建议；在不同群体中具有不同传播作用，包括提高农民科学素质、促进社会主义新农村建设、丰富城镇居民精神生活等。

（3）现有科普基地的不足与改进、发展思路

梁廷政等以北京市的 371 家科普基地为案例，对北京科普基地进行了研

究。他们认为，科普基地仍以传统的教育基地为主，致力于培训、传媒和研发的比例较低；学科分布不均，基础自然科学和信息科学领域的基地较少；管理较宏观，精细化管理缺失；专业人员较少，以大量志愿者填充；展品研发速度与科技发展不匹配；各基地各自为政，策划活动多被动、少主动。他们还提出了一点较有新意的发展策略，如融合教育、文化（产业）、旅游资源，探索市场化转型。

孙宝光等认为，科普基地的发展策略有硬软件设施的升级改造、提升科普项目研发能力、配合青少年活动（竞赛）等。此外，还应通过组织、参与重大科普示范活动、推动科普资源共建共享和多媒体传播等方式，提升基地品牌效应。

杨萍等则以北京市的科普基地为案例，指出科普基地在对外开放时应强化宣传意识、加强规范管理、拓展对外开放形式（引入多媒体）、提升服务能力。

祖宏迪等以美国旧金山探索馆为案例，认为提高科普基地展示能力的思路有政府扶持、提高从业人员水平、创新展品形式（多媒体、互动体验）、建立跨地区科普资源共享平台。

黄丹斌等以广东省汕头市科普基地的实际情况为案例，认为科普基地建设可引入"共建共享科普理论"，既要引入社会化、市场化力量协同建设，又要与广大民众分享成果、使科普切实惠民，并使民众对科普的感性认识过渡为理性认知，在以人为本的同时使其理解科学精神。广东汕头市创建的科普基地，融农业、旅游、科普和教育为一体，较好地践行了上述理论。

此外，还有一些常规的科普基地发展思路，如出台规范性文件、注重落实；培养专门科普人才；强化层级、组织管理；倡导公众参与意识，以基地为支撑举办竞赛、观光周、亲子营等活动等。

比较特别的一项研究是，秦学等以广东省广州市科普资源与科普基地为案例，从地理分布角度考察了广州市科普基地。他们认为广州科普基地存在总量偏少、数量不完整，城乡比例失调、区域不平等，区域差异大、空间结构不尽合理，科普内容与区域分布错位四大问题；他们认为挖掘地区科技资源、合并同类、取消乏力基地并重点建设需求突出的基地是可行对策。

3. 何为"科普基地的科普能力"

针对"科普能力"这一概念，王刚等认为，"科普"是指利用各种传媒以浅显的、让公众易于理解、接受和参与的方式向普通大众介绍自然科学和社会科学知识、推广科学技术的应用、倡导科学方法、传播科学思想、弘扬科学精神的活动；"能力"总是和人联系在一起的，能力是完成一项目标或任务所体现出来的综合素质，是达成一个目标所具备的条件和水平。当这个目标或任务为大众介绍科学知识、推广科学技术、倡导科学方法、传播科学思想、弘扬科学精神，便是科普能力。

具体来看，邱成利认为，科普能力包含科普资源建设和科学技术普及等方面，是一项高度综合的能力。国家科普能力表现为一个国家向公众提供科普产品和服务的综合实力，主要包括科普创作、科技传播渠道、科学教育体系、科普工作社会组织网络、科普人才队伍以及政府科普工作宏观管理等方面。

此外，也有学者聚焦于不同主题，如场馆科普能力、区域科普能力、企业科普能力等进行相关研究。

从文献综述可以看出，对科普基地的分类研究，人员、展品等已有学者论述。但对科普基地的科普能力评估鲜有涉猎。因此，在前人的研究基础上，本报告在总结、收集已有的科普能力评估模型的前期工作上，将建立新的指标体系，并针对不同类型科普基地选取具有个性化和针对性的指标。在此基础上，以北京市科普基地为研究样本，通过定性和定量相结合的方法，对现有的科普基地进行科普能力评估，从科普能力的角度发掘科普基地对北京地区科普能力建设的意义更具现实性，可为科普工作的实际开展提供指导，也可为相关理论的落地、转化提供依据。

二　北京市科普基地科普能力评估的研究框架

（一）综合评价模型的构建——Z 分数的使用

本报告收集了北京市教育、传媒、培训、研发类科普基地在 2016 ~
2018 年的科普统计调查数据，这些数据具有原始性且不具备统一的衡量标
准，无法进行横向和纵向对比，因此对数据进行了统一量化。采用 Z 分数
（标准分数）的形式，借鉴了佟贺丰等在《地区科普力度评价指标体系构建
与分析》中的算法，具体操作如下。

使用 Z 分数可以把不同类型的统计量转化为一个可比较的统计量，且
可以通过其看出某数据在所有数据中的相对位置，有正负两种形式：在平均
数之上的数据会得到一个正的 Z 分数，且数值越大，表示优势越明显；反
之 Z 分数则为负数。如果 Z 为 0，则表示处于平均水平。由此可见，我们可
以通过 Z 分数了解某一科普基地在某一方面的优势或劣势程度。Z 分数的计
算公式为

$$Z_i = \frac{x_i - \bar{x}}{S}$$

其中，Z_i 为某一科普基地在某个二级指标 i 的标准值，x_i 为原始数据，$\bar{x}$ 为
平均数，S 为标准差。之后，根据指标体系中对每个维度的赋值 w_i，我们可
以计算出该科普基地在某个一级指标维度的得分 Z_s，即

$$Z_S = \sum Z_i \times W_i$$

由于 Z_s 有可能是个负数，且各个地区的 Z_s 在数值上可能相差很小，为
便于理解和使用，对 Z_s 进行变换，则

$$N = \frac{Z_S - \min(Z_S)}{\max(Z_S) - \min(Z_S)} \times 100$$

其中，N 为该科普基地在某个一级指标维度的标准化得分。在算出每个一级

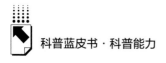
指标维度的标准化得分后，取所有标准化得分的平均值，即为该科普基地的科普能力指数。

（二）数据收集与指标体系的构建

在有关科普能力的研究中，针对某一地区科普能力的研究不在少数。本报告在国家科普能力指标体系的基础上，结合已有数据，借鉴前人的研究，建立了适用于本报告的指标体系和评价模型。

以北京市的 276 个教育、传媒、培训、研发类科普基地在 2016～2018 年的科普统计调查数据为研究对象，在国家科普能力指标体系的基础上，建立了四种针对不同类型科普基地的指标体系。指标体系以科普基地的科普支撑能力（经费、人员、基础设施等）、科普生产能力（科普作品产出）和科普服务能力（科普活动、科普教育等）为重点。

在根据建立的第一套指标体系进行 Z 分数运算后，课题组发现所得数据与实际情况存在一些偏差：按照普遍标准计算的科普能力指数并不能完全、真实地反映北京市各科普基地的实际情况与特点，存在整体分数偏低、基地间得分差异化不明显的问题。故课题组将各类基地"科普能力指数"得分最高者定为该类型基地的标杆，并据此调整现有指标体系的二级指标权重，尽量将"标杆"基地的分数提升至 90 分以上。再根据新的指标体系对各基地重新进行运算。如此一来，得到的指标体系则更符合北京市科普基地的实际特点，对于评价全国其他地区科普基地也具有一定的现实借鉴意义。

在实际操作过程中，定为"标杆"的科普基地分别是教育基地中的中国科学技术馆、传媒基地中的北京科学技术出版社、培训基地中的首都医科大学宣武医院、研发基地中的北京市宣武青少年科学技术馆。在修改权重过程中，由于数据自身关联特性，有些基地无法按计划提升至 90 分以上，故课题组将"标杆"基地的分数提升至可能提升到的最大值，并根据新的指标体系对各基地的科普能力指数进行了重新运算。最后，对重新计算的指标能力体系进行了分级评价，其中位于前 10% 的基地为优秀，

11%～30%的为良好，31%～60%的为中等，61%～80%的为合格，80%之后的为有待改进。具体指标体系如表1至表4所示。

表1　北京市科普教育基地科普能力指标体系

一级指标	权重（%）	二级指标	权重（%）	指标具体含义
科普人员服务能力	21	科普业务人员	7	科普业务人员数（人）
		讲解人员	7	讲解人员数（人）
		志愿者	7	志愿人员数（人）
基础设施	32	科普场馆面积	5	科普场馆面积（平方米）
		年参观量	1	年参观量（人次）
		互动展项数量	6	互动展项数量（件）
		陈列展品数量	1	陈列展品数量（件）
		同时最大接待量	1	同时最大接待量（人次）
		开发天数	2	开发天数（天/年）
		放映厅座位数	9	放映厅座位数（个）
		新增展品数量	5	新增展品数量（套/件）
		新增展品占地面积	2	新增展品占地面积（平方米）
科普经费投入	21	2016年总投入	7	2016年的财政投入（万元）+其他投入（万元）
		2017年总投入	7	2017年的财政投入（万元）+其他投入（万元）
		2018年总投入	7	2018年的财政投入（万元）+其他投入（万元）
科普活动举办能力	26	特色科普活动数	26	每年举办特色科普活动的数量（次）

表2　北京市科普传媒基地科普能力指标体系

一级指标	权重（%）	二级指标	权重（%）	指标具体含义
科普人员	4	科技记者人数	1	科技记者人数（人）
		编辑人员人数	1	编辑人员人数（人）
		对本单位人员培训期数	1	对本单位人员培训期数（期）
		对本单位人员培训总人数	1	对本单位人员培训总人数（人）
科普经费	20	2016年总投入	1	2016年的财政投入（万元）+其他投入（万元）
		2017年总投入	1	2017年的财政投入（万元）+其他投入（万元）
		2018年总投入	18	2018年的财政投入（万元）+其他投入（万元）

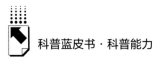
续表

一级指标	权重（%）	二级指标	权重（%）	指标具体含义
科普作品	73	电台、电视台固定科技、科普栏目	1	电台、电视台（年）固定科技、科普栏目数目（档）
		电台、电视台周播出总次数	1	电台、电视台（年）周播出总次数（档）
		电台、电视台总时长	1	电台、电视台（年）总时长（分钟）
		电台、电视台收视率	1	电台、电视台（年）收视率（百分比）
		2016～2018年专题影视片（节目）播出数量	1	2016～2018年专题影视片（节目）播出数量
		2016～2018年专题影视片（节目）年播出次数	1	2016～2018年专题影视片（节目）年播出次数
		2016～2018年专题影视片（节目）播出总时长	1	2016～2018年专题影视片（节目）播出总时长
		出版社年出版科普作品年发行总量（种）	2	出版社年出版科普作品年发行总量（种）
		出版社年出版科普作品年发行总量（册）	1	出版社年出版科普作品年发行总量（册）
		图书发行量（种）	8	图书发行量（种）
		图书发行量（册）	1	图书发行量（册）
		音像制品发行量（种）	1	音像制品发行量（种）
		音像制品发行量（盒）	42	音像制品发行量（盒）
		科普期刊、科普报刊年发行总量（种）	1	科普期刊、科普报刊年发行总量（种）
		科普期刊、科普报刊年发行总量（册）	1	科普期刊、科普报刊年发行总量（册）
		报刊发行量（种）	1	报刊发行量（种）
		报刊发行量（册）	1	报刊发行量（册）
		杂志发行量（种）	1	杂志发行量（种）
		杂志发行量（种）	1	杂志发行量（种）
		网站科普栏目数	2	网站科普栏目数（个）
		网站访问量	2	网站访问量（次）
		专栏科普栏目数量	1	专栏科普栏目数量（个）

续表

一级指标	权重（％）	二级指标	权重（％）	指标具体含义
科普影响力	3	国家级获奖	1	国家级获奖（项）
		省级获奖	1	省级获奖（项）
		其他获奖	1	其他获奖（项）

表3 北京市科普培训基地科普能力指标体系

一级指标	权重（％）	二级指标	权重（％）	指标具体含义
科普人员	19	科普教师总数	7	科普教师总数（人）
		对本单位人员培训期数	6	对本单位人员培训期数（期）
		对本单位人员培训总人数	6	对本单位人员培训总人数（人）
科普经费	15	2016年总投入	5	2016年的财政投入（万元）＋其他投入（万元）
		2017年总投入	5	2017年的财政投入（万元）＋其他投入（万元）
		2018年总投入	5	2018年的财政投入（万元）＋其他投入（万元）
基础设施	31	科普培训教室个数	10	科普培训教室个数（个）
		科普培训教室面积	1	科普培训教室面积（平方米）
		科普培训放映室个数	19	科普培训放映室个数（个）
		科普培训放映厅座位数	1	科普培训放映厅座位数（个）
科普活动	21	已培训过科普人员	7	已培训过科普人员（人）
		已执行过科普培训课程计划	7	已执行过科普培训课程计划（个）
		已开展过科普培训期数	7	已开展过科普培训期数（期）
科普作品	14	已编制过科普培训教学大纲	7	已编制过科普培训教学大纲（个）
		已出版的科普培训教材发行量（套）	7	已出版的科普培训教材发行量（套）

表4　北京市科普研发基地科普能力指标体系

一级指标	权重 (%)	二级指标	权重 (%)	指标具体含义
科普人员	6	科普研发总人数	2	科普研发总人数(人)
		对本单位人员培训期数	2	对本单位人员培训期数(期)
		对本单位人员培训总人数	2	对本单位人员培训总人数(人)
科普经费	21	2016年总投入	1	2016年的财政投入(万元)+其他投入(万元)
		2017年总投入	25	2017年的财政投入(万元)+其他投入(万元)
		2018年总投入	1	2018年的财政投入(万元)+其他投入(万元)
基础设施	43	科普研发设施占地面积	28	科普研发设施占地面积(平方米)
		科普研发设施生产场地面积	1	科普研发设施生产场地面积(平方米)
		科普研发设施主要加工设备	1	科普研发设施主要加工设备(套)
科普作品	15	2016～2018年研发过科普产品数量	6	2016～2018年研发过科普产品数量(套)
		2016～2018年推广科普研发产品数量	9	2016～2018年推广科普研发产品数量(件)
科普影响力	15	国家级获奖	20	国家级获奖(项)
		省级获奖	1	省级获奖(项)
		其他获奖	1	其他获奖(项)

三　数据分析与比较

（一）各类科普基地的科普能力指数

依照上文确定的指标体系与评价方法，测算北京市各类科普基地的科普能力指数，结果如表5至表8所示。

表5 北京市科普教育基地科普能力指数（2021）

序号	基地名称	科普人员服务能力	基础设施	科普经费投入	科普活动举办能力	科普能力指数	等级评价
1	北京王府井古人类文化遗址博物馆	0.43	6.41	0.00	4.17	2.75	有待改进
2	北京自来水博物馆	1.66	6.35	0.00	8.33	4.09	有待改进
3	北京市口腔健康教育与促进基地	2.40	0.78	0.09	4.17	1.86	有待改进
4	中国铁道博物馆正阳门展馆	1.89	12.21	0.54	12.50	6.79	中等
5	北京古观象台	1.13	5.55	0.03	37.50	11.05	良好
6	北京市东城区崇文青少年科技馆	6.18	19.94	0.35	12.50	9.74	中等
7	北京市东城区第二图书馆分馆角楼图书馆	0.34	12.96	0.00	12.50	6.45	中等
8	北京市中山公园	0.57	9.11	0.02	20.83	7.63	中等
9	北京市珐琅厂有限责任公司	1.68	12.85	0.03	70.83	21.35	优秀
10	北京市疾病预防控制中心健康教育所	1.98	0.00	1.04	4.17	1.80	有待改进
11	北京市规划展览馆	1.96	15.81	8.12	16.67	10.64	良好
12	北京市计算中心	1.26	1.63	0.25	16.67	4.95	合格
13	北京市鼓楼中医医院	6.53	5.93	0.03	37.50	12.50	良好
14	北京电力展示厅	0.67	7.13	0.20	12.50	5.12	合格
15	北京社会生活心理卫生咨询服务中心	0.85	6.33	0.11	20.83	7.03	中等
16	北京自然博物馆	3.56	15.86	18.06	62.50	25.00	优秀
17	北京市东城区南馆公园	0.40	4.57	0.24	12.50	4.43	合格
18	中国妇女儿童博物馆	1.27	6.50	0.12	20.83	7.18	中等
19	北京文博交流馆	0.22	5.50	0.00	4.17	2.47	有待改进
20	北京市钟鼓楼文物保管所	0.63	6.39	0.01	4.17	2.80	有待改进
21	北京市正阳门管理处	0.70	5.17	0.08	12.50	4.61	合格
22	首都医科大学附属北京中医医院	1.46	3.49	0.07	12.50	4.38	合格
23	北京市飞行者航空科普促进中心	1.19	8.29	0.16	16.67	6.58	中等
24	北京市西城区青少年科学技术馆	1.73	10.99	1.52	12.50	6.69	中等
25	北京市宣武青少年科学技术馆	4.98	3.47	4.95	20.83	8.56	中等
26	北京DRC工业设计创意产业基地	0.40	8.87	0.00	12.50	5.44	合格

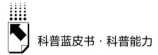

续表

序号	基地名称	科普人员服务能力	基础设施	科普经费投入	科普活动举办能力	科普能力指数	等级评价
27	北京创意产业展示中心	0.93	8.83	0.32	8.33	4.60	合格
28	北京国际科技服务中心	1.22	4.42	0.12	12.50	4.56	合格
29	北京城市系统工程研究中心	1.24	5.79	0.06	20.83	6.98	中等
30	北京市劳动保护科学研究所	1.19	6.37	0.01	12.50	5.02	合格
31	北京市古代钱币展览馆	0.27	12.19	0.19	12.50	6.29	中等
32	北京市景山公园管理处	0.33	23.81	0.26	16.67	10.27	良好
33	北京急救医疗培训中心	3.37	6.57	0.03	20.83	7.70	中等
34	北京市飞行者航空科普促进中心	1.19	8.29	0.16	12.50	5.53	合格
35	古陶文明博物馆	0.53	4.92	0.01	20.83	6.57	中等
36	首都医科大学附属复兴医院	1.09	17.52	0.00	8.33	6.74	中等
37	北京动物园	3.64	99.53	0.34	33.33	34.21	优秀
38	北海公园	0.20	3.42	0.02	16.67	5.08	合格
39	北京大学第一医院	0.00	12.17	0.12	37.50	12.45	良好
40	中国化工博物馆	0.91	8.02	0.84	8.33	4.53	合格
41	首都博物馆	9.54	13.16	0.64	16.67	10.00	良好
42	北京古代建筑博物馆	0.80	6.06	0.27	12.50	4.91	合格
43	北京天文馆	14.20	62.18	21.59	12.50	27.62	优秀
44	中国地质博物馆	6.11	9.15	14.00	12.50	10.44	良好
45	首都医科大学附属北京安定医院	8.38	23.86	0.02	16.67	12.23	良好
46	中国古动物馆	0.86	5.58	0.35	8.33	3.78	有待改进
47	北京工业大学科技与艺术博物馆	0.45	46.24	0.21	4.17	12.77	良好
48	北京世奥森林公园开发经营有限公司	4.00	14.60	4.34	20.83	10.94	良好
49	北京索尼探梦科技馆	3.49	7.28	0.15	4.17	3.77	有待改进
50	北京佐特陶瓷技术中心	0.75	3.69	37.47	4.17	11.52	良好
51	"垃圾的归宿"科普环保基地	1.53	13.03	0.09	29.17	10.95	良好
52	北京地理全景知识产权管理有限责任公司	1.70	9.59	0.28	25.00	9.14	中等
53	北京服装学院民族服饰博物馆	1.53	3.25	0.07	100.00	26.21	优秀

序号	基地名称	科普人员服务能力	基础设施	科普经费投入	科普活动举办能力	科普能力指数	等级评价
54	北京工体富国海底世界娱乐有限公司	5.78	19.82	0.37	29.17	13.78	良好
55	北京化工大学化学科普基地	0.84	2.59	0.05	25.00	7.12	中等
56	北京排水科普馆	4.62	15.38	0.17	12.50	8.17	中等
57	北京市奥运村科普教育园区	0.70	5.12	0.11	33.33	9.82	中等
58	北京市朝阳区规划艺术馆	2.46	21.03	5.24	4.17	8.22	中等
59	北京市朝阳区气象局	1.83	6.55	0.66	8.33	4.34	有待改进
60	北京市朝阳循环经济产业园管理中心	1.65	13.53	1.06	16.67	8.23	中等
61	北京市方志馆	1.33	18.18	0.02	16.67	9.05	中等
62	北京索明科普乐园有限公司	4.67	11.48	4.34	20.83	10.33	良好
63	北京陶瓷艺术馆（无 Word 版）	0.00	0.68	0.00	0.00	0.17	有待改进
64	朝阳区紧急医疗救援中心	5.05	10.14	0.21	12.50	6.97	中等
65	国家电力科技展示中心	0.26	5.48	0.00	12.50	4.56	合格
66	国家动物博物馆	1.34	8.80	1.18	29.17	10.12	良好
67	首都医科大学附属北京安贞医院	2.12	4.85	0.54	29.17	9.17	中等
68	中国传媒大学传媒博物馆	3.50	15.79	0.05	29.17	12.13	良好
69	北京明宇时代信息技术有限公司	1.62	17.14	0.65	20.83	10.06	良好
70	北京市陈经纶中学	0.03	3.44	0.11	12.50	4.02	有待改进
71	北京市禁毒教育基地管理中心	2.62	15.57	0.69	25.00	10.97	良好
72	北京中医药大学中医药博物馆	6.61	6.36	0.05	12.50	6.38	中等
73	汉能清洁能源展示中心	1.82	9.09	1.81	16.67	7.35	中等
74	民航博物馆	0.86	33.43	0.17	25.00	14.87	良好
75	首都图书馆	1.08	19.66	1.53	12.50	8.69	中等
76	中国电影博物馆	7.40	6.82	17.12	20.83	13.04	良好
77	中国科学技术馆	100.00	100.00	100.00	29.17	82.29	优秀
78	北京奥林匹克公园管委会	2.30	32.13	1.57	12.50	12.13	良好
79	国家体育场（鸟巢）	0.94	1.72	1.06	4.17	1.97	有待改进
80	奥运工程建设展示馆	0.69	9.80	0.00	16.67	6.79	中等
81	北京国家游泳中心有限责任公司	0.58	14.70	0.00	4.17	4.86	合格
82	中国科学院心理研究所	0.39	1.30	0.07	16.67	4.60	合格

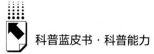

续表

序号	基地名称	科普人员服务能力	基础设施	科普经费投入	科普活动举办能力	科普能力指数	等级评价
83	中国农业博物馆	4.77	8.87	0.14	16.67	7.61	中等
84	中国铁道博物馆东郊展馆	1.61	17.72	0.52	12.50	8.09	中等
85	北京海东硬创科技有限公司	0.81	9.70	0.79	25.00	9.07	中等
86	北京康力优蓝机器人科技有限公司	0.53	2.90	0.63	8.33	3.10	有待改进
87	北京节水展馆	0.55	8.25	0.31	4.17	3.32	有待改进
88	北京市植物园	1.36	14.21	0.05	16.67	8.07	中等
89	国家工程技术图书馆（中国科学技术信息研究所）院士著作馆	0.53	30.53	0.11	33.33	16.12	优秀
90	北京市海淀科技中心	5.82	18.06	0.34	37.50	15.43	良好
91	北京北科光大信息技术股份有限公司	1.14	8.13	1.74	12.50	5.88	合格
92	北京大学科普基地	49.55	9.49	0.99	33.33	23.34	优秀
93	北京大学口腔医院	0.43	6.11	0.01	20.83	6.85	中等
94	北京航空航天大学"月宫一号"科普基地	0.44	0.04	0.02	4.17	1.17	有待改进
95	北京交通大学机构创新与机器人学实验室	0.66	11.66	0.14	12.50	6.24	中等
96	北京交通大学结构风工程与城市风环境北京市重点实验室	0.77	3.78	0.02	12.50	4.27	有待改进
97	北京理工大学	1.45	9.38	0.00	12.50	5.83	合格
98	北京气象科普馆	5.81	0.87	0.00	4.17	2.71	有待改进
99	北京三元农业有限公司	0.75	11.81	0.09	20.83	8.37	中等
100	北京交通大学物理演示与探索实验室	1.44	8.67	0.00	8.33	4.61	合格
101	北京市海淀百望山森林公园	0.83	10.37	0.01	12.50	5.93	合格
102	北京市海淀区博物馆	0.98	4.62	0.00	8.33	3.48	有待改进
103	北京市团城演武厅管理处	0.66	6.39	0.28	8.33	3.92	有待改进
104	北京市颐和园管理处	6.82	81.70	0.80	33.33	30.66	优秀
105	北京邮电大学多学科交叉科普研究中心	2.26	2.12	0.09	16.67	5.28	合格
106	北京邮电大学信息通信动态新技术科普展厅	2.26	2.12	0.09	16.67	5.28	合格
107	大钟寺古钟博物馆	2.03	5.63	0.00	16.67	6.08	合格
108	电力系统动态模拟实验室	0.77	5.67	0.01	8.33	3.70	有待改进

续表

序号	基地名称	科普人员服务能力	基础设施	科普经费投入	科普活动举办能力	科普能力指数	等级评价
109	轨道工程实验室	0.87	9.10	1.42	20.83	8.06	中等
110	国家纳米科学中心	0.59	4.55	0.10	8.33	3.39	有待改进
111	人工智能与大数据科普基地	4.86	2.85	0.76	29.17	9.41	中等
112	香山公园	1.39	14.44	0.03	12.50	7.09	中等
113	智能技术与装备展馆	4.22	19.37	0.19	16.67	10.11	良好
114	中国科学院计算技术研究所	0.22	0.38	0.02	20.83	5.36	合格
115	中国科学院植物研究所	2.37	14.83	0.20	41.67	14.77	良好
116	中国林业科学研究院	4.20	27.86	0.08	16.67	12.20	良好
117	中国蜜蜂博物馆	1.37	9.93	0.11	8.33	4.94	合格
118	中国农业大学中国饲料博物馆	0.83	9.96	0.02	12.50	5.83	合格
119	中国气象局气象宣传与科普中心（中国气象科技展厅）	3.40	4.04	0.03	20.83	7.08	中等
120	北京花乡世界花卉大观园有限公司	2.52	8.97	0.30	12.50	6.07	合格
121	北京辽金城垣博物馆	1.40	5.71	0.01	12.50	6.99	中等
122	北京市营养源研究所	4.26	3.30	0.29	8.33	4.05	有待改进
123	首都医科大学（解剖标本陈列厅）	0.46	1.55	0.01	4.17	1.55	有待改进
124	北京汽车博物馆（丰台区规划展览馆）	1.97	15.89	18.15	45.83	20.46	优秀
125	北京市大葆台西汉墓博物馆	0.73	0.03	0.07	29.17	7.50	中等
126	北京市丰台区东高地青少年科技馆	0.00	2.78	0.00	0.00	0.69	有待改进
127	北京市丰台区循环经济产业园	0.63	6.31	0.01	12.50	4.86	合格
128	北京市体检中心	0.00	4.13	0.00	0.00	1.03	有待改进
129	北京市无偿献血科普教育基地（全军采供血中心）	2.47	10.24	0.01	4.17	4.22	有待改进
130	北京市丰台区科技馆	1.72	9.59	0.05	12.50	5.97	合格
131	南宫世界地热博览园	1.80	33.36	2.32	8.33	11.45	良好
132	中国康复研究中心	2.37	20.69	0.00	12.50	8.89	中等
133	中国消防博物馆	2.02	7.33	0.63	29.17	9.79	中等
134	中国园林博物馆北京筹备办公室	5.43	9.85	0.91	45.83	15.51	优秀
135	中华航天博物馆	2.20	14.81	0.10	8.33	6.36	中等
136	北京石景山游乐园	0.59	33.30	0.65	16.67	12.80	良好
137	城市道路交通智能控制技术北京市重点实验室	7.44	17.78	0.12	12.50	9.46	中等
138	北京市石景山区青少年活动中心	0.33	17.91	0.02	16.67	8.73	中等

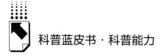

续表

序号	基地名称	科普人员服务能力	基础设施	科普经费投入	科普活动举办能力	科普能力指数	等级评价
139	中国第四纪冰川遗迹陈列馆	0.86	6.00	0.02	12.50	4.85	合格
140	中国华录北京研发和产业基地	0.45	6.58	0.04	8.33	3.85	有待改进
141	中国科学院高能物理研究所	11.41	6.31	0.10	4.17	5.50	合格
142	中国医学科学院整形外科医院	0.77	6.28	0.00	12.50	4.89	合格
143	北京瓷茗缘黄芩文化园	4.06	17.83	0.13	8.33	7.59	中等
144	北京市门头沟区科技馆	1.23	18.21	0.06	20.83	10.08	良好
145	北京市门头沟区琉璃渠中小学劳动艺术教育基地	2.16	22.88	0.46	8.33	8.46	中等
146	北京市门头沟区雁翅中小学素质教育基地	1.66	14.63	0.00	12.50	7.20	中等
147	绿纯（北京）科技有限公司	0.63	9.15	0.06	16.67	6.63	中等
148	门头沟区防空防灾宣教体验馆	0.65	8.54	0.01	4.17	3.34	有待改进
149	永定河文化博物馆	0.90	7.43	0.44	16.67	6.36	中等
150	北京灵之秀文化发展有限公司（灵之秀山茶园）	0.36	19.58	0.22	25.00	11.29	良好
151	北京小龙门森林公园有限责任公司	0.35	74.80	0.36	8.33	20.96	优秀
152	北京草根堂种养殖专业合作社	1.16	9.30	0.16	29.17	9.95	中等
153	北京农业职业学院	3.54	13.21	0.85	8.33	6.48	中等
154	北京市房山区上方山国家森林公园管理处	0.28	4.78	0.12	12.50	4.42	合格
155	北京泰华芦村种植专业合作社	0.43	12.32	0.23	8.33	5.33	合格
156	北京御蜂堂蜜蜂文化体验厅	0.53	1.99	0.05	12.50	3.77	有待改进
157	康莱德国际环保植被（北京）有限公司	1.42	12.92	0.09	25.00	9.86	中等
158	北京市西周燕都遗址博物馆	1.03	11.64	0.00	16.67	7.33	中等
159	中国房山世界地质公园	28.59	53.85	1.25	29.17	28.21	优秀
160	中国房山世界地质公园博物馆	1.42	11.91	0.36	20.83	8.63	中等
161	中国核工业科技馆	1.27	16.49	2.78	8.33	7.22	中等
162	周口店北京人遗址博物馆	2.35	9.16	0.25	33.33	11.27	良好
163	北京京林园林绿化工程有限公司	1.11	15.40	0.55	58.33	18.85	优秀
164	北京凯达恒业农业技术开发有限公司	0.53	11.91	0.03	16.67	7.28	中等
165	北京生态岛科技有限责任公司	2.12	1.36	0.15	8.33	2.99	有待改进
166	北京碧海圆科普教育基地	0.73	63.92	0.09	16.67	20.35	优秀

续表

序号	基地名称	科普人员服务能力	基础设施	科普经费投入	科普活动举办能力	科普能力指数	等级评价
167	北京防雷科技展览馆	0.17	1.77	0.10	4.17	1.55	有待改进
168	北京花儿朵朵花仙子农业有限公司	2.42	7.60	0.13	20.83	7.75	中等
169	北京市通州区博物馆	0.47	6.88	0.00	25.00	8.09	中等
170	北京市通州区气象局	1.56	6.69	0.12	4.17	3.13	有待改进
171	北京市通州区图书馆	0.99	11.20	0.16	54.17	16.63	优秀
172	北京伟嘉盛邦生物技术有限公司	0.62	12.99	0.02	8.33	5.49	合格
173	北京文旺阁木作博物馆	1.69	58.36	0.06	100.00	40.03	优秀
174	北京中农富通园艺有限公司	2.42	13.48	0.48	33.33	12.43	良好
175	第五季富饶（北京）生态农业园有限公司	2.20	34.90	0.27	16.67	13.51	良好
176	华新绿源环保股份有限公司	0.37	7.02	0.00	29.17	9.14	中等
177	神舟绿鹏农业科技有限公司	1.29	11.94	0.14	20.83	8.55	中等
178	中国民兵武器装备陈列馆	0.41	9.37	0.14	8.33	4.56	合格
179	北京百年世界老电话博物馆	0.53	8.50	0.01	8.33	4.34	有待改进
180	北京龙湾巧嫂果品产销专业合作社	2.74	22.05	0.15	37.50	15.70	优秀
181	北京鲜花港投资发展中心	3.23	25.46	0.23	37.50	16.60	优秀
182	北京薛氏沣谷科技有限公司	0.95	10.54	0.02	12.50	6.00	合格
183	飞行家北京太空体验馆	1.59	6.48	0.01	16.67	6.19	合格
184	国际安全防卫学院	2.69	21.76	0.99	29.17	13.65	良好
185	北京盈创再生资源回收有限公司	0.93	8.11	0.04	16.67	6.44	中等
186	中北华宇建筑工程公司培训中心	0.27	13.12	0.02	16.67	7.58	中等
187	北京好开心园区地球村3号（金珠满江农业有限公司）	1.18	14.66	0.67	29.17	11.42	良好
188	北京留民营观光农业有限责任公司	1.16	14.85	0.13	33.33	12.37	良好
189	北京麋鹿生态实验中心	0.00	10.07	0.00	0.00	2.52	有待改进
190	北京庞各庄乐平农产品产销有限公司	1.50	24.03	0.09	45.83	17.86	优秀
191	北京三元食品股份有限公司	1.68	16.46	0.05	16.67	8.71	中等
192	北京市交通安全宣传教育基地	2.10	5.55	1.41	12.50	5.39	合格
193	北京天普太阳能工业有限公司	1.05	14.83	0.15	33.33	12.34	良好
194	北京消防教育训练中心	1.66	8.37	0.38	4.17	3.64	有待改进
195	北京绿野晴川动物园有限公司	9.45	14.60	0.32	20.83	11.30	良好
196	红星集体农庄阳光农事体验园	1.76	8.88	0.22	29.17	10.01	良好
197	中国印刷博物馆	0.89	25.13	1.38	12.50	9.98	良好

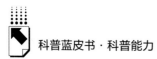

续表

序号	基地名称	科普人员服务能力	基础设施	科普经费投入	科普活动举办能力	科普能力指数	等级评价
198	北京精准农业科普教育基地	2.45	17.75	0.37	25.00	11.39	良好
199	北京市昌裕新园农业科技中心	1.25	35.58	0.04	8.33	11.30	良好
200	北京市大东流苗圃	1.19	6.30	0.03	12.50	5.00	合格
201	北京市药品检验所	13.38	12.37	0.08	12.50	9.58	中等
202	北京天安农业发展有限公司	5.79	20.52	0.09	16.67	10.77	良好
203	北京银黄生态园航天育种主题展馆	0.48	8.71	0.06	4.17	3.35	有待改进
204	昌平区妇幼保健院	0.13	9.37	45.66	8.33	15.87	优秀
205	北京回龙观医院	29.05	28.81	44.28	12.50	28.66	优秀
206	特高压直流试验基地	0.67	6.82	0.06	16.67	6.05	合格
207	中国航空博物馆	6.61	7.43	0.90	4.17	4.78	合格
208	北京槐香现代农业科技有限公司	2.88	15.81	0.06	20.83	9.90	中等
209	北京农众实业有限公司	1.64	12.05	0.06	8.33	5.52	合格
210	北京二锅头酒博物馆	1.33	9.74	37.69	8.33	14.27	良好
211	北京老爷车博物馆	0.50	6.41	0.01	4.17	2.77	有待改进
212	北京三山蔬菜产销专业合作社	1.77	39.17	0.22	45.83	21.75	优秀
213	北京生存岛文化传播有限公司	16.56	40.87	0.19	33.33	22.74	优秀
214	北京市绿神鹿业有限责任公司	0.55	12.90	0.06	8.33	5.46	合格
215	北京手尚教育信息咨询有限责任公司	0.68	10.88	0.01	16.67	7.06	中等
216	北京永弘艺科技有限公司	0.30	11.98	0.03	16.67	7.24	中等
217	红螺湖鸟岛科普基地	0.00	0.00	0.00	0.00	0.00	有待改进
218	怀柔青少年健康教育中心	0.80	12.07	0.07	12.50	6.36	中等
219	北京济世恩康中草药种植中心	1.33	0.13	0.04	4.17	1.42	有待改进
220	北京聚陇山生态农业开发有限公司	1.03	18.36	0.07	4.17	5.91	合格
221	北京利农富民葡萄种植专业合作社	0.46	8.21	0.10	12.50	5.32	合格
222	北京玫瑰情园旅游开发有限公司	2.88	34.73	0.32	8.33	11.57	良好
223	北京蜜蜂大世界科技有限责任公司	2.36	20.77	0.17	25.00	12.07	良好
224	北京市密云区青少年宫	0.96	10.90	0.04	16.67	7.14	中等
225	北京邑仕庄园国际酒庄有限公司	0.00	0.02	0.00	0.00	0.00	有待改进
226	北京张裕爱斐堡国际酒庄	0.97	8.06	0.11	37.50	11.66	良好
227	密云区科技馆	2.27	8.74	0.05	20.83	7.97	中等
228	密云区气象科普教育基地	1.50	0.27	0.04	4.17	1.49	有待改进
229	中华蜜蜂科普馆	0.50	8.39	0.00	4.17	3.26	有待改进
230	北京市水生野生动植物救护中心	0.76	22.60	0.33	20.83	11.13	良好

续表

序号	基地名称	科普人员服务能力	基础设施	科普经费投入	科普活动举办能力	科普能力指数	等级评价
231	北京延庆硅化木国家地质公园	0.51	3.87	0.05	8.33	3.19	有待改进
232	马铃薯博物馆	0.43	4.93	0.06	8.33	3.44	有待改进
233	延庆博物馆	0.99	5.15	1.90	8.33	4.09	有待改进
234	延庆区地质博物馆	1.35	9.49	0.28	12.50	5.91	合格
235	詹天佑纪念馆	0.76	7.13	0.13	12.50	5.13	合格
236	中国长城博物馆	0.93	5.90	0.31	4.17	2.83	有待改进

表6 北京市科普传媒基地科普能力指数（2021）

序号	基地名称	科普人员	科普经费	科普作品	科普影响力	科普能力指数	等级评价
1	中国大百科全书出版社	14.60	6.35	99.66	99.71	55.08	优秀
2	北京科学技术出版社	100.00	25.01	39.21	100.00	66.05	优秀
3	中国科普博览	19.38	100.00	11.30	67.93	49.65	良好
4	北京市科技传播中心	50.00	19.52	8.11	0.00	19.41	中等
5	北京理工大学出版社有限责任公司	38.90	25.59	26.61	58.20	37.33	良好
6	《健康》杂志	1.65	0.00	0.48	8.84	2.74	有待改进
7	互动百科网	30.38	59.97	4.72	63.16	39.56	良好
8	北京电视台科教节目中心	25.85	32.69	2.79	9.76	17.77	合格
9	北京科技视频网	2.27	0.66	100.00	11.56	28.63	中等
10	《大自然》杂志	32.95	2.14	4.93	0.00	10.01	合格
11	中国科学报社	97.05	2.49	2.58	22.91	31.26	中等
12	北京科技报社	79.89	31.05	14.01	33.59	39.64	良好
13	海豚少儿科普出版中心	38.88	29.04	0.00	78.27	36.55	中等
14	《少年科学画报》杂志	35.47	7.38	1.29	26.79	17.73	合格
15	嘉星科技影业	2.42	44.85	6.71	20.53	18.63	合格
16	《天文爱好者》杂志	0.00	6.60	0.99	13.61	5.30	有待改进
17	《博物》杂志	14.56	0.58	4.72	9.76	7.41	有待改进
18	北京少年儿童出版社	6.92	4.43	0.04	81.02	23.10	中等
19	《环球科学》杂志	3.96	0.98	3.38	0.00	2.08	有待改进

表7 北京市科普培训基地科普能力指数（2021）

序号	基地名称	科普人员	科普经费	基础设施	科普活动	科普作品	科普能力指数	等级评价
1	中国科学院计算机网络信息中心	19.59	0.26	32.82	29.96	42.54	25.04	中等
2	北京师范大学科学传播与教育研究中心	0.09	0.00	100.00	0.00	0.11	20.04	中等
3	首都师范大学科技教育中心	0.00	0.01	3.10	5.99	0.33	1.89	有待改进
4	北京市宣武青少年科学技术馆	36.42	1.13	67.68	23.25	22.85	30.27	良好
5	北京急救医疗培训中心	12.64	0.01	4.56	4.40	10.19	6.36	有待改进
6	北京市科学技术进修学院	41.00	0.14	73.76	30.40	6.70	30.40	良好
7	北京市西城区青少年科技馆	15.63	0.16	45.90	21.60	17.98	20.25	中等
8	首都医科大学宣武医院	100.00	100.00	78.01	100.00	100.00	95.60	优秀
9	北京市科学技术进修学院	19.91	0.11	46.33	20.35	3.30	18.00	合格

表8 北京市科普研发基地科普能力指数（2021）

序号	基地名称	科普人员	科普经费	基础设施	科普作品	科普影响力	科普能力指数	等级评价
1	北京国际科技服务中心	19.78	0.21	18.97	2.01	6.13	9.42	有待改进
2	北京科技大学工程训练中心	11.39	0.29	100.00	1.41	100.00	42.62	良好
3	北京全景多媒体信息系统公司	21.74	6.67	46.11	28.65	5.12	21.66	中等
4	北京神舟航天文化创意传媒有限责任公司	95.80	45.70	55.36	4.47	22.47	44.76	良好
5	北斗启航	29.88	0.77	0.70	0.29	0.91	6.51	有待改进
6	北京邮电大学多学科交叉科普研究中心	96.12	0.00	0.00	0.29	0.00	19.28	合格
7	北京自然博物馆	18.56	5.75	1.81	22.18	0.00	9.66	有待改进
8	北京天文馆	0.00	100.00	18.00	0.00	0.00	23.60	中等
9	北京天强创业电气技术有限责任公司	30.01	6.21	73.83	0.38	27.82	27.65	中等
10	北京市宣武青少年科学技术馆	100.00	24.17	84.48	100.00	6.30	62.99	优秀
11	北京市农林科学院农业信息与经济研究所	36.56	1.25	60.67	98.56	49.37	49.28	良好
12	北京千松科技发展有限公司	10.08	1.28	46.78	11.03	16.79	17.19	合格

（二）数据分析与科普能力现状

1. 北京市科普基地的综合表现

在采用 Z 分数算出四类基地的科普能力指数后，可以看到，在教育基地中，表现较好的科普基地为中国科学技术馆、北京文旺阁木作博物馆，北京邑仕庄园国际酒庄有限公司的表现相对一般；在传媒基地中，北京科学技术出版社、中国大百科全书出版社的表现最好，《环球科学》杂志的排名相对较低；在培训基地中，首都医科大学宣武医院、北京市科学技术进修学院的排名最好，首都师范大学科技教育中心的排名相对靠后；在研发基地中，北京市宣武青少年科学技术馆、北京市农林科学院农业信息与经济研究所的表现较好，北斗启航的表现相对一般。

除了各类科普基地的整体排名之外，具体来看，影响科普能力指数的指标主要有六大类，分别是：科普人员服务能力、科普经费投入、基础设施建设、科普作品产出、科普活动举办能力、科普影响力。

2. 科普人员服务能力

针对"科普人员服务能力"一项，四类基地均有该项指标。其二级指标通常包括科普人员人数，如科普业务人员、讲解人员、志愿者、科技记者、科普教师、研发人员等人数，以及对本单位科普业务人员的培训情况。

在教育基地中，中国科学技术馆"科普人员服务能力"一项的标准分超过第二名北京大学科普基地约 40 分，位居第一名。在原始数据中，中国科学技术馆的科普业务人员、讲解员和志愿者总人数为 9489 人，这一体量远远超过其他基地。而红螺湖鸟岛科普基地、北京邑仕庄园国际酒庄有限公司、北京陶瓷艺术馆、北京市丰台区东高地青少年科技馆、北京市体检中心、北京麋鹿生态实验中心、北京大学第一医院在此项标准分均为最低。

在传媒基地中，"科普人员服务能力"标准分最高的基地是北京科学技术出版社。在原始数据中，该基地的科技人员和编辑记者总数较高，有 70 人；同时，该基地积极举办业务人员培训活动，共对本单位人员培训 11 次，培训总人数高达 600 人次。第二名中国科学报社的成绩也以 3 分之差紧随其

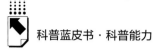

后。而《天文爱好者》杂志的"科普人员服务能力"标准分最低。

在培训基地中，首都医科大学宣武医院的"科普人员服务能力"标准分最高，超过第二名北京市科学技术进修学院 59 分。在原始数据中，该基地的科普教师人数很高，为 352 人；同时，该基地举办的培训活动较多，共举办 88 期，培训总人数达 799 人次。而首都师范大学科技教育中心的"科普人员服务能力"标准分最低。

在研发基地中，北京市宣武青少年科学技术馆的"科普人员服务能力"标准分最高。在原始数据中，该基地的研发人员总数并不是很高，为 27 人，而该基地举办的培训活动较多，共对本单位人员培训 25 次，培训总人数高达 710 人次。另外，北京邮电大学多学科交叉科普研究中心和北京神舟航天文化创意传媒有限责任公司两个基地的"科普人员服务能力"仅次于第一名，表现也较好。而北京天文馆的"科普人员服务能力"标准分最低。

3. 科普经费投入

针对"科普经费投入"一项，四类基地均有该项指标，且四类基地的二级指标相同，均为 2016 年、2017 年、2018 年的总投入（财政投入加其他投入）。

在教育基地中，中国科学技术馆的三年总投入最高，为 142306.13 万元，标准分超过第二名昌平区妇幼保健院 45 分位居第一；而北京市通州区博物馆、北京市西周燕都遗址博物馆、首都医科大学附属复兴医院、北京国家游泳中心有限责任公司、北京麋鹿生态实验中心、北京交通大学物理演示与探索实验室、中华蜜蜂科普馆、北京王府井古人类文化遗址博物馆、北京文博交流馆、北京市海淀区博物馆等 17 所科普基地的财政投入标准分为 0。

在传媒基地中，中国科普博览的三年总投入最高，为 6218.2 万元，标准分超过第二名互动百科网近 50 分，超过"标杆"基地北京科学技术出版社近 75 分；而《健康》杂志的"科普经费投入"标准分最低，财政投入标准分为 0。

在培训基地中，首都医科大学宣武医院的三年总投入最高，为

659427.85 万元，标准分超过第二名北京市宣武青少年科学技术馆 98 分，远远超过其他单位；而北京师范大学科学传播与教育研究中心的"科普经费投入"标准分最低，财政投入标准分为 0。在这项指标中，呈现了极大的差异性，表现最优越的基地远超其他基地的标准分。

在研发基地中，北京天文馆的三年总投入最高，为 29278 万元，标准分超过第二名北京神舟航天文化创意传媒有限责任公司近 56 分，超过"标杆"基地北京市宣武青少年科学技术馆近 75 分；而北京邮电大学多学科交叉科普研究中心的"科普经费投入"标准分最低，财政投入标准分为 0。

4. 基础设施建设

针对"基础设施建设"一项，教育基地、培训基地和研发基地均有该项指标。其二级指标通常包括科普场馆面积、陈列展品数量、放映厅座位数、科普培训教室个数、科普培训放映室个数、科普研发设施占地面积、科普研发设施主要加工设备等。

在教育基地中，除第一名中国科学技术馆之外，北京动物园"基础设施建设"一项指标的标准分最高，超过第三名近 20 分。在原始数据中，其场馆面积为 4500 平方米，年参观量高达 900 万人次，陈列展品数量 2400 件，同时最大接待量为 5 万人次，在这些二级指标中，北京动物园的表现都较为优秀。而红螺湖鸟岛科普基地、北京市疾病预防控制中心健康教育所的表现相对一般，在此项标准分均为最低。

在培训基地中，"基础设施建设"标准分最高的基地是北京师范大学科学传播与教育研究中心，超过第二名"标杆基地"首都医科大学宣武医院近 22 分。在原始数据中，该基地的放映厅个数较多。而首都师范大学科技教育中心"基础设施建设"标准分最低。

在研发基地中，北京科技大学工程训练中心"基础设施建设"一项指标的标准分最高，超过第二名"标杆基地"北京市宣武青少年科学技术馆近 16 分。在原始数据中，科普研发设施占地面积较广，为 4076 平方米；科普研发设施主要加工设备较多，有 1369 套。而北京自然博物馆的"基础设施建设"标准分最低。

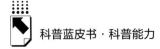

5. 科普作品产出

针对"科普作品产出"一项,传媒基地、培训基地和研发基地均有该项指标。其二级指标通常包括固定科普栏目、专题影视片数量、图书发行量、出版社年出版科普作品年发行总量、音像制品发行量、科普期刊报刊年发行总量、杂志发行量、网站科普栏目数、网站专栏科普栏目数量等。

在传媒基地中,北京科技视频网"科普作品产出"一项指标的标准分最高,超过"标杆"基地北京科学技术出版社近60分。在原始数据中,其电台电视台年固定科技科普栏目较多,为10个;电台电视台周播出总次数较高,为25万次;电台电视台总时长较长,为150万分钟。在这些二级指标中,北京科技视频网的表现都较为优秀。同时,此项指标的第二名中国大百科全书出版社的表现也较为优秀。而海豚少儿科普出版中心的表现相对一般,此项标准分为最低。

在培训基地中,"科普作品产出"标准分最高的基地是首都医科大学宣武医院,标准分超过第二名中国科学院计算机网络信息中心近45分。在原始数据中,已编制过科普培训教学大纲481种,已出版的科普培训教材16种。而北京师范大学科学传播与教育研究中心的表现相对一般,此项标准分为最低。

在研发基地中,北京市宣武青少年科学技术馆"科普作品产出"一项指标的标准分最高。而第二名北京市农林科学院农业信息与经济研究所与第一名相差仅1分左右。在原始数据中,北京市农林科学院农业信息与经济研究所2016~2018年研发科普产品数量较多,有885种;2016~2018年推广科普研发产品数量较高,有1625种。而北京天文馆的表现相对一般,均为9种,此项标准分为最低。

6. 科普活动举办能力

针对"科普活动举办能力"一项,教育基地、培训基地均有该项指标。其二级指标通常包括每年举办的特色科普活动数、已培训过科普人员数、已执行过科普培训课程计划、已开展过科普培训期数等。

在教育基地中,北京服装学院民族服饰博物馆、北京文旺阁木作博物馆

"科普活动举办能力"一项指标的标准分最高，超过"标杆"基地中国科学技术馆近 70 分。在原始数据中，其特色科普活动均有 24 种，表现都较为优秀。其中，北京服装学院民族服饰博物馆的特色科普活动有"朝鲜时代御真御衣服饰复原展""'传统手工艺双针绣技法'实践课""'朝鲜时代御真、王世子法服、世子妃翟衣着装研究及试演'讲座"等；北京文旺阁木作博物馆的特色科普活动有"参观古代建筑与家具科技展览""参观二十四节气与古代农具科技""体验自制刨花创意画"等。同时，此项指标的第三名北京市珐琅厂有限责任公司的表现也较为优秀。而北京陶瓷艺术馆、北京市丰台区东高地青少年科技馆、北京市体检中心、北京麋鹿生态实验中心、红螺湖鸟岛科普基地、北京邑仕庄园国际酒庄有限公司的"科普活动举办能力"标准分最低，均无科普活动。

在培训基地中，"科普活动举办能力"标准分最高的基地是首都医科大学宣武医院，标准分超过第二名北京市科学技术进修学院近 70 分。在原始数据中，该基地已培训过科普人员 45760 人，已执行过科普培训课程计划481 种，已开展过科普培训 18 期。而北京师范大学科学传播与教育研究中心的表现相对一般，在此项标准分均为最低。

7. 科普影响力

针对"科普影响力"一项，传媒基地、研发基地均有该项指标。其二级指标均为国家级获奖、省级获奖、其他获奖 3 项。

在传媒基地中，北京科学技术出版社"科普影响力"一项指标的标准分最高。在原始数据中，其省级获奖有 29 项，其他获奖有 7 项，表现都较为优秀。同时，此项指标的第二名中国大百科全书出版社、第三名北京少年儿童出版社、第四名海豚少儿科普出版中心的表现也较为优秀。而北京市科技传播中心、《大自然》杂志、《环球科学》杂志的"科普影响力"标准分最低，均无获奖。

在研发基地中，"科普影响力"标准分最高的基地是北京科技大学工程训练中心，标准分超过第二名北京市农林科学院农业信息与经济研究所约50 分，超过"标杆"基地北京市宣武青少年科学技术馆近 94 分。在原始数

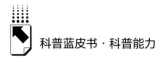

据中，该基地的国家级获奖有 31 项，省级获奖有 59 项。而北京自然博物馆、北京邮电大学多学科交叉科普研究中心、北京天文馆的表现相对一般，在此项标准分均为最低，均无获奖。

四 案例研究

（一）案例选取思路与依据

根据北京市科普基地特点建立的指标体系及由 Z 分数运算得出的等级评价结果，课题组选取相关专家进行了深入访谈，本报告案例选取受访专家所在科普基地。

由于本报告中教育基地的数目占到大多数，所以将访谈对象选定为教育基地中科普能力指数较高的基地——科普能力指数排名第二的北京文旺阁木作博物馆和第四的北京市颐和园管理处。然后对北京文旺阁木作博物馆馆长王文旺和北京市颐和园管理处宣教科副科长、副研究员颜素进行了采访，并为科普基地提升国家科普能力总结并提出了一些具有可行性的方案和建议。

（二）案例数据分析与研究发现

1. 有关案例原始数据

表 9 为北京文旺阁木作博物馆与北京市颐和园管理处各项指标原始数据，表 10 为北京文旺阁木作博物馆等 5 个基地科普能力指数。

表 9 北京文旺阁木作博物馆与北京市颐和园管理处各项指标原始数据

一级 指标	权重 （%）	二级 指标	权重 （%）	指标具体 含义	教育类科普 基地各二级 指标平均值	北京文旺阁 木作博物馆 原始数据	北京市 颐和园管理 处原始数据
科普人员 服务能力	21	科普业务人员	7	科普业务人员数（人）	17	16	9
		讲解人员	7	讲解人员数（人）	13	6	60
		志愿者	7	志愿人员数（人）	70	6	40

续表

一级 指标	权重 （%）	二级 指标	权重 （%）	指标具体 含义	教育类科普 基地各二级 指标平均值	北京文旺阁 木作博物馆 原始数据	北京市 颐和园管理 处原始数据
基础设施	32	科普场馆面积	5	科普场馆面积（平方米）	133892.94	9000	4868
		年参观量	1	年参观量（人次）	549440	156275	16000000
		互动展项数量	6	互动展项数量（件）	50	45	4
		陈列展品数量	1	陈列展品数量（件）	803	25810	40000
		同时最大接待量	1	同时最大接待量（人次）	5178	500	100000
		开放天数	2	开放天数（天/年）	254	360	365
		放映厅座位数	9	放映厅座位数（个）	100	260	0
		新增展品数量	5	新增展品数量（套/件）	58	1650	3000
		新增展品占地面积	2	新增展品占地面积（平方米）	576	700	600
科普经费投入	21	2016年总投入	7	2016年的财政投入（万元）+其他投入（万元）	720.70	15	350
		2017年总投入	7	2017年的财政投入（万元）+其他投入（万元）	819.87	35	380
		2018年总投入	7	2018年的财政投入（万元）+其他投入（万元）	3019.49	50	400
科普活动举办能力	26	特色科普活动数	26	每年举办特色科普活动的数量（次）	4	24	8

表10 北京文旺阁木作博物馆等5个基地科普能力指数

单位：分

排名	基地名称	区域	科普人员 服务能力 指数	基础设施 指数	科普经费 投入指数	科普活动 举办能力 指数	科普能力 指数	等级 评价
1	中国科学技术馆	朝阳区	100	100	100	29.17	82.29	优秀
2	北京文旺阁木作博物馆	通州区	1.69	58.36	0.06	100	40.03	优秀
3	北京动物园	西城区	3.64	99.53	0.34	33.33	34.21	优秀
4	北京市颐和园管理处	海淀区	6.82	81.70	0.80	33.33	30.66	优秀
5	北京回龙观医院	昌平区	29.05	28.81	44.28	12.50	28.66	优秀
平均值			2.81	13.27	1.87	17.46	8.85	/

2. 典型案例分析

（1）北京文旺阁木作博物馆的结果分析

北京文旺阁木作博物馆位于通州区，属于企业单位，其基地主题为"中国传统木作科普文化"，主要服务适用于各阶层与年龄段的参观与体验者，尤其对于青少年的教育意义重大。该基地的发展方向和思路是："不断增加科普展览，开发更多科普课程，针对不同年龄段的人群，通过木作的科普展览及科普互动，增强整体的科普意识与素养。"

由表10可知，北京文旺阁木作博物馆表现较好的一级指标为基础设施指数和科普活动举办能力指数。其中，科普活动举办能力指数可以排到全部教育类科普基地的第一位；而科普人员服务能力指数与科普经费投入指数的表现较弱，两者的分数与平均值的差距较大。

从原始数据中可以看到，北京文旺阁木作博物馆有关"科普人员服务能力"一项的各二级指标项均低于教育类科普基地各二级指标项的平均水平。其中，"科普业务人员"所占比例最大、人数最多，最接近平均水平，为16人；而"讲解人员"与"志愿者"则各有6人。这个数据与其他各总排名靠前的基地相差较多，尤其是与第一名"中国科学技术馆"的总人数9489人相比，则差距更大。

在一级指标"基础设施"中，北京文旺阁木作博物馆的表现与上一指标项相比不尽如人意。其中，"陈列展品数量""开放天数""放映厅座位数""新增展品数量""新增展品占地面积"五项的表现较好，尤其是有关"展品数量"的指标项，超出平均水平较多，为其优势所在。其特色展品包括"中国古代木作科技展""中国古代二十四节气与农具科技展""中国古代三百六十行科技展""中国古代建筑科技展""中国古代建筑与家具科技展""中国古代美（历）纹饰展""中国古代婚俗科技展""中国古代儿童家具科技展""中国古代大运河文化展""中国古代明清家具展""中国古代弓弩科技展""中国新中国成立70周年科技展""中国古代军事器械科技展"等。

一级指标"科普经费投入"是北京文旺阁木作博物馆表现最弱的一项，

其 2016 年、2017 年、2018 年的科普经费总投入（财政投入与其他投入之和）均低于教育类科普基地该二级指标项的平均水平。

而在一级指标"科普活动举办能力"中，北京文旺阁木作博物馆的表现为 237 个教育类科普基地中的最佳，科普能力指数为 100 分。从原始数据中可以发现，北京文旺阁木作博物馆每年举办特色科普活动的数量为 24 次，这个数字是平均值"4 次"的 6 倍。其特色活动主要以课程和体验为主，包括"参观古代木作科技展""参观二十四节气与古代农具科技""参观古代三百六十行展览""参观木作建筑科技展览""参观古代建筑与家具科技展览""参观古代美（历）纹饰科技展览""参观古代招幌科技展览""参观古代婚俗科技展览""参观古代儿童家具科技展""参观大运河文化科技展""参观明清家具科技展""参观弓弩科技展""参观新中国成立 70 周年展览""参观古代军事器械科技展""体验二十生肖拓印活动""体验自制无动力小车活动""体验自制刨花创意画""体验拼装木牛流马""体验自制鲁班锁""体验自制运河桥""体验自制运河船""体验拆装鲁班锁""体验拆装小板凳""体验拼搭达芬奇桥"等。

（2）北京市颐和园管理处的结果分析

北京市颐和园管理处位于海淀区，属于事业单位，其基地主题为"中国古典园林文化"，主要服务对象面较广，为全体游客。该基地的发展方向和思路是："完善颐和园科普品牌建设；整合科普活动资源，增加特色科普活动的质量和数量；加强科普场馆基础建设；不断强化科普教育功能；多思考科普源头的科普创作，多出各种形式、各种内容的科普精品，为游客和广大青少年提供具有丰富营养的精神食粮。"基地面临的主要问题有科普专业人员不足、科技转化能力有待提升、科普活动直接接待能力有限、科普场地面积有限。对管理部门的建议是：增加科普政策支持、增加科普设施及其维护和宣传资金支持、提高科普工作人员队伍建设并落实待遇。

从原始数据中可以看到，北京市颐和园管理处有关"科普人员服务能力"一项的各二级指标项表现一般，大多低于教育类科普基地各二级指标项的平均水平。其中，"讲解人员"所占比例最大、人数最多，为60名，超过了平均水平的13人；而"科普业务人员"与"志愿者"均低于平均水平，分别为9人和40人。这个数据虽优于第二名北京文旺阁木作博物馆和第三名北京动物园，但与第一名"中国科学技术馆"的总人数9489人相比，还是有相当大的差距。

在一级指标"基础设施"中，北京市颐和园管理处的表现较为优秀，与第一名中国科学技术馆的科普能力指数仅有约18分的差距。其中，"年参观量""陈列展品数量""同时最大接待量""开放天数""新增展品数量""新增展品占地面积"六项的表现较好，尤其是有关"参观量"和"接待量"的指标项，由于颐和园自身具有的优越性，超出平均水平较多，为其优势所在。其特色展品包括"中国清代园林古建筑原状展示""颐和园文物文化专题展""皇家园林生态原貌展示"等；新增展品包括"上海豫园馆藏海派书画名家精品展""中国明清女性生活展""鄂尔多斯青铜器特展""明清德化窑白瓷精品展""慈禧时代的瓷器展""吉林省博物院藏'南张北溥'书画特展""中国古代音乐文化展""颐和园与彼得夏宫——中俄两国皇家园林阿廖娜·瓦西里耶娃油画展""青铜化玉 汲古融今特展""中国古代吉祥文化展"等。

一级指标"科普经费投入"是北京市颐和园管理处表现最弱的一项，其2016年、2017年、2018年的科普经费总投入（财政投入与其他投入之和）均低于教育类科普基地该二级指标项的平均水平。尤其是2018年，其科普经费投入与平均值的差距拉到最大值。

在一级指标"科普活动举办能力"中，北京市颐和园管理处的表现不尽如人意。从原始数据可知，北京市颐和园管理处每年举办特色科普活动的数量为8次，超过平均值4次，但与第一名的24次相比仍有一定差距。其主要特色科普活动包括"雨燕环志科普活动""生物多样性科普宣传月""科普游园会""科普夏令营""桂花文化科普展""古建科普活动""植物科普活动""观鸟导赏科普活动"等。

五 北京市科普基地科普能力的不足与建议

（一）科普基地科普能力中存在的不足

1. 基地间科普能力指数差距较大，各类型科普基地及科普主体间尚未形成发展合力

从科普能力指数运算结果中可以看出，北京市各类科普基地的科普能力指数差距较大，且呈现前几名极其优秀、之后指数骤降、最后几名科普能力指数极低的态势。而科普能力指数差距最大的基地类型是培训基地，差值近95分；相比而言，研发基地的指数差值较小，在57分左右。各类型基地的科普能力指数均呈现差值大、发展不均衡的态势。究其原因，发现与民营小型科普基地相比，国家重点扶持的科普基地的各指标项表现更为优秀。当然，也不排除个别基地对申报不够积极，申报时数据不够真实，或填写指标没有统一标准，从而出现了偏差较大的现象。

2. 行业内专业科普人员占比较小，科普文化建设工作亟待促进

在本报告中，"科普人员"主要指科普基地行业内的工作人员，这其中既有专业的科普人员，也有非专业的从业人员，具体包括了科普业务人员、讲解人员、志愿者、科技记者、文字编辑、科普教师、研发人员等。我们均以各类科普基地在"科普人员服务能力"一项表现最优秀的基地为例，在教育基地中表现最好的中国科学技术馆，其科普业务人员有512人，讲解人员有188人，而志愿者人数则高达8789人；在传媒基地中表现最好的北京科学技术出版社，其科技记者人数为0，而编辑人数为70人；在培训基地中表现最好的首都医科大学宣武医院，其科普教师总数高达352人，而其他同类培训基地的科普教师人数均未超过30人；在研发基地中表现最好的北京市宣武青少年科学技术馆，其科普教师总数也仅有27人。从以上数据可以看出，与非专业的从业人员，如志愿者、文字编辑相比，科普基地行业内的专业科普人员占比较小，这也会从一定程度上影响基地科普队伍的科学专

业素养。

3. 部分基地科普经费较短缺，基地间经费投入差距较大

从"科普经费投入"一项中可以看出，北京市四类科普基地均存在经费投入差距较大的现象，例如在教育基地中，经费投入最大的基地是中国科学技术馆，其三年总投入为142306.13万元，而在教育基地中，有16家的经费投入为0，其间差距巨大；在传媒基地中，中国科普博览的三年总投入最高，为6218.2万元，而此类基地中有一家基地的经费投入为0；在培训基地中，首都医科大学宣武医院的三年总投入最高，为659427.85万元，而此类基地中有一家基地的财政投入为0；在研发基地中，北京天文馆的三年总投入最高，为29278万元，而此类基地中经费投入最低的单位为73万元，差值也较大。这其中，经费投入为0的基地共有十几家，且"科普经费投入"一项标准分在10以下，甚至零点几的单位也不在少数。由此可见，在北京市的科普基地中，除了在此项表现极为优异的几家，普遍面临科普经费短缺问题。

4. 特色科普活动形式单一，科普资源挖掘不充分

在本报告中，涉及"科普活动举办能力"的基地类型是教育基地和培训基地，而针对此项的考察主要是看该基地举办的科普活动数。从科普活动调查中可以发现，教育基地中的科普活动形式主要为"参观"、"讲座"和"体验"三种，如北京文旺阁木作博物馆的"参观古代婚俗科技展览"活动、"体验自制运河船"活动，北京市珐琅厂有限责任公司的"童趣景泰蓝——儿童非遗作品专题展"活动、"道德大讲堂"活动等；而培训基地的活动形式主要就是培训课，如首都医科大学宣武医院国家远程卒中中心开展了远程国际学术交流36次、远程教育讲座36次、远程老年讲座12次等。在这些活动中，活动面大多数为小范围，每次受众基本在几十到几百人之间，而在教育基地中此项表现最好的基地，活动数也仅为24种，面对北京市的受众，这样的活动覆盖面确实不足。

5. 各区域科普能力与水平不平衡

从区域角度来看，北京市各区科普基地的科普能力也不尽相同。以教育

基地为例，在"基础设施"指标项中，从"参观量与接待量"维度看，石景山区表现最佳；从"新增展品占地面积"维度看，丰台区表现最好；从"科普场馆面积"维度看，朝阳区表现最佳。在"科普投入"指标项中，朝阳区的科普投入情况最好。在"科普人员"指标项中，朝阳区和东城区的表现最佳。尽管各区域在各维度的表现不同，但从总体来看，科普能力情况大致呈现了城区优于近郊又优于远郊的态势。

（二）促进北京市科普基地发展的建议

1. 注重自然科学和社会科学的结合，重视历史文化挖掘

在有关科普内容的访谈中，两位受访者均提出了"教育基地的科普内容要注重自然科学和社会科学相结合"的内容。由于自然科学知识具有极高的科学性和专业性，对于普通受众而言，具有一定的学习难度。而在普及自然科学知识的同时，加入相关的社会科学知识内容，会令科普内容变得生动有趣，也会降低受众的接受难度。

如颐和园拥有存活长达两百年的桂花，而桂花在北方是无法露地越冬的，那么在和游客科普如何利用科学知识使桂花在北方存活的同时，可以穿插桂花这类植物与颐和园的历史渊源：清朝慈禧太后极爱桂花，而桂花不能在北方的园子里过冬，所以颐和园专门设置了养桂花的大棚，种植一整年，在每年九月中下旬至国庆期间桂花开放时，工作人员再将桂花从大棚里拉出来，满园摆放，供人观赏。谈到社会科学知识，颜老师认为颐和园在做科普时拥有"得天独厚的条件"。在人文景观领域，颐和园拥有大量的楹联、匾额、彩画等，而在这其中又蕴含了丰富的有关三国、水浒、二十四孝等中华古典文化的历史知识，以此为基础可以开发大量社会科学科普的课程；而在自然景观领域，颐和园具备城市自然环境优势，形成了半山半水的自然条件，大量的植物、每年200多种越冬的鸟类等，都为颐和园的自然科学知识科普奠定了基础。

再如，在北京文旺阁木作博物馆为受众普及桥梁建设的自然科学知识的同时，可以穿插中国历史故事，例如赵州桥的传说等，增加科普内容的趣味

性；在进行鲁班锁等实践课程的过程中，除了传授手工技艺外，增添有关鲁班的历史文化知识的讲授内容，也有助于为受众带来更好的体验效果。而寻找社会科学与自然科学相结合的内容，是科普基地在运营过程中应当努力去挖掘的自身优势点。

2. 科普基地承担着普及科学意识和科学精神的责任

颐和园作为北京市内自然环境条件较好的一处园林，吸引了不少鸟类在此驻足、育雏。每年都会有北京雨燕在园内八方亭栖息、筑巢，这些都方便了科学家对北京雨燕展开科学观察和研究。在访谈过程中，颐和园的专家表示，科普基地的职能除了普及科学知识，也要重视对科学意识和科学精神的普及与培养。例如前些年发生在颐和园的"猫头鹰育雏"事件。北京市民在听说有猫头鹰在颐和园育雏后，纷纷前往颐和园观赏，不仅损坏了园内大片的草坪，还导致了两只猫头鹰雏鸟的丢失。自此之后，颐和园不再鼓励类似现场观鸟的科普活动。科普工作不仅仅要普及知识，在传递知识的过程中，更应考虑到知识背后的科学知识和人文关怀。引导游客采用科学的、无破坏性的、有秩序的方式赏鸟，正是培养游客科学意识和科学精神的体现。

再如，为了保证颐和园景观的完整性，颐和园在很早之前会通过打农药的方式来抑制病虫害，而农药的使用会造成一些负面影响，如昆明湖湖水富氧化等。但近些年来，颐和园正在逐步调整治理方案，目前已经有70%~80%的自然环境靠生物防治来维持，这样既维持了生态平衡、保证了食物链不短缺，也不会造成生物链的断裂，或者造成其他生物的死亡等。这些都在潜移默化中影响并培养着游客和受众的环保意识。

颐和园管理处相关人员认为，科普的首要目的虽然是普及科学知识，但科普不能仅仅是一种比较浅显、能够迅速地让人获取科学知识的手段，科普工作应当努力去引发受众更多、更深层次的思考，去有意识地培养受众的科学意识与科学精神。

3. 深度挖掘科普资源，积极调动科普基地的运转能力

面对"经费短缺"的问题，两位专家表示，除了靠政府支持以外，科普基地要能够灵活利用自身优势，深度挖掘基地内的科普资源。

颐和园主要通过结合园内的其他文化活动，从中寻找科普点，根据展览主题设计科普活动。例如，在颐和园举办有关家具专题展览的同时，工作人员会从中寻找可以进行科普的点，像榫卯结构的使用、鲁班锁的构建等。通过这种有效利用展览资源的方式来节约活动经费，实现更生动的科普。

而文旺阁木作博物馆则是通过职工培训、文化旅游、科普教育、文创开发等多种形式筹集经费。文旺阁木作博物馆负责人王老师认为"科普基地的灵魂是教育"，博物馆等科普基地属于非营利性质的组织，经费的筹集是为了将科普活动推动下去。作为科普基地，在面对此类问题时应当发挥主观能动性，积极调动科普基地的运转能力。

4. 与时俱进，利用科技优势打造新颖的品牌活动

部分科普基地拥有丰富的科普资源，却因客观现实条件无法将科普效果发挥到最大化。如颐和园的"戏曲文化""御膳文化"等，均因现实条件，无法接待大量受众，不得不暂缓普及。而科普基地自带的科技优势，逐渐帮助基地解决了这些问题。

颐和园的网络预约、闸机等设备，可以帮助实现戏曲、御膳等文化的普及；5G技术实现了园林内手机即时科普知识的收听；网上直播技术让颐和园的十七孔桥"金光穿洞"成为爆款。而在疫情限流限行的情况下，颐和园又在北京市公园管理中心的科普平台上推出了点击率极高的"听园"活动，让受众在家中就能听到鸟鸣声、雨滴声、蛙鸣声、风吹竹叶声、冰面炸冰声等，真正实现了足不出户就能在网络上欣赏到园林内的各种声音。这项活动既能给疫情中的受众带来一丝心灵的慰藉、缓解情绪，又能满足一些不方便出门的老年人或残障人士的需求。由此可见，科普基地除了传播科技知识外，也应当充分利用科技手段，与时俱进，打造更多形式新颖的品牌科普活动。

5. 加强职业培训，充分调动科普从业人员的热情和责任感

在科普基地的从业人员队伍中，存在部分非自然科学专业或非传播专业的科普工作人员，而不同领域之间的壁垒，往往会影响到科普人员的工作效率。

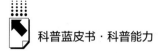

面对这一问题，文旺阁木作博物馆负责人认为，应当加强从业人员的职业培训。而颐和园管理处负责人认为，兴趣是最好的老师，应当充分调动科普从业人员的热情，传播者要有自己的思考和感悟，才能感染受众。颐和园管理处通过其他方式调动从业人员的积极性，如鼓励参加"科普知识讲解大赛"等活动、建立奖励机制等。颐和园的科普队伍每年都会派出成员参加全国科普讲解比赛，并且近两年都取得了不错的成绩。这些都有利于为科普队伍积累从业经验，培养科普人员的社会责任感。

六　小结

科普能力建设是一项科技基础性工作，不仅有助于提升全民科学素养，也是国家软实力的重要组成部分。加强科普能力建设是一项长期和艰巨的任务，需要政府主导，科技界、教育界和社会各界共同努力。

目前，从北京市科普基地的科普能力评估中可以看出，我国区域性科普基地尚存在区域发展不平衡、资金支持不充分、科普文化建设亟待促进、科普资源有待挖掘等问题。而这些问题，究其根本，与国家政策支持及科学面临的当前社会境遇密不可分。想要提升科普基地的科普能力，充分发挥科普基地的教育作用，除了从基础设施、科普经费、人才建设等与科普能力直接相关的方面入手外，科普基地还应承担起普及科学意识和科学精神的责任。

参考文献

《天津市科普基地认定管理办法》，2020 年 3 月 19 日，http：//kxjs. tj. gov. cn/zhengwugongkai/zfgkml/gkwj/2018/201812/t20181229_ 141881. hhtm。

《关于印发〈北京市科普基地管理办法〉的通知》，2014 年 4 月 14 日，http：//kw. beijing. gov. cn/art/2014/4/11/art_ 2386_ 2730. html。

《关于印发〈上海市科普基地管理办法〉的通知》，2019 年 9 月 2 日，http：//stcsm. sh. gov. cn/P/C/162039. htm。

黄丹斌、姚小明：《共建共享科普理论在创新科普基地的实践应用》，《科协论坛》2010 年第 8 期。

李婧、袁玮、许佳军：《科普基地标准研究初探》，《世界科学》2008 年第 7 期。

梁廷政、汤乐明、王玲玲等：《北京市科普基地资源分布情况及管理政策研究》，《科普研究》2019 年第 2 期。

刘娅、佟贺丰、于洁等：《我国政府部门和人民团体科普能力建设》，载王康友主编《国家科普能力发展报告（2017~2018）》，社会科学文献出版社，2018。

秦学、邹春洋：《广州市科普资源与科普基地类型及分布研究》，《广州市经济管理干部学院学报》2004 年第 2 期。

邱成利：《加强我国科普能力建设的若干思考与建议》，《中国科技资源导刊》2016 年第 5 期。

孙宝光、张启义、程文德等：《科普基地内涵建设与品牌打造的思考和探索》，《科学咨询》（科技·管理）2015 年第 1 期。

覃朝玲、徐小利：《科普基地的功能与作用综述》，《科教导刊》（上旬刊）2011 年第 19 期。

佟贺丰、刘润生、张泽玉：《地区科普力度评价指标体系构建与分析》，《中国软科学》2008 年第 12 期。

王刚、郑念：《科普能力评价的现状和思考》，《科普研究》2017 年第 1 期。

王利、李娜、赵梓辰：《天津市科普基地绩效评估体系——评估标准与指标体系设计》，《中国科技信息》2016 年第 7 期。

杨萍、李辉、张玉娟等：《北京市科普基地开放服务存在的问题及改进建议》，《科协论坛》2014 年第 1 期。

张思光、刘玉强、贺赫：《我国科研机构科普能力建设与成效评估研究》，载王康友主编《国家科普能力发展报告（2017~2018）》，社会科学文献出版社，2018。

祖宏迪、赵志明：《浅议北京市科普基地展示能力的提升》，《城市与减灾》2018 年第 2 期。

B.8
西部地区科普能力建设研究

——以宁夏回族自治区为例

莫 扬 邵鲁闽 池碧清 王晓琪 蔡金铭*

摘 要： 本研究以宁夏回族自治区为例分析西部少数民族地区科普能力建设评估情况、典型案例及问题。研究发现，宁夏科普能力对人均 GDP 的影响效果比较好。宁夏公民科学素质水平发展与本地区经济社会发展相匹配。农村中学科普工作走在前列，"科普＋特色农业＋旅游"初见成效。但科普工作保障机制还有待加强，科普队伍、经费、社会资源还不足。主要建议如下：将公民科学素质工作纳入各级党委、政府目标管理考核，建立和完善与乡村振兴相适应的农村科技推广和普及体系，充分利用全国科普体系助力宁夏特色产业营销传播。推广、升级"科普＋特色农业＋旅游"模式。充分发挥科普信息员作用，重点提升农民特别是农村妇女的科学素质。

关键词： 宁夏 科普能力评估 "科普小镇" 农村中学科技馆

---

* 莫扬，中国科学院大学人文学院教授，研究方向为科技传播、科技新闻；邵鲁闽，中国科学院大学人文学院硕士研究生，研究方向为科技传播；池碧清，中国科学院大学人文学院硕士研究生，研究方向为科技传播；王晓琪，中国科学院大学人文学院硕士研究生，研究方向为科技传播；蔡金铭，中国科学院大学人文学院硕士研究生，研究方向为科技传播。

本研究以宁夏回族自治区为例，分析西部少数民族地区科普能力建设评估情况及问题。主要研究内容包括：收集、整理、分析 2011～2019 年宁夏科普能力指数发展测评结果，尝试量化分析宁夏科普能力与经济、科技、教育发展的关系，分析宁夏科普能力建设的典型案例，剖析宁夏科普能力建设发展环境与存在的问题，提出宁夏科普能力提升的措施建议。研究方法采用了量化分析、案例研究、问卷调查、实地调研、专家咨询等。

一 宁夏科普能力发展指数测评结果分析

为统一标准，对宁夏回族自治区科普能力综合发展指数的分析指标体系采用《国家科普能力发展报告（2006～2016）》中对国家科普能力综合发展指数分析的指标。

多年以来，宁夏科技厅根据科技部全国科普统计调查工作的要求，组织开展自治区科普统计调查工作，从科普人员、科普经费、科普场地、科普传媒、科普活动、创新创业中的科普六个方面，对宁夏科普工作运行进行调查，积累了多年关于科普资源、科普工作运行的权威数据。

根据评价指标体系，采用基于"标准比值法"的综合评价指数编制方法分析宁夏回族自治区科普能力综合发展指数。相关数据根据《宁夏科普统计数据》《银川统计年鉴》《固原统计年鉴》《石嘴山统计年鉴》《吴忠统计年鉴》《中卫统计年鉴》《中国互联网络发展状况统计报告》整理。通过科普能力综合发展指数的变化，分析其发展现状和趋势，宁夏各市 2011～2019 年科普能力综合发展指数如图 1 所示。对于指数的测算，无论是宁夏回族自治区，还是宁夏的各个城市，都以宁夏 2011 年数据作为基期。需要说明的是，因固原市 2013 数据出现异常（指数值为 65.93，可能是原始数据出现了偏差），制图后影响整体效果，所以在图 1 中将固原市 2013 数值设为 0。

2011～2019 年，宁夏一级指标各年度综合发展指数，包括科普人员、

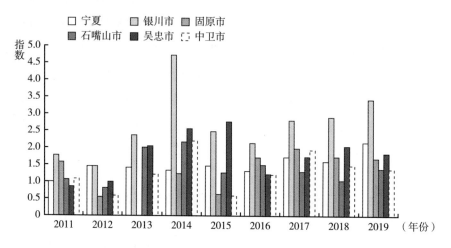

图 1 宁夏回族自治区及各市科普能力综合发展指数

科普经费、科普基础设施、科学教育环境、科普作品传播、科普活动 6 个维度，如图 2 所示。整体而言，2011～2019 年，宁夏科普基础设施指数上升趋势最为明显，科普人员指数、科普经费指数、科学教育环境指数、科普活动指数均有波动，但整体呈上升趋势；科普作品传播指数下降趋势最为明显；各级指标均呈现一定程度的波动。

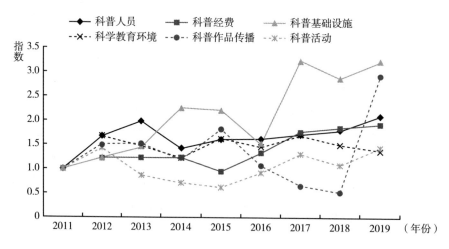

图 2 2011～2019 年宁夏科普能力一级指标各年度发展指数

二 宁夏科普能力与经济、科技、教育发展的关系

以宁夏回族自治区为分析对象,尝试使用量化方式分析宁夏科普能力提升对经济发展的影响,分析宁夏科普能力提升与科技发展、教育发展、社会人口环境的关系等。选取滞后分析的非线性模型,主要解释变量——宁夏科普能力,采用科普能力综合发展指数量化;被解释变量——经济发展水平,采用人均GDP量化;其他控制变量——当年总人口、当年少数民族占比、科技创新(专利授权数)、教育环境(高中阶段毛入学率)。时间跨度为2011~2019年。表1是各变量的原始数据。表2是各变量的基本描述性统计结果。

表1 各变量原始数据

年份	人均GDP(元)	专利授权数(件)	总人口(人)	少数民族占比(%)	科普能力指数	高中阶段毛入学率(%)
2011	33188	613	6394500	36.47	1.00	86.84
2012	36571	844	6471908	36.32	1.46	88.27
2013	39809	1211	6541938	36.36	1.42	88.4
2014	42057	1424	6615376	36.55	1.34	89.81
2015	44034	1865	6678778	36.93	1.47	90.99
2016	47186	2677	6748957	37.02	1.32	91.35
2017	50765	4244	6817837	37.16	1.73	90.33
2018	54094	5658	6881123	37.39	1.60	89.71
2019	75779	5555	6946600	37.65	2.16	91.5

表2 各变量描述性统计

	N	极小值	极大值	均值	标准差
人均GDP	9	33188.00	75779.00	47053.6667	12635.34649
专利授权数	9	613.00	5658.00	2676.7778	1988.19100
总人口	9	6394500.00	6946600.00	6677400	188173
少数民族占比	9	36.32	37.65	36.8722	0.47618
科普能力指数	9	1.00	2.16	1.5000	0.31926
高中阶段毛入学率	9	86.84	91.50	89.6889	1.57913
有效的N(列表状态)	9				

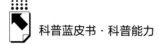

尝试就科普能力对经济发展的影响进行量化分析。由于经济变量对一些政策变量的响应存在一定的时间滞后，所以在建立模型时应该包含解释变量的滞后项。因此，采用多项式分布滞后模型。

如果回归模型中不仅包含解释变量的当前值，还包含解释变量的滞后值，则该模型为分布滞后模型，建立一个一般的多项式分布滞后模型。对于滞后长度为 k 的有限分布滞后模型为

$$y_t = \alpha + \beta_0 x_t + \beta_1 x_{t-1} + \beta_2 x_{t-2} + \cdots + \beta_k x_{t-k} + u_t \tag{1}$$

多项式分布滞后假设模型中的各系数 β 可以用适当的多项式来逼近，即

$$\beta_i = a_0 + a_1 i + a_2 i^2 + \cdots + a_m i^m \tag{2}$$

其中，m 是多项式的最高次数，且假设 m 小于最大滞后长度 k。整理上述两个式子，得到如下模型，即

$$y_t = \alpha + a_0 z_{0t} + a_1 z_{1t} + a_2 z_{2t} + \cdots + a_m z_{mt} + u_t \tag{3}$$

其中，$z_{jt} = \sum_{i=0}^{m} i^j x_{t-j}$，$j = 0, 1, \cdots, m$，模型（3）比模型（1）可以少估计（$k - m$）个参数。同时，根据实际研究需要，对模型（3）施加某些端点约束限制，包括远端约束（Far end restriction）和近端约束（Near end restriction）。

远端约束是指超过滞后时期 k 之后，解释变量 x 对 y 的作用为 0，即

$$\beta_{k+1} = a_0 + a_1(k+1) + a_2(k+1)^2 + \cdots + a_m(k+1)^m = 0$$

而近端约束是指解释变量 x 对 y 的一期前导作用（Lead）为 0，即

$$\beta_{-1} = a_0 - a_1 + a_2 + \cdots + (-1)^m a_m = 0$$

多项式分布滞后模型估计需要确定两个因素：滞后项数 k；多项式的次数 m。其中滞后项数 k 可以根据赤池信息准则和施瓦茨准则来确定。

科普能力提升对经济增长的影响并不是瞬时的，而是存在时滞效应

的。经济增长的变量用人均 GDP 量化，设为因变量，科普能力发展指数为解释变量，建立有限分布滞后模型，并利用阿尔蒙多项式对该模型的参数进行估计。变量代码设定为：人均 GDP-rjgdp，专利授权数 – zlsq，总人口 – rk，少数民族占比 – ssmz，科普能力指数 – kpnl，高中阶段毛入学率 – grxl。

建立滞后项数和多项式次数都为 2 的多项式分布模型，并施加近端和远端端点约束，则

$$rjgdp_t = \alpha + \beta_0 \, kpnl_t + \beta_1 \, kpnl_{t-1} + \beta_2 \, kpnl_{t-2} + \cdots + \beta_k \, kpnl_{t-k} + u_t$$

结果如图 3 所示。

Variable	Coefficient	Std.Error	t–Statistic	Prob.
C	0.380681	0.081000	4.699734	0.0053
PDL01	0.730469	0.067189	10.87178	0.0001
R–squared	0.959414	Mean dependent var		0.275284
Adjusted R–squared	0.951297	S.D. dependent var		0.964108
S.E. of regression	0.212767	Akaike info criterion		−0.022285
Sum squared resid	0.226348	Schwarz criterion		−0.037740
Log likelihood	2.077999	Hannan–Quinn criter.		−0.213297
F–statistic	118.1956	Durbin–Watson stat		2.423283
Prob（F–statistic）	0.000114			

Lag Distribution of KPNL	i	Coefficient	Std.Error	t–Statistic
	0	0.54785	0.05039	10.8718
	1	0.73047	0.06719	10.8718
	2	0.54785	0.05039	10.8718
Sum of Lags		1.82617	0.16797	10.8718

图 3　宁夏科普能力对经济增长的模型估计结果

由图 3 可知，宁夏科普能力对经济增长的多项式分布滞后模型为

$$rjgdp_t = 0.380681 + 0.54785 \, kpnl_t + 0.73047 \, kpnl_{t-1} + 0.54785 \, kpnl_{t-2} + u_t$$

从结果看，调整后的可决系数 R^2 为 0.9513，F 统计量为 118.1956，其对应的概率值非常小，该模型整体上在 1% 的检验水平上是显著的。这表明，整体上 PDL 变量，即宁夏科普能力对人均 GDP 的增长存在显著影响。同时，DW 统计量为 2.4233，根据惯例，说明此次模型估计不存在多重共线性的问题。PDL 变量系数估计值的 T 统计量为 10.8718，其对应的概率值接近于 0，在 1% 的检验水平上是显著的。

在 Lag Distribution of KPNL 中，绘制出了分布滞后变量 *kpnl* 的系数分布图，其图形呈现很好的二次抛物线形状。分布滞后系数的三个估计值 0.54785、0.73047、0.54785，分别表示宁夏科普能力综合发展指数每增加 1 个单位，在当前期使得宁夏人均 GDP 增加 0.54785 个单位，在下一期使得宁夏人均 GDP 增加 0.73047 个单位，在第二期使得宁夏人均 GDP 增加 0.54785 个单位。

Sum of Lags 一行的数值为 1.82617，代表分布滞后变量宁夏科普能力对被解释变量宁夏人均 GDP 的长期影响，即从长期看，宁夏科普能力综合发展指数每增加 1 个单位，使得宁夏人均 GDP 增加 1.82617 个单位。可以认为，宁夏科普能力对人均 GDP 的影响效果还是比较好的。

此外，在上述模型中，加入控制变量专利授权数、高中毛入学率以及总人口之后，代入模型进行估计，结果显示，各控制变量的 T 统计量并不显著，且可能存在多重共线性，而且估计模型整体上也并不显著。

接下来，报告还分析了宁夏科普能力对专利授权数、高中毛入学率以及总人口的影响。估计结果同样显示，专利授权数、高中毛入学率以及总人口的 T 统计量都不显著，而且模型整体上也并不显著。

所以，根据模型估计，从长期看，宁夏科普能力指数每增加 1 个单位，使得宁夏人均 GDP 增加 1.82617 个单位。可以认为，提升宁夏科普能力对其人均 GDP 的拉动有一定效果。但是，利用现有数据进行实证分析，并不能得出宁夏科普能力提升对当地科技、教育、人口环境具有影响，作用关系并不明确。

三 宁夏"科普小镇"科普扶贫模式与经验分析

(一)宁夏固原龙王坝村"科普小镇"发展及扶贫模式

固原市西吉县是宁夏回族自治区最后一个顺利摘帽的贫困县。2020年11月16日,宁夏回族自治区人民政府正式批复同意西吉县退出贫困县序列。2016年以来,在宁夏回族自治区科协的大力支持下,固原市科协、西吉县科协围绕精准扶贫和乡村振兴战略,在西吉县吉强镇龙王坝村指导发展林下经济、科技农业,进而打造以"农业+科普+旅游+培训"为主要模式的科普小镇,搭建科普平台,开发科普资源,使科普与产业深度融合,在产业链的每个环节融入科普元素,丰富旅游内涵,突出科普特色,打造科普乐园,为社会提供经常性、多样性、高质量的科普服务,形成特色明显的科普小镇,助力精准扶贫和乡村振兴战略的实施。

"科普小镇"的亮点是龙王坝村乡村科技馆,这是宁夏第一个乡村科技馆,也是宁夏第一个科技扶贫馆,是全国第一个将精准扶贫和乡村振兴有机结合的、接地气的乡村科技馆。龙王坝村还有农耕文化展示馆、乡村科普长廊、科技教育互动体验馆、有机循环农业科普示范基地、旅游工艺品制造、扶贫车间、红色教育基地等。

1. 痛点:脱贫——龙王坝是全国贫困县的贫困村

龙王坝村位于宁夏回族自治区固原市西吉县吉强镇。昔日的龙王坝村是全国贫困县西吉县238个贫困村之一,村民依靠种地和外出打零工为生,很多村民家只能再种植一些杂粮、马铃薯补贴生计。龙王坝村主任焦建鹏介绍:"当时人均年收入大概2000元钱。"全村有8个村民小组,共有404户1764人,其中建档立卡贫困户就达208户840人。村中80岁及以上的老人有40多位,90岁及以上的老人有8位,是远离城市喧闹的原生态长寿村寨,也是宁夏首批旅游扶贫试点村。

龙王坝村坐落于宁夏南部山区著名的红色旅游胜地——六盘山脚下,位于火石寨国家地质公园、国家森林公园和党家岔震湖（亚洲第一）及将台堡红军长征胜利会师地三大景点之间，距离县城 10 公里，距离火石寨景区 19 公里，北接 309 国道，南连西兰公路，交通便利，有龙泉湾等独特的优势资源，非常适合发展乡村休闲观光农业，是休闲、度假、踏青、避暑、采摘的好去处。

2. 科普扶贫模式之一——农技协指导新农业经营主体发展科技农业

宁夏西吉县龙王坝村土地总面积 12000 亩，其中耕地面积 5700 亩。现任龙王坝村村委会主任焦建鹏敏锐地意识到，在国家政策引导下，在龙王坝村发展"林下经济"大有可为。2010 年，焦建鹏在村里成立了心雨林下产业专业合作社（以下简称合作社），这是宁夏的第一家合作社。

合作社是一家在农林业咨询、技术指导的基础上发展起来的实体经营型科技农民专业合作社。合作社成立于 2011 年 8 月 16 日，注册资金 9000 万元，现有社员 300 多人，涉及 2 个行政村，12 个村民小组，600 户 1600 人。合作社专业从事科技农业及林业项目的开发、推广，优质农业及林业的品种引进、培育、种植，林下养殖，森林旅游，林产品加工，规模农林业与现代休闲农业相结合的经营模式和循环经济生态模式的宣传与推广。

2013 年，龙王坝村被林业部评为国家首批林下经济示范基地。西吉县合作社是全国唯一一家以合作社命名的国家级林下经济示范基地。

龙王坝村户均建 1 栋休闲采摘日光温棚。采取"农户出地、政府补助、心雨林下合作社出资的农村 PPP 模式"，即农户拿自己的 1 亩土地作价 3000 元入股、政府补贴合作社建温室的 2 万元算作农户投入股份、合作兜底 6.7 万元共同建设经营大棚并按投入资金分红，大棚建成对外出租 2500 元/年，这样可以将农户以前每年 30 元都租不出去的山坡地一下子变成每年有 800 元收入的香饽饽地。同时，为扶持龙王坝乡村旅游创客发展，合作社争取西吉县政府补助资金，将大棚免费提供给创客发展创意果蔬，这种模式既提高了贫困农户收入，又让创客有了创业平台，还让合作社有地使用，迅速形成规模。

龙王坝村农民户均种植 2 亩油用牡丹。油用牡丹是耐旱抗寒耐贫瘠的多年生木本药食两用作物，不仅有旅游观赏价值还有很高的经济价值。农民户均种植 2 亩油用牡丹，年亩产量最少达 400 斤，按照市场最低价 20 元/斤计算，年创收达 8000 元。

龙王坝村农民户均养殖林下生态鸡 4 只。按照"合作社 + 农户 + 市场"模式养殖畜禽，培育无公害中草药和畜、禽、蛋等无公害动物食品，形成具有丰富活动主题和独特生态环境的休闲度假基地。合作社给每个农户植入 4 只鸡在农户家里代养代卖，这样不仅可以提升农家民宿客栈的农家味道，更将农户变成了生态鸡销售线下体验店，农户家里就地转换成了创客发展平台，可年创收 1 万多元。

宁夏回族自治区科协、固原市科协、农技协、西吉县农技协自合作社创立以来，就支持指导合作社以先进技术养鸡、做药材、种植果蔬，取得了一定的效益，与合作社建立了深厚的协同合作关系，打造了一个农技协指导新农业经营主体发展科技农业的科普扶贫特色模式。

3. 科普扶贫模式之二——科协科普设施支持乡村旅游产业发展

近年来，乡村旅游及培训产业成为固原西吉县龙王坝村主导型产业。龙王坝村以"生态休闲立村、休闲旅游活村"为思路，依托本村丰富的自然景观资源，大力发展科技林下经济、休闲农业和乡村旅游。在各部门的大力扶持下，建成了百亩梯田高山观光温室果蔬园、千亩油用牡丹基地、万羽生态鸡基地，加上乡村科技馆、农家餐饮中心、文化小广场、民宿一条街、滑雪场、窑洞宾馆、大型会议培训室、山毛桃生态观光园、儿童游乐园、路灯亮化巷道硬化等，形成了传统三合院、多种风格特色民居并存的美丽乡村风貌，贫困群众生活得到明显改善，村容村貌焕然一新，形成生态良好、环境优美、布局合理、设施完善的休闲科技农业基地。

龙王坝村从不为人知到一跃成名，2014 年被农业部认定为中国最美休闲乡村。并且先后被评为全国科普惠农先进单位、全国生态文化村、中国乡村旅游创客示范基地、中国第四批美丽小村庄、自治区十大特色产业示范村等。

2015 年，焦建鹏当选为龙王坝村村委会主任。有一次，焦建鹏参加了固原市农广校组织的去陕西西安东韩村的培训，宁夏、陕西、甘肃等地的很多人都在这个村参加培训。东韩村可以同时容纳 1000 人吃住、上课，按照每人 300 元/天来算的话，10 天下来就是 300 万元的收入，这让焦建鹏看到了巨大的市场，做培训不仅可以让人走进村子、吃住在村里，还能促进农产品的销售，很多经营发展的问题都将迎刃而解。从固原市农广校组织的培训回来后，焦建鹏就尝试把培训做成村里的支柱产业，寻找人们的需求点，围绕工人、农民、商人、学生等人群布局发力。夏天是研学旅行、培训的旺季，而龙王坝是避暑胜地，可本地的住宿接待配套远远无法满足需求，这成为制约研学旅行、培训发展的一大因素。焦建鹏就想到做民宿，200 户改造做民宿，就有 2000 人的接待能力，这样一来，不仅能解决村里的发展问题，还能为老百姓创收。2017 年，龙王坝村搞起了农民培训，还发展成了产业，成了龙王坝创收的主导型产业。截至目前，龙王坝村先后组织各级各类培训 50 期，培训 2500 人次，实现收入 850 万元，占 2018 年全年旅游收入的 42.5%，成为重要的产业收入。

2017 年龙王坝村成为中组部农业农村部全国农村实用人才培训基地。2018 年 11 月入选第二批全国新型职业农民培育示范基地。做好、做亮全国新型职业农民培训基地和中组部农业农村部全国农村实用人才培训基地，将培训产业做大做强，成为龙王坝村的坚实产业。全国新型职业农民培育示范基地是指开展实际操作训练，实施现场教学，模拟承包经营、跟踪服务、政策咨询的实训基地、农民田间学校、创业孵化基地和综合类基地等。主体建设单位包括农广校、农业科研院所、涉农院校、农技推广机构、农业企业、农民合作社或市场主体等，是新型职业农民教育培训、实习实训和创业孵化的服务平台。2019 年 7 月 28 日，龙王坝村入选首批全国乡村旅游重点村。

2018 年，龙王坝村接待游客突破 20 万人次，收入达 2000 万元，蹚出了一条宁夏"南部山区落后村庄"变"宜居宜游宜商美丽乡村"的脱贫致富发展之路。

4.科普小镇助力乡村旅游发展

宁夏固原西吉县依托"最美乡村"龙王坝村特色产业基础，发挥生态和地理环境优势，加强农业与文化、科普、旅游融合发展，创建科普小镇，助力乡村振兴发展。

作为乡村旅游的示范基地，2017年9月，由宁夏科协、西吉县科协援建的宁夏第一个乡村科技馆在西吉县龙王坝村建成开馆，这也是全国第一个将精准扶贫与乡村振兴有机结合的科普馆。核潜艇、航空母舰模型、模拟宇宙飞船、海洋动物标本、3D电视，这些在农村鲜见的科技设施2018年来到龙王坝村乡村振兴科普馆。除了航空母舰模型、海洋动物标本、VR太空船等高新科技展品，还有植保无人机、远程农业疫情检测、农业物联网等现代农业科技元素，填补了宁夏乡村无科技馆的空白，同时立足农村实际"补短板"，以独具特色的乡村科技馆增强了对周边旅游消费者的吸引力。科技馆全年免费开放，方便了农村孩子学科学，每年参加研学旅行的青少年达到6000多人次，周边学校定期到科技馆上科技课、举办科技周活动等，提高了当地青少年的科技文化素质。

龙王坝乡村科技馆由宁夏科协捐赠展品帮建而成，占地面积4000平方米，分为军事馆、海洋馆、童年馆、北极馆，展厅展品价值700万元，工作人员6名。2020年，中国科协已经把龙王坝村科技馆纳入免费开放序列。通过免费提供资金，招了2名专业的讲解员，1名保健医生，1名文职工作人员。年观众量2018年16万人次、2019年28万人次、2020年10万人次。2020年中央财政补助50万元，2020年支出总计100万元（其中基本支出24万元、项目支出26万元、基建支出50万元）。

乡村农耕科技展示馆占地600平方米，将传统农耕文明与现代科技相结合，将无人机喷洒农药、远程农业疫情监测、网上农业专家门诊、农业物联网等科技元素融入其中。

西吉县科协积极筹措资金，在龙王坝村设置了20米长的科普长廊、50平方米的大型电子屏科普e站、200平方米的科普书屋。绘制科普文化墙、制作科普小视频、塑造科普微景观、建设农耕文化科普长廊，使龙王坝村处处可见科普标识牌、科普宣传栏、科普微景观，科普宣传栏的内容每月更新一次，确保科普知识和各种科普主题日的内容统一，使人们时时处处都能接触科普教育。

固原市科技协会主席郑若水告诉我们，宁夏回族自治区科协与他们紧密联系，通过大力发展乡村科普旅游，助力村民脱贫致富。龙王坝村已建成乡村科普馆和乡村科普长廊。乡村科普长廊采取科普与乡村文化、乡村科普旅游标识牌相结合的方式，将农业节气、植物名称等摆放在显眼地段，游客在休闲散步时就能了解农业科普知识。

2018 年，西吉县科协认真落实中国科协和自治区科协《关于开展提升基层科协组织力"3 + 1"试点工作的通知》精神，西吉县林下经济服务协会负责人焦建鹏作为龙王坝村的带头人，在科普惠农工作中成绩优异，被西吉县吉强镇选为科协兼职副主席。在焦建鹏看来，乡村旅游、科普小镇还有另一层意义："城里来的游客素质比较高，村民受到影响，精神面貌也在提升。大家不仅在物质生活方面进了一大步，广场舞、涉农培训、妇女班培训等精神文化活动也逐渐丰富，县里的社火大赛我们每年都拿一等奖，龙王坝的村民正向着新时代高素质农民迈进。"

目前已建成西吉县龙王坝乡村科技馆、农耕文化科普长廊、科普主题酒店、现代农业科普示范园、科普文化广场、民宿一条街等，辐射带动周边 6 个乡镇 30 个行政村 1 万多户贫困户投入绿色生态产业发展。

2019 年，龙王坝乡村科技馆接待观众量达到 28 万人次。龙王坝村着力营造科普宣传氛围，精心打造"八个一"科普宣传模式，即发挥一馆（乡村科技馆）、一屏（电子屏）、一栏（科普宣传栏）、一屋（科普书屋）、一游（科普研学游）、一室（农民田间培训教室）、一棚（科普示范大棚）、一台（乡村大舞台）作用，使龙王坝村处处可见科普标识牌、科普微景观、科普 e 站。积极推动科普信息化建设，建成龙王坝村微信公众号、科普网站、科普 e 站、"互联网 + 新媒体矩阵"、美丽乡村电视栏目"五位一体"的"互联网 + 科普"传播平台，该平台已经成为全国有名的乡村自媒体村民交流互动科普宣传平台。

（二）宁夏"科普＋生态农业＋旅游"经验分析

1. 龙王坝科普对产业经济发展和乡村振兴有突出效能

龙王坝经济发展的主导产业是乡村旅游、农村培训、科技农业。

回顾发展历程，本报告认为科协系统提供的农林业咨询、技术指导就是科技农业的基础。农技协、农广校等组织的科学普及、技术指导活动，直接支撑龙王坝村科技农业的发展。

宁夏林下经济从2010年开始发展，第一阶段版本较低，以林下养殖为主，包括林下养鸡、林下养蜜蜂、中草药种植，农技协主要开展技术上的指导。发展到第二个阶段，特别是2012年党的十八大召开以后新农村建设，林下经济在全国全面铺开，宁夏经验很受重视，林下经济已经达到一个新的高度，特别是习近平总书记提出绿水青山就是金山银山。农技协从初级的技术指导转为科普推动文旅与研学融合，助推脱贫攻坚。第三个阶段应该说是2017年党的十九大以后。随着乡村振兴的提出，很多农村的小朋友，还有来自全国的研学游小朋友走进农村，通过科普研学游，助力乡村振兴，为培养科普人才等发挥了重要的作用。

龙王坝村村委会主任、致富带头人焦建鹏介绍，作为宁夏第一个乡村科技馆，龙王坝乡村科技馆对于乡村旅游起到的作用主要有以下几个。第一，乡村科技馆拓展了龙王坝乡村旅游的外延。因为以前大家来乡村就是看乡愁，但是有了科普的元素，小朋友可以增长知识，同时也提升了乡村旅游的标准。第二，乡村科技馆拓展了有效客源。因为小朋友来了以后，后面跟着他的爷爷姥姥爸爸妈妈，这样会有大量的人群走进龙王坝，口口相传，对龙王坝的宣传意义特别重大。第三，乡村科技馆也增加了龙王坝乡村旅游的特色。人们对西部乡村旅游传统的看法就是一个寄托乡愁的农村，但是有了科技馆以后，特别是科普小镇的推出，让游客在身心放松的同时，还可以获得知识，这是别的乡村旅游点不具备的。

乡村科技馆、乡村科普长廊等科普设施有效助力主体产业，为旅游产业增加了亮点、增长了人气、增加了收入，同时也提升了村民的素质，在农村

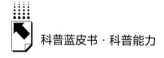

营造起科学文化的氛围。

西吉县科协主席张勇说:"我们还要创建乡村医疗便民服务馆、乡村科技人才创客馆以及马铃薯科技馆。"龙王坝科普小镇完全建成后,预计到2025年全村将接待游客超过100万人次。

科普的重要推动力是需求。旅游需要丰富的内容,乡村科技馆现阶段是稀缺的、独特的项目,而旅游、培训产业给龙王坝村带来了人流,在人流聚集的旅游地创建科普设施、开展科普活动,需求旺盛、影响大,社会效益和经济效益远远大于在普通乡村的科普投入。

可以说,从龙王坝村的实践经验看,科普+科技农业是协同主体共同推进乡村振兴,乡村旅游+科普是相互助力、共同成就脱贫致富。

2. 龙王坝科普模式成功的要素、支撑体系

多年来,科协系统农林技术指导组织体系已经成熟,科协系统科普组织与农村新型农业经营主体形成了密切合作关系。从满足农业的技术指导需求向引导农村科普场馆、科普展览需求转变,从基础性需求(改善生存质量、物质生活)向发展性需求扩展升级。

西吉县科普工作切入脱贫痛点,而不是只解决一些不痛不痒的问题。焦建鹏说:"做农村工作关键是把实惠落到农民头上,否则谈100次也白搭。"他将有关经验总结如下。

第一,大力开发科普资源,打响科普小镇品牌。通过各种方式,使村庄处处有景点,时时可科普,有效提升公民科学素质。紧扣"科普"主题,结合传统科普和"互联网+科普",将村庄和田野打造成诗意栖居、宜游宜业的休闲乐园。从垃圾箱到窑洞宾馆再到餐厅,处处可见科普视频、科普微景观,让村庄、田野、山林每一处每一点都成为可看、科学、可玩之地,把科普小镇的根深深扎在大地上。

第二,将科普与旅游有效结合,提升旅游产业吸引力。整合传统农业文化、红色文化、科普文化、生态文化等资源,利用科协的专家智力优势,立足志愿服务,通过开展科技文化节、文艺演出、专家讲座、农民培训等活动,推动文化进农家、文化美农家、文化富农家,满足人们多样化、多层

次、多形式的精神文化需求，更好地使社会效益与经济效益相融合。

第三，将科普与各种活动相结合，助推乡村振兴战略实施。认真实施乡村振兴战略，全面开展科普宣传、科普教育、科普培训，开展"文化农家·文明小镇"志愿服务系列活动。在促进乡风文明建设方面，推进乡村科普设施融合建设，推动农村移风易俗，引导农民养成科学健康的生产生活方式。

第四，立足人才优势，充分发挥兼职副主席作用。结合"三长"在基层分布最广泛、渠道最通畅、专长最实用、联系群众最紧密的特点，充分发挥兼职副主席牵头作用，凝聚广大基层科技工作者的智慧和力量，把社会力量整合、动员起来，接长手臂，为科普小镇发展注入科协组织活力。

以龙王坝村焦建鹏为引领，组建20余人的科普宣传队；以农村文艺队为基础，组建30余人的少数民族科普志愿服务队；以合作院校为主体，组建大学生假期科普志愿服务队；以回乡创业大学生为主体，组建"双创"科普志愿服务队。

3."科普＋科技农业＋旅游"模式在西部的典型

龙王坝村是宁夏科普扶贫、科普惠农的一个突出典型。科普以农林技术指导方式引导支撑龙王坝村主产业之一的科技农业，以科技馆、科普长廊等科普设施的投入融入支持龙王坝村主导产业乡村旅游。而科技农业、乡村旅游在我国西部农村方兴未艾。

宁夏银川市贺兰县稻渔空间乡村生态观光园也是由新型农业经营主体宁夏广银米业有限公司按照"科普＋科技农业＋旅游"经营模式建立的特色农业、乡村旅游基地。观光园面积2000亩。通过发展乡村生态旅游、实施稻渔立体生态种养生产，充分发挥在科学普及和示范推广农业新品种、新技术、新成果中的重要作用，有力推动现代农业发展和新农村建设。基地按照"科技兴农、科普惠农"的发展思路，以"推广科技、开发人才、科技兴农、科技富民"为宗旨，致力于引导群众改变农业产业结构，逐渐走上绿色、有机、立体、生态的农业发展之路。先后获得全国科普惠农兴村先进单位、全区优秀农村科普示范基地、全区优秀农村专业技术协会、银川市科普惠民计划先进单位、贺兰县优秀农村科普示范基地等荣誉。

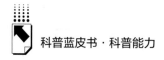

宁夏贺兰县稻渔空间建立了"科普惠农服务站",充分发挥科普惠农长效机制,及时向农户及有关人员发布科普信息、最新实用先进栽培技术。先后投入200多万元资金购买水稻种植全程机械化设备、添置电脑及投影仪等培训教学设备,建成并完善信息化科普网络体系。几年来开展技术示范、培训98场次,受益人数达5170人次;发放科普图书1200册,受益群众达3200多人次。基地每年面向农民和农村青少年开展科普活动180天,对周边农户提高科学文化素质发挥了很好的示范和辐射作用。基地建设了"科普文化长廊",设计、制作及安装科普教育宣传牌共144块,开展大中小学生科普教育活动20余次,参与人数达到30000多人次。

在宁夏,科协组织与新型农业经营主体协同运行,科普切入主导产业,已经成长起一批像龙王坝村、"稻渔空间"这样以科普支撑支持乡村振兴的科普基地。

这种"科普+科技农业"与乡村旅游的结合,可能会成为一种可复制的、高质量发展的模式。

4. 乡村科普小镇现阶段的困难

龙王坝村支书焦建鹏介绍,现阶段乡村科普小镇建设的难点主要是资金问题,乡村资金有限,对于乡村而言,4000平方米的科技馆面积大,运营费用特别高。科技馆建筑是村集体以前建的,本来是要发展游乐园的,后面龙王坝村就做了乡村科技馆,以前的这个运营经费都是村集体自己的资金,西部乡村科技馆冬天取暖就是一个很大的投入。2020年免费开放资金中国科协安排了50万元,还要买设备,运营经费只给了20多万元,仅够几个人的工资,实际上科技馆一年不算设备更新,运营经费加上取暖就应该在150万元左右。

四　率先实现贫困地区农村中学
科技馆全覆盖经验分析

农村中学科技馆建设是完善中国现代科技馆体系结构和功能的重要环

节。农村中学科技馆的定位是"一个提升两个促进",即提升农村青少年的科学素质,促进科普资源的均衡化,促进科技馆产品的产业化。场馆还要对当地居民开放,带动科普薄弱地区公民科学素质的整体提升。

2012～2019 年,宁夏科协经过多方筹措,建成了 88 所农村中学科技馆(其中贫困地区 76 所),占全区 310 所普通中学的 28%,占全区农村中学(乡村中学、镇区中学)的 69%,率先在全国实现了中学科技馆在本地贫困地区农村中学的全覆盖,并每年为每所学校培训 2 名科技教师(辅导员)。惠及在校学生 8.7 万人,拥有农村中学科技馆科技教师及科技辅导员 294名,2018～2019 年累计开放 5346 场次,累计参与 142286 人次;开展各类青少年科技活动 2667 场次,参加活动达到 76312 人次。2019 年 11 月至 2020年 10 月(一个网络积分期),88 所农村中学科技馆参与人数 95069 人次,校内开放 2721 场次,展品总数 11417 件,对外开放 456 场次,开展科普活动 1438 场次。

(一)需求及引导政策

宁夏贫困地区主要集中在固原、吴忠、中卫 3 个地市的 9 个县(区)。从 2015 年宁夏全民科学素质相关数据统计看,固原市、中卫市、吴忠市公民具备科学素质的比例分别为 1.9%、2.0%、2.3%,低于全区 4.01% 的平均水平,其中 18～39 岁人群科学素质比例分别为 3%、3.5%、4.1%,也低于全区 5.46% 的平均水平。从 2020 年宁夏全民科学素质相关数据统计看,固原市、中卫市、吴忠市公民具备科学素质的比例分别为 5.2%、5.5%、5.9%,低于全区 7.72% 的平均水平。2020 年宁夏 18～39 岁年龄段公民的科学素质水平为 10.53%,明显低于全国相应群体 15.69% 的水平。

宁夏 18 岁以下青少年的科学素质水平特别是农村地区青少年科学素质总体仍处于全国较低水平。农村贫困地区青少年科学素质是全民科学素质的重要构成部分。城乡科普教育水平差距明显,青少年科技教育活动匮乏,科普资源投入供给不足,农村科技教师(辅导员)数量不足且素质不高,尤其是贫困地区针对农村青少年的科普设施及科普教育工作不足。

为此，宁夏在编制《宁夏回族自治区全民科学素质行动计划纲要实施方案（2016 - 2020 年）》中，将实施青少年科学素质行动列为重点，通过加强农村中小学科技教育与培训的基础设施建设，分解、细化任务，明确将加大对农村科技资源包括农村科技馆的投入列为重中之重。

（二）农村中学科技馆建设成果及取得成效

"十二五"期间，宁夏开展了农村中学科技馆建设的工作，共建设 11 所农村中学科技馆。其中石嘴山市建设了 10 个农村中学科技馆。2015 年实现了农村科技馆在宁夏石嘴山地区农村中学的全覆盖。

"十三五"期间，宁夏以贫困地区科技教育资源建设为重点，加大对贫困地区农村中学科普教育资源的投入力度，共建设 77 所中学科技馆。实现了中学科技馆在宁夏贫困地区农村中学的全覆盖。

农村中学科技馆的建设、使用，受到广大学校、老师和学生的欢迎，提高了农村科普公共服务能力，有效促进了科普教育资源均衡化，推动了全区脱贫富民和乡村振兴战略的实施。以前，海原县李俊乡中学的中小学生只能利用废旧自行车学习简单的机械传动和维修技能。农村中学科技馆建成后，海原县李俊乡中学校长马景海深有感触地说："农村中学科技馆这么好的资源，投入我们这么一个不起眼的农村中学，使农村的孩子第一次参观科技馆，第一次接触科技展品，第一次亲身体验 VR（虚拟现实）技术，对农村学校开展综合实践课程的帮助真是太大了！"

宁夏拥有近 300 人的农村科技辅导员队伍，以杨富贵、杜工作、丁建林、齐志仓等为代表的优秀农村科技辅导员，以农村中学科技馆为舞台，大力开展形式多样的青少年科技活动，并取得了较好的农村青少年科技活动成绩。

2019 年宁夏第四届青少年科学节，近 10 万名中小学生积极参与 300 多项青少年科技活动。在第 34 届全国青少年科技创新大赛中，宁夏代表队获得一等奖 3 项、二等奖 11 项、三等奖 32 项，取得了历史最好成绩；在 2019 年第 19 届中国青少年机器人竞赛中，宁夏代表队荣获 1 项冠军、3 项金奖、

5 项银奖和 10 项铜奖的历届最好成绩，在全国 35 个代表团成绩排名中跃居第 12 名，位列西北地区第一；2019 年全国第五届青少年创意编程与智能设计大赛中，宁夏代表队金牌数和奖牌数位列西部十二省区第一，居全国前列。

宁夏青少年科技活动中心主任刘玉杰谈道，宁夏的青少年科技活动取得了长足的发展，在西北地区领先，处于全国第一军团，这些成绩的取得，与以农村中学科技馆为舞台的青少年科技活动密不可分。

（三）宁夏农村中学科技馆建设主要经验

1. 坚持高位推动，确保机制保障到位

《宁夏回族自治区全民科学素质行动计划纲要实施方案（2016－2020年)》（以下简称《纲要实施方案》）中明确将实施"青少年科技素质提升"列为重点任务，科协与教育、科技等宁夏全民素质纲要办成员单位签订任务书，细化责任，明确任务。《纲要实施方案》为农村中学科技馆建设提供了机制保障。

2. 拓展资源渠道，保障建设资金到位、资源落实

宁夏回族自治区拓展资源渠道，多方筹措资金，自 2012 年以来，争取了近 3000 万元的农村科技馆资源，以保障农村中学科技馆建设资金到位。目前宁夏共有 88 所农村中学科技馆，其中贫困地区 76 所（固原市 46 所，中卫市 19 所，吴忠市 11 所）。宁夏农村中学科技馆建设经费主要有中央彩票公益金投入，有来自中国科技馆发展基金会投入，有石嘴山政府及教育部门投入，共同投向了农村科技教育基础设施。宁夏科协筹措中央彩票公益金和中国科技馆发展基金以及当地政府的投入。中央彩票公益金支持建设 57 所（全部为贫困地区），资金 1710 万元；中国科技馆发展基金会支持 19 所，资金 570 万元；宁夏科协建设 4 所、石嘴山政府建设 8 所，资金 360 万元。总计投入 2640 万元。同时，全区已建成贫困地区中小学青少年科学工作室 103 所。

宁夏财政厅综合处副处长李海宁谈道，将中央彩票公益金投入农村中学

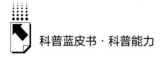

科技馆项目，取得了较好的社会效果，值得！放心！

3. 政府项目资金支持可持续发展

为了增强全区农村中学科技馆可持续发展的能力，宁夏科协通过宁夏政协提案，将"宁夏农村中学科技馆可持续发展"项目列入 2019 年宁夏政协重点提案，以宁夏政府副主席为督办，宁夏财政厅为主办，教育厅、人社厅、科协为协办单位。通过提案的落实，"宁夏农村中学科技馆可持续发展"项目在 2020 年列入政府基金预算，给予支持发展资金 825 万元，主要用于展品维修、青少年科技活动、科技教师及辅导员培训交流等。

4. 科学教育及专业人才政策培养激励科技教师

教育部 2017 年 9 月 25 日印发《中小学综合实践活动课程指导纲要》，宁夏教育部门不但配齐专职科学教师，还充分利用科技馆、科普教育实践基地等对科学体验活动进行了安排部署，如利用寒暑期开展中小学科学调查体验活动等。

为缓解基层专业技术人才不足和岗位聘用职数少的矛盾，2016 年 4 月，宁夏人力资源和社会保障厅印发了《关于调整全区中小学校及乡镇卫生院专业技术岗位结构比例的通知》，将原来按行政区划设置的专业技术岗位结构比例，调整为全自治区统一的高中、初中、小学、幼儿园专业技术岗位结构比例。

在国家岗位结构比例限额内，给予贫困地区农村中学等基层学校一定的用人自主权，促进农村中学配备科技教师，提高科技教师高级职称比例。宁夏固原市西吉县科协与教育局联合下文，对加强农村中学科技馆的管理提出意见，要求学校贯彻落实好。

农村科技辅导员是各类青少年科技教育活动的实践者。培养一支懂业务、善于创新、勇于实践、热爱青少年科技教育工作的科技辅导员队伍对提升青少年科学素质影响深远，也是青少年科技教育工作的重中之重。2018～2020年，宁夏科协连续三年进行农村中学科技馆骨干教师培训，共计 420 人次。安排了全国农村中学科技馆教育方面的专家，以发挥好农村中学科技馆资源为出发点，安排了《农村科技馆展品拓展讲解》《如何利用科技馆展品做科学探究与创新活动》《人工智能的时代意义与教学案例》等课程，提高科技辅导员的科技教育理论素养和科技教育实践能力，完善科技辅导员的知识结构。2020年以来，宁夏科协进行科学影像骨干科技辅导员、"科技创新纸飞机"活动、机器人科技辅导、航模科技辅导、创客空间等100场培训，对全区的科技教师进行培训。培训形式有名师讲授、实操考核、现场讲解等，注重实用、实践、实际的效果。通过培训科技辅导老师的素质明显提升，为发挥农村科技馆资源、开展青少年科技活动奠定了良好的基础。中宁县徐套乡九年制学校科技教师姬鹏老师参加2020年全区培训时谈道，聆听北京教育学院附属丰台实验学校鲍建中、杭州富阳中学赵立红老师的基于国家课程的学校科普教育，做到科技馆与科学课程的有机衔接，"课前计划、课中启发、课后探索"的模式将激发学生的科学兴趣，真正让科技馆活起来。

5. 加强管理提升绩效

一是开展摸底调查。掌握农村中学科技馆在全区的整体分布情况，为长期设计规划农村中学科技馆建设打好基础。二是明确职责。在确定年度建设任务目标后，与受助学校签订《宁夏农村中学科技馆公益项目运行合作协议》，明确建设方、管理方、受助学校任务和职责。三是开展督导。开展不定期的督导和通报。按照中国科技馆《农村中学科技馆项目网络平台积分制管理细则》及有关规定，不定期开展通报及督导，充分发挥科技馆作用。截至2019年10月底，宁夏纳入管理的农村中学科技馆没有零积分状况。四是以活动为平台，组织农村中学科技馆参加各类青少年科技活动。在做好农村中学科技馆常规活动的基础上，以"全国科普日""全国科技周""宁夏第四届科学节""中学科技馆在行动"等活动为引导，要求将农村科技馆活动与各类主题活动相融合。五是发挥项目的引导作用，给予农村科技馆活动支持。发挥制度顶层设计作用，将"青少年科技教育活动"列入2019年的基层科普行动内容之一，对象为被命名为自治区科普示范学校或拥有农村中学科技馆的学校，全区共有26所农村中学获得150万元的项目支持。宁夏吴忠市马莲渠中学构建科普教育支撑体系，建设"科普实践"活动室"5＋2"。隆德二中成立科创部、各类科技创新社团。

（四）农村中学科技馆存在问题

2020 年 11 月，对宁夏农村中学科技馆辅导员进行了问卷调查，回收有效问卷 35 份，其中有 2 人所在学校的科技馆有专职科技馆教师，其余 33 人（约占 95%）所在学校的科技馆没有专职教师，60% 的被调查者学校有 1 位兼职科技馆教师，25.71% 的被调查者学校有 2 位兼职科技馆教师，14.29% 的被调查者学校有 3 位及以上兼职科技馆教师。现阶段，宁夏农村中学科技馆还存在一些问题。

1. 农村中学科技馆兼职教师激励措施还有待加强

农村中学升学压力较大，宁夏绝大部分农村中学科技馆教师的工作未能作为职称评定和业绩考核的内容，影响兼职人员的积极性。在我们调查的 34 所农村中学科技馆中，只有两所配有专职教师，其他科技馆的科技辅导员均由专业相近的教师兼职。由于升学任务较重，兼职教师的主要精力在教学。只有专职教师的工作纳入职称评定内容，80% 的被调查者学校的科技馆工作没有纳入兼职老师年终考核内容。在深度调研中我们还了解到，科技馆兼职老师的积极性主要靠个人对科技活动的热爱，科技馆课程和活动及相关竞赛等要出彩、出成绩，需要创新并投入大量精力，即使学生在科技活动中获奖，对辅导老师的各种奖励力度也远远不及升学奖励。

2. 部分学校科技馆后续资金存在困难

目前农村中学科技馆的后续资金投入主要靠政府项目支持、基金会积分平台和参加科协组织的竞赛获得奖励的形式取得。展品大部分由基金会统一配发，种类和数量有限。在我们调查的 34 个农村中学科技馆中，部分学校的展品开发和后续更新仍然存在困难，没有后续资金支持的有近 40%。

3. 资金、人员管理及活动评价还有待提升

在我们调查的 34 个宁夏农村中学科技馆中，有接近一半的农村中学科技馆资金和人员管理尚无标准规范的管理办法。而大部分有资金和人员管理办法的学校也多由学校根据自身情况制定，缺乏评估和监督，管理能力差异较大。在我们调查的 34 个宁夏农村中学科技馆中，有超过 1/3 的学校科技

馆还没有活动开展、宣传开放的评价办法。整体来看，宁夏大部分农村中学科技馆的资金、人员管理及活动评价还有待提升。

4. 部分农村中学科技馆面向社会开放还有待提升

在我们调查的 34 个宁夏农村中学科技馆中，每年面向社会开放 3 次及以下的占 22.86%，每年面向社会开放 4~8 次的占 34.29%，每年面向社会开放 9~12 次的占 8.57%，面向社会开放 13 次及以上的只有 17.14%。大部分农村中学科技馆建馆选址较少考虑面向社会开放问题，和西部其他一些省份类似建在社会公众易于到达的一楼的非常少见。可以说，宁夏部分农村中学科技馆面向社会开放机制还不够成熟，宣传力度不够，农村科学文化氛围尚未形成。考虑到保证日常教学秩序和校内安全，大多农村中学科技馆面向社会开放时间较短，且多是组织团体来参观，周边居民参观人数较少，甚至不了解科技馆对外开放情况。

（五）农村中学科技馆未来工作开展的建议

1. 以政策支持加强对农村中学及农村青少年参与科技创新活动的激励

在各种学校评估、科技创新活动评价中，加强对农村科技创新活动的引导和激励。在学校评估、科技活动中加大对农村中学开展科技活动奖励的倾斜支持力度，激励农村中学及其师生积极参与科技创新活动，引导搭建以农村中学科技馆与青少年科技活动相融合的舞台，开展形式多样的科普活动和社会实践，培养农村青少年对科学技术的兴趣爱好，增强农村中学生的创新意识、学习能力、实践能力。

2. 加强对农村中学科技馆教师的激励与培养

积极推动将科技馆专职辅导员纳入职称评定范畴；将农村中学科技馆兼职教师的工作纳入年终考核内容，促进制定兼职辅导员工作业绩评价规范；建立中学科技馆人员培训常态化制度。开发适合地方、具有特色的培训教材，提高农村中学科技辅导员培训的针对性和有效性。

3. 进一步推进农村科技馆展览、活动、人才和管理资源共建共享

加强国家和省、地市、县等各级科技馆及农村中学科技馆科普资源的共

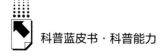

建共享，加强地方之间的交流，充分发挥好现有科普资源的作用。不仅要加强展品资源的交流共享，还要加强现有中学科技馆的人才培养、管理机制建设的合作交流。推动实现中学科技馆运行制度化、常态化，提升中学科技馆的创新能力。

加强志愿服务体系建设，充分发挥基层志愿者服务优势，拓宽农村中学科技馆获得资源与人才服务渠道；让老科技工作者继续发光发热，将经验传给青年人，促进地方持续推进农村中学科技馆建设；加强数字科技馆平台建设，打造深入基层的资源服务共享平台，畅通基层共建通道。

加强农村中学科技馆活动与新时代文明实践中心建设融合。充分发挥农村中学科技馆对青少年及其家庭的积极影响，加大农村中学科技馆对社会的开放力度和宣传力度，将农村中学科技馆的资源及活动延展推广到基层，激发社会活力，积极引领群众建立科学文化氛围，倡导科学精神。

五　宁夏科普能力建设的成效及需求

基于在宁夏实地调研的 9 个科普基地及农村中学科技馆，在宁夏 5 市开展了针对 2085 人关于科普生态和需求的问卷调查，并多次组织有关专家座谈讨论。课题组对宁夏科普能力建设进行了总结分析。

（一）宁夏科普工作成效显著

近年来，在宁夏回族自治区党委、政府的领导和推动下，宁夏科技、教育、农牧、林草、生态环境等部门和科协组织积极开展科学普及、促进公民科学素质提高工作，取得了显著成效。

一是公民科学素质提升速度在西部省区名列前茅。2020 年宁夏公民具备科学素质的比例达到 7.72%，超过"十三五"预测发展目标，比 2015 年的 4.01% 提高了 3.71 个百分点，提升幅度为 92.52%。宁夏公民科学素质水平发展已进入稳步增长阶段，反映出与本地区经济社会发展相匹配的特征。

二是科普信息员队伍建设成绩突出。建立了覆盖宁夏全区的近 7 万人的科普信息员队伍,在列入中国科协重点的"科普中国"推送工作中取得优异成绩。2020 年 2 月以前,曾经连续 8 个月"科普中国"推送传播量居全国第一,至今"科普中国"推送工作在全国仍占据第四位。

三是农村中学科普工作走在前列。宁夏率先在全国实现了农村中学科技馆全覆盖,在科普和学校教育结合提升青少年科学素质方面取得了比较好的成效。

四是"科普 + 特色农业 + 旅游"初见成效。宁夏注重把科普同农牧业、旅游业等产业发展结合起来,如固原市西吉县切入扶贫痛点打造了龙王坝村"科普小镇"、银川市贺兰县创建了"稻渔空间"科普基地等,按照"科技兴农、科普惠农"的发展思路,充分发挥了科学普及在生态旅游及示范推广农业新品种、新技术、新成果中的重要作用,取得了一定成效。

(二)宁夏科普需求依然比较紧迫

宁夏地处西北,属于经济欠发达地区,虽然经过努力公民科学素质提升较快,但与东部、中部地区相比仍有较大差距,科普需求依然紧迫,在农村地区体现得更为明显。

一是实施乡村振兴战略农村科普体系需要转型升级。在实施乡村振兴战略新形势下,宁夏农村科普体系正在转型升级之中,农技协和新型乡村经济经营主体之间的联系与合作正在逐步建立。科协系统及其他农牧、科技相关部门自上而下推广的科技知识等难以切合农户的实际需求,不能解决农业中的实际问题,亟须建立一个上下结合、需求与反馈迅速反应的纵深体系。

二是社区及乡村的科普设施和科普活动组织能力需要进一步加强。根据针对全区 2085 人的问卷调查结果,宁夏有近 60%的被调查者所居住的社区或者村庄没有组织过医学健康讲座、技能培训类等科普活动。从被调查者的整体认知来看,科普供给还不能很好地满足公众的科普需求。

三是重点农副特色产业产品需要科普助力营销。宁夏党委、政府在2020 年确定宁夏发展的九大重点产业中,枸杞、葡萄酒、奶产业、肉牛和滩羊、绿色食品等农副特色产业产品现阶段亟须突破的瓶颈是营销传播，通过开展有效科普来宣传这些农副产品的独特优势、产品亮点，是农副产品营销传播长期的、重要的、必不可少的内容。科普能够有效助力宁夏重点农副特色产业产品的营销。

四是劳动人口的科学素质急需进一步提升。根据国家 2020 年公民科学素质调查的最新数据，宁夏公民科学素质明显低于全国相应水平的是两个群体：一个是 18～39 岁年龄段公民的科学素质水平为 10.53%，明显低于全国 15.69% 的相应群体水平；二是大学专科及以上文化程度公民具备科学素质的比例为 23.73%，明显低于全国相应群体水平的 30.85%。而这两个群体是社会劳动人口的重要组成部分。

六 宁夏科普能力建设的困难和若干建议

（一）宁夏科普能力建设存在的主要困难和问题

尽管宁夏近年来科普工作成效显著，但长期以来在科普能力建设方面基础薄弱、欠账较多，目前依然存在不少困难和问题。

一是强有力的科普工作保障机制尚未建立起来。宁夏跨部门协作开展科普和公民科学素质提升工作还缺乏有力有效的机制保障，形成合力不够。现阶段我国已有十多个省份将公民科学素质提升工作纳入了党委、政府目标管理考核，其中既有浙江、湖北、安徽、河南等中东部地区，也有广西、贵州等西部地区。到目前，宁夏各级党政尚未把公民科学素质提升工作纳入绩效考核，科普工作主要还是由科协协调组织，与各地各部门中心工作有效衔接不够。

二是科普队伍小且弱、科普整体可支配经费不足。宁夏是我国西部小省区，高校少、科研院所少、科技型企业少，211 高校只有宁夏大学一所，科技人员、高等教育人员少，直接影响高水平的科普队伍建设。虽然人均科普经费在我国各省区中并不很低，但人口总量小，科普经费总体非常少。总量投入不足直接制约科普人才培养、科普活动组织能力、科普内容及方式方法创新，进而影响公民科学素质的提升效果。

三是社会科普资源不足制约了科普供给。与中东部地区比较，宁夏教育、医疗、科研领域资源比较匮乏，企业、传媒、社会组织以及各种基金的力量也比较薄弱，全社会的科普资源相对稀缺，社会力量参与科普的能力亟须加强。

四是高素质年轻人流失给公民科学素质整体提升带来负面影响。由于地处西部，"孔雀东南飞"、外出打工等现象长期存在，多年来宁夏人口特别是高素质青年群体流失较为严重，影响了公民科学素质的整体提升。以外流人口较多的石嘴山市为例，宁夏5市中其他4市五年来公民具备科学素质的比例提升在3.3%~3.7%，而石嘴山市则仅仅提升了1%，与其高素质年轻人流失量大有一定关系。

（二）关于宁夏进一步加强科普能力建设的几点建议

进入新时代，立足新发展阶段、贯彻新发展理念、构建新发展格局，从整体上提升全民科学素质是重要的基础。宁夏科普工作已经有了良好的基础和长足的进步，但科普能力不足制约了科普的进一步发展和公民科学素质的整体提升。结合本次调研，就进一步加强宁夏特别是农村地区科普能力建设提出以下建议。

一是将公民科学素质工作纳入各级党委、政府目标管理考核。进一步加强宁夏各级党委对科普工作的领导，压实各级政府的科普工作责任，强化制度保障，把科普作为一项重要工作列入议事日程。建立健全科普和全民科学素质工作的协调机制，研究解决工作中的重大问题，有效推动工作开展。加强政策引导和经费投入，提升政府各部门重视程度，有效动员社会各界力量参与，推动形成党委领导、政府推动、社会参与的科普工作机制，形成各部门协同推进科普工作的合力。

二是建立和完善与乡村振兴相适应的农村科技推广和普及体系。在宁夏探索建立一个以农技协为支点、以科协为纽带、上下结合、需求与反馈迅速反应的农业实用科技支撑体系。把停留在传统科技传播体系的资源深入基层第一线，协调农牧、科技等部门和科协组织，协调科研机构、专家力量，打通农户、新型乡村经济经营主体、农技协、农业部门、科技部门以及其背后的科研院所、专家学者的供需渠道，探索新型科技科普助力乡村振兴模式。

三是充分利用全国科普体系助力宁夏特色产业营销传播。宁夏的枸杞、葡萄酒、奶产业、肉牛和滩羊、绿色食品等农副特色产品亟须突破营销问题，这也是宁夏九大重点产业发展中的痛点问题。这些产品要进一步推广销售的目标是国内发达地区及国际市场。这些农副产品的独特优势、产品亮点都需要科普传播。以宁夏的科技、科普、传播人才和资金、传播渠道基础短时间难以在科学传播开发投入及推广方面取得突破进展。应该充分利用全国科协系统及其他科普体系，用多样化手段方式，面向国内国际市场，有效科学传播。

四是继续推广、升级"科普＋特色农业＋旅游"模式。公司、合作社等新型农业经营主体在科技引领指导特色农业、生态农业基础上，按照"科普＋旅游"经营模式建立特色农业、乡村旅游基地。认真总结既有经验，制定完善大力发展特色农业和旅游的产业政策，进一步促进"科普＋特色农业＋旅游"深度结合，创新科普内容和形式开发，加大科普传播与特色农副产品营销传播的力度，提高水平，打造示范基地，推广"科普＋特色农业＋旅游"升级模式。

五是充分发挥科普信息员作用，重点提升农民特别是农村妇女的科学素质。对于宁夏现阶段全民科学素质短板的农民特别是农村妇女而言，科普信息员在社区村庄等基层有口碑、有渠道、有科普工作基础，是不可替代的有效的科普工作队伍。应该充分发挥已有科普信息员队伍的作用，加强科普信息员培训，进一步提高他们的能力素质，在互联网信息泛滥的大背景下，充分沟通科普需求和供给，帮助整合开发有针对性的科普信息，有效实现科普信息的传播到达。

参考文献

陈昭锋：《我国区域科普能力建设的趋势》，《科技与经济》2007 年第 2 期。

何晓群编著《现代统计分析方法与应用》，中国人民大学出版社，2007。

李函锦：《中国高等学校科普能力建设研究》，《高等建筑教育》2013 年第 1 期。

李健民、杨耀武、张仁开等：《关于上海开展科普工作绩效评估的若干思考》，《科学学研究》2007 年第 S2 期。

李婷：《地区科普能力指标体系的构建及评价研究》，《中国科技论坛》2011 年第 7 期。

莫扬、荆玉静、刘佳：《科技人才科普能力建设机制研究——基于中科院科研院所的调查分析》，《科学学研究》2011 年第 3 期。

齐培潇、郑念：《我国科普能力发展的影响因素分析》，《科协论坛》2018 年第 6 期。

任嵘嵘、郑念、赵萌：《我国地区科普能力评价——基于熵权法 – GEM》，《技术经济》2013 年第 2 期。

佟贺丰、刘润生、张泽玉：《地区科普力度评价指标体系构建与分析》，《中国软科学》2008 年第 12 期。

王刚、郑念：《科普能力评价的现状和思考》，《科普研究》2017 年第 1 期。

张慧君、郑念：《区域科普能力评价指标体系构建与分析》，《科技和产业》2014 年第 2 期。

张立军、张潇、陈菲菲：《基于分形模型的区域科普能力评价与分析》，《科技管理研究》2015 年第 2 期。

Abstract

Emergency management and safe development have been receiving considerable attention from the Communist Party of China (CPC) and the state. Particularly, more attention have been devoted to the emergency management and safe development by the CPC Central Committee with Comrade Xi Jinping at its core since the 18th CPC National Congress. General Secretary Xi Jinping has pointed out for many times that paying attention to the safe development and doing well with the emergency management is to carry forward the ideology of life first and safety first. The vital functions of the emergency science popularization in areas of promoting the scientific spirit, disseminating the scientific knowledge, stabilizing the social emotions, supporting the scientific breakthroughs and so forth have been demonstrated by the outbreak of COVID-19. In addition, important social foundations have also been laid for our country to quickly restraint the spread of the epidemic and stabilize the overall situation of prevention and control. The practice of scientific prevention and control of COVID-19 has highlighted the significance of strengthening the construction of emergency science popularization capacity.

By selecting the emergency science popularization as the starting point, *Report on Development of the National Science Popularization Capacity in China (2021)* analyzed the policy theory guidance of emergency science popularization in our country and the strategic significance of science popularization high-quality development promoted by persisting in emergency science popularization. Through the evaluation and factor analysis on the national science popularization capacity development index, the report summarized the experience, identified the weaknesses and put forward relevant countermeasures and suggestions from the prospects of perfecting mechanism and so forth. Furthermore, in the sub-reports, the key issues including the current development status of science popularization work ability in China since the 13th Five-Year Plan, construction situation of emergency science popularization in China, current situation of emergency science popularization of COVID-19 in China and abroad, emergency science popularization mechanism and capability in China and abroad, science popularization capacity of Beijing Science Popularization bases, science popularization capacity construction in Ningxia Hui Autonomous Region were respectively analyzed in depth.

As is well known to all, the year 2021 is the first year of China's 14th Five-Year Plan period. Based on the new development stage, it is particularly important to co-ordinate the security and development since we are facing the profound adjustments and changes of the world situation, and the changes in the pattern of domestic development and renewal of the mission. In particular, with respect to the area of science popularization, to achieve the higher quality and more sustainable development goals and build a coordinated development, high-quality and perfect science popularization ecosystem, strengthening emergency science popularization has become an important issue to promote the high-quality development of science popularization.

Keywords: Science Popularization Capacity; Emergency Science Popularization; International Comparison; Regional Analysis

Contents

I   General Report

B . 1   Improve the Mechanism of Emergency Science Popularization

to Promote the High-quality Development of Science

Popularization

Wang Ting , Zheng Nian , Qi Peixiao , Shang Jia and Wang Lihui / 001

1. Introduction   / 002

2. Theoretical Guidance and Typical Practice of Emergency Science

   Popularization in China   / 003

3. Strategic Significance of Strengthening the Emergency Science

   Popularization in China and the Relevant Typical Experience

   Abroad   / 007

4. Analysis on the Development of Science Popularization Capacity

   in China   / 012

5. Improve the Mechanism of Emergency Science Popularization ,

   Comprehensively Promote the Science Popularization Capacity

   to a Higher Level   / 026

Abstract: As the key component of emergency management , emergency science popularization is also the important issue for the high-quality development of science popularization. The present report discussed the theoretical guidance for the development of emergency science popularization in China and the significance of strengthening emergency science popularization on the high-quality improvement of national science popularization capacity. Meanwhile, the comprehensive development index of China's science popularization capacity in 2019 was calculated. In addition, the development status of China's emergency science popularization and national science popularization capacity were analyzed from the perspective of improving the emergency science popularization mechanism. Furthermore, with the coordinated development as the guidance, countermeasures and suggestions aiming at comprehensively improving the national science popularization capacity were put forward.

Keywords: Emergency Science Popularization; Capability Evaluation; Development Index

Ⅱ Special Reports

B. 2 Construction and Development of Science Popularization in the Area of Emergency Management Nationwide in 2019

Zhao Xuan, Liu Ya and Wang Xinhua / 029

Abstract: As an indispensable part of the emergency management system, emergency science popularization could prevent and reduce the damage caused by the public emergencies to the greatest extent by means of disseminating the scientific knowledge on prevention and control, enhancing the awareness of the public on disaster prevention and avoidance, and improving the self-help and mutual help capacity. Based on the statistical data of the national science popularization obtained from three departments including hygiene and health, emergency management and meteorology, this work systematically analyzed the construction and development of science popularization in the area of emergency management in China from five aspects including science popularization personnel, science popularization fund, science popularization venues, science

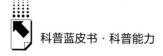

popularization media and science popularization activities. Furthermore, suggestions on promoting future emergency science popularization were put forward.

Keywords: Science Popularization; Emergency Management; Hygiene and Health; Meteorology

B. 3 Evaluation and Analysis on the Emergency Science Popularization Capacity of Social Media

Zhang Zengyi, Jia Pingping, Liu Canwei and Yan Han /061

Abstract: The public emergencies are harmful to the society due to their inherent characteristics. As a part of the risk propagation, the emergency science popularization has played important roles in dealing with various public emergencies. In particular, during the outbreak of COVID-19, the emergency science popularization appeared frequently on social media platforms. For the purpose of investigating the emergency science popularization capacity of social media during the outbreak of COVID-19 from the perspectives of macro and micro levels, the text analysis on blog articles posted in the hot topic of COVID-19 on the microblog platform were analyzed using the NVvivo11 in this report. The research indicates that the social media played an important role in the social amplification process of risk. Moreover, the combination of primacy effect and the social media characteristics promotes the emergency science popularization on this platform to pay attention to the scientificity and popularity of the first science popularization, present the relevant personnel characteristics comprehensively, avoid the deviation of public sentiment, etc.

Keywords: Emergency Science Popularization; Effect Research; Social Media

Contents

B.4   Comparative Research on COVID-19 Epidemic Emergency

Science Popularization at Home and Abroad

Shen Shifei , Shu Xueming , Wu Jiahao , Hu Jun and Wang Jia ∕ 116

Abstract: In the context of COVID-19 prevention and control, the surveys
related to current status of COVID-19 emergency science popularization at home
and abroad were conducted in this work. Aiming at proposing suggestions on the
improvement of emergency science popularization mechanism and the enhancement
of emergency science popularization capacity in China, the roles of authority
organizations, media, social organizations and grass-roots communities in
emergency science popularization were summarized by a comparative study on the
cooperation mechanism of emergency science popularization at home and abroad.

Keywords: COVID-19; Emergency Science Popularization; Mechanism
Construction; Capacity Improvement

B.5   Comparison of Mechanism and Capability of Fire Emergency

Science Popularization at Home and Abroad

Shen Shifei , Shu Xueming , Hu Jun , Wang Jia and Wu Jiahao ∕ 158

Abstract: Fire disaster is one of the frequently occurred disasters that would
seriously threaten the safety of human life and property. Hence, it is of great
significance and necessity to carry out the fire emergency science popularization and
education among the public. By comparing the working mechanism and capacity
of the fire emergency science popularization at home and abroad, the merits of fire
emergency science popularization abroad were adopted for reference and the
shortcomings of fire emergency science popularization in our country were
summarized in the present work. Furthermore, suggestions on the further
improvement of fire emergency science popularization mechanism and capacity
were put forward.

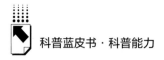

科普蓝皮书·科普能力

Keywords: Fire Control; Emergency Science Popularization; Mechanism Construction; Capacity Improvement

Ⅲ　Case Reports

B.6　Construction and Development of the Science Popularization

Capacity in China during the 13th Five-Year Plan Period

Liu Ya, Wang Xinhua, Zhao Xuan and Zhao Fan / 199

Abstract: Based on the statistical data of the national science popularization from 2016 to 2019, the present work evaluated the science popularization work capacity in China from the aspects of comprehensive capacity, science popularization resource, science popularization efficiency and science popularization fairness. Moreover, influencing factors in regard to comprehensive capacity, science popularization resource, science popularization efficiency and science popularization fairness were analyzed. Consequently, on the basis of the aforementioned results, the development situation and the primary problems of the science popularization in China since the 13th Five-Year Plan were summarized. Correspondingly, suggestions on the promotion of future science popularization were raised.

Keywords: Science Popularization Work Capacity; Resource Capacity; Efficiency Capacity; Equity Capacity

B.7　Research on the Science Popularization Capacity of Science

Popularization Bases in Beijing

Ding Ruoyu, Zhan Yan and Zhang Zengyi / 243

Abstract: In the present paper, by taking 278 education, media, training and R&D science popularization bases in Beijing as the research objects, the science popularization capacities of various science popularization bases were analyzed and investigated based on the statistical survey data with respect to these bases from 2016 to 2018. On the basis of the review of previous studies, the science popularization capacities of various bases were analyzed quantitatively and qualitatively in all the researches by establishing the evaluation index system supplemented by expert interviews. Moreover, targeted suggestions were put forward.

Keywords: Science Popularization Bases; Science Popularization Capacity; Beijing

B.8 Research on the Construction of Science Popularization Capacity in China West

—*Taking Ningxia Hui Autonomous Region as an Example*

Mo Yang, Shao Lumin, Chi Biqing, Wang Xiaoqi and Cai Jinming / 282

Abstract: By taking Ningxia Hui Autonomous Region as an example, this paper analyzed the evaluation situation, typical cases and problems of science popularization capacity construction in western minority areas. To be specific, for the purpose of quantitatively analyzing the relationship between the science popularization capacity and the development of economy, science and technology, and the education, the evaluation results of science popularization ability index in Ningxia from 2011 to 2019 were arranged and analyzed. In addition, the typical cases and their replicability of Ningxia "science popularization town" and rural middle schools science and technology museum construction were analyzed. The development environment and existing problems of science popularization in Ningxia were analyzed in detail. Meanwhile, suggestions on elevating the science popularization capacity in Ningxia were presented.

Keywords: Ningxia; Science Popularization Capacity Evaluation; "Science Popularization Town"; Rural Middle School Science and Technology Museum

中国皮书网

（网址：www.pishu.cn）

发布皮书研创资讯，传播皮书精彩内容
引领皮书出版潮流，打造皮书服务平台

栏目设置

◆ **关于皮书**

何谓皮书、皮书分类、皮书大事记、
皮书荣誉、皮书出版第一人、皮书编辑部

◆ **最新资讯**

通知公告、新闻动态、媒体聚焦、
网站专题、视频直播、下载专区

◆ **皮书研创**

皮书规范、皮书选题、皮书出版、
皮书研究、研创团队

◆ **皮书评奖评价**

指标体系、皮书评价、皮书评奖

◆ **皮书研究院理事会**

理事会章程、理事单位、个人理事、高级
研究员、理事会秘书处、入会指南

◆ **互动专区**

皮书说、社科数托邦、皮书微博、留言板

所获荣誉

◆ 2008 年、2011 年、2014 年，中国皮书
网均在全国新闻出版业网站荣誉评选中
获得"最具商业价值网站"称号；
◆ 2012 年，获得"出版业网站百强"称号。

网库合一

2014年，中国皮书网与皮书数据库端口
合一，实现资源共享。

中国皮书网

权威报告·一手数据·特色资源

皮书数据库
ANNUAL REPORT(YEARBOOK)
DATABASE

分析解读当下中国发展变迁的高端智库平台

所获荣誉

- 2019年，入围国家新闻出版署数字出版精品遴选推荐计划项目
- 2016年，入选"'十三五'国家重点电子出版物出版规划骨干工程"
- 2015年，荣获"搜索中国正能量 点赞2015""创新中国科技创新奖"
- 2013年，荣获"中国出版政府奖·网络出版物奖"提名奖
- 连续多年荣获中国数字出版博览会"数字出版·优秀品牌"奖

成为会员

通过网址www.pishu.com.cn访问皮书数据库网站或下载皮书数据库APP，进行手机号码验证或邮箱验证即可成为皮书数据库会员。

会员福利

- 已注册用户购书后可免费获赠100元皮书数据库充值卡。刮开充值卡涂层获取充值密码，登录并进入"会员中心"—"在线充值"—"充值卡充值"，充值成功即可购买和查看数据库内容。
- 会员福利最终解释权归社会科学文献出版社所有。

数据库服务热线：400-008-6695
数据库服务QQ：2475522410
数据库服务邮箱：database@ssap.cn
图书销售热线：010-59367070/7028
图书服务QQ：1265056568
图书服务邮箱：duzhe@ssap.cn

社会科学文献出版社 皮书系列
SOCIAL SCIENCES ACADEMIC PRESS (CHINA)

卡号：196834665144
密码：

基本子库 SUB DATABASE

中国社会发展数据库（下设 12 个子库）

整合国内外中国社会发展研究成果，汇聚独家统计数据、深度分析报告，涉及社会、人口、政治、教育、法律等 12 个领域，为了解中国社会发展动态、跟踪社会核心热点、分析社会发展趋势提供一站式资源搜索和数据服务。

中国经济发展数据库（下设 12 个子库）

围绕国内外中国经济发展主题研究报告、学术资讯、基础数据等资料构建，内容涵盖宏观经济、农业经济、工业经济、产业经济等 12 个重点经济领域，为实时掌控经济运行态势、把握经济发展规律、洞察经济形势、进行经济决策提供参考和依据。

中国行业发展数据库（下设 17 个子库）

以中国国民经济行业分类为依据，覆盖金融业、旅游、医疗卫生、交通运输、能源矿产等 100 多个行业，跟踪分析国民经济相关行业市场运行状况和政策导向，汇集行业发展前沿资讯，为投资、从业及各种经济决策提供理论基础和实践指导。

中国区域发展数据库（下设 6 个子库）

对中国特定区域内的经济、社会、文化等领域现状与发展情况进行深度分析和预测，研究层级至县及县以下行政区，涉及省份、区域经济体、城市、农村等不同维度，为地方经济社会宏观态势研究、发展经验研究、案例分析提供数据服务。

中国文化传媒数据库（下设 18 个子库）

汇聚文化传媒领域专家观点、热点资讯，梳理国内外中国文化发展相关学术研究成果、一手统计数据，涵盖文化产业、新闻传播、电影娱乐、文学艺术、群众文化等 18 个重点研究领域。为文化传媒研究提供相关数据、研究报告和综合分析服务。

世界经济与国际关系数据库（下设 6 个子库）

立足"皮书系列"世界经济、国际关系相关学术资源，整合世界经济、国际政治、世界文化与科技、全球性问题、国际组织与国际法、区域研究 6 大领域研究成果，为世界经济与国际关系研究提供全方位数据分析，为决策和形势研判提供参考。

法律声明